互联网+

国家级职业教育教师教学创新团队成果
国家级课程思政教学名师和教学团队成果
重庆市精品在线开放课程配套教材

智能制造专业群系列教材

电气控制与PLC应用技术

主　编　彭小容　雷　勇
副主编　胡银全　彭　辉　林雪峰　张　伟
主　审　黄崇富

科学出版社
北　京

内 容 简 介

本书以西门子 S7-1200 系列 PLC 的应用为主线，结合“项目导向，任务驱动”的教学方式，在内容上将电气控制部分与 PLC 知识融为一体，力求在新颖性、实用性、可读性 3 个方面体现高职高专教材的特点。

本书共设置了 5 个项目、21 个任务，大多数任务配有详细的电路原理图、I/O 地址分配表、控制程序、调试步骤及相关训练，每个任务都紧密联系工业应用现场，既经典又易于操作与实现。读者通过知识准备、任务实施、任务拓展的学习，既可掌握电气控制技术和 PLC 基本应用技术，还可形成遵纪守法、诚实守信、爱岗敬业的责任意识，以及工匠精神、创新思维等职业素养。

本书可作为高等职业院校机电一体化技术、电气自动化技术、工业机器人技术、数控技术等相关专业及技术培训用书，也可作为工程技术人员的自学用书或参考用书。

图书在版编目（CIP）数据

电气控制与 PLC 应用技术 / 彭小容，雷勇主编. -- 北京 : 科学出版社，2024. 7. --（智能制造专业群系列教材）. -- ISBN 978-7-03-079116-0

Ⅰ. TM571

中国国家版本馆 CIP 数据核字第 2024Z4C385 号

责任编辑：张振华　刘建山 / 责任校对：赵丽杰
责任印制：吕春珉 / 封面设计：东方人华平面设计部

科学出版社出版
北京东黄城根北街 16 号
邮政编码：100717
http://www.sciencep.com
三河市骏杰印刷有限公司印刷
科学出版社发行　各地新华书店经销
*
2024 年 7 月第 一 版　开本：787×1092　1/16
2025 年 9 月第二次印刷　印张：14 1/4
字数：320 000

定价：56.00 元

（如有印装质量问题，我社负责调换）
销售部电话 010-62136230　编辑部电话 010-62135120-2005

前　言

制造业是立国之本、兴国之器、强国之基，是一国国民经济的主体，也是提升综合国力、保障国家安全、建设世界强国的保障。当前，我国正处于从制造业价值链低端向中高端、从制造大国向制造强国、从“中国制造”向“中国创造”转变的关键时期。必须坚持科技是第一生产力、人才是第一资源、创新是第一动力，深入实施科教兴国战略、人才强国战略、创新驱动发展战略，开辟发展新领域新赛道，不断塑造发展新动能新优势。

教育是国之大计、党之大计。教育、科技、人才是全面建设社会主义现代化国家的基础性、战略性支撑。党的二十大报告指出：“加快建设国家战略人才力量，努力培养造就更多大师、战略科学家、一流科技领军人才和创新团队、青年科技人才、卓越工程师、大国工匠、高技能人才。”

为了深入贯彻落实二十大报告精神，编者根据二十大报告和《职业院校教材管理办法》《高等学校课程思政建设指导纲要》《“十四五”职业教育规划教材建设实施方案》等相关文件，在行业、企业专家和课程开发专家的精心指导下编写了本书。在编写过程中，编者紧紧围绕“培养什么人、怎样培养人、为谁培养人”这一教育的根本问题，以落实立德树人为根本任务，以学生综合职业能力培养为中心，以培养卓越工程师、大国工匠、高技能人才为目标。与同类图书相比，本书的体例更加合理和统一，概念阐述更加严谨和科学，内容重点更加突出，文字表达更加简明易懂，工程案例和思政元素更加丰富，配套资源更加完善。具体而言，本书主要具有以下几个方面的突出特点。

1. 校企“双元”联合编写，行业特色鲜明

编者均来自教学或企业一线，具有多年的教学或实践经验。在编写过程中，编者能紧扣该专业的培养目标，遵循教育教学规律和技术技能人才培养规律，将新理论、新技术、新标准融入教材，符合当前企业对人才综合素质的要求。

2. 与实际工作岗位对接，突出“工学结合”

本书基于“互联网+”教学和“理实一体化”教学的课程理念，以真实生产项目、典型工作任务、案例为载体，以岗位职业能力要求为核心，构建知识、能力与素养结构体系，并根据该体系确定教学内容，能够满足不同教学方式要求。

3. 体现以人为本，注重动手能力和创新精神培养

本书从职业院校学生的实际出发，以浅显易懂的语言和丰富的图示来进行说明，符合职业院校学生的认知规律。在项目的编排上，进行了精心的任务设计。其中，“任务目标”“任务要求”环节，便于读者明确学习目标和学习内容；“知识准备”环节，便于读者学习任务所涉及的知识点内容；“任务实施”环节，便于读者了解真实生产项目和典型工作任务实施步骤，理论联系实际；“任务拓展”环节，便于读者巩固所学内容，做到融会贯通；“思考

与练习”环节，便于读者自查自纠，拓展知识和技能。

4. 对接职业标准和大赛标准，体现“岗课赛证”融通

本书采用最新的国家标准，注重对接 1+X 职业资格证书和国家职业技能标准及技能大赛要求，体现“书证”融通、“岗课赛证”融通。

5. 融入思政元素，落实课程思政

为落实立德树人根本任务，充分发挥教材承载的思政教育功能，本书凝练思政要素，融入精益化生产管理理念，将安全意识、质量意识、职业素养、工匠精神的培养与教学内容相结合，可潜移默化地提升学生的思想政治素养。

6. 配套立体化教学资源，便于实施信息化教学

本书配套有重庆市级精品在线开放课程“电气控制与 PLC 应用技术”，可进入重庆高等教育智慧教育平台（https://www.cqooc.com）进行学习；此外，本书配有课程标准、多媒体课件等立体化的教学资源，书中穿插有丰富的微课视频二维码资源。

本书由重庆工程职业技术学院彭小容、雷勇担任主编，由重庆工程职业技术学院胡银全、彭辉、林雪峰、张伟担任副主编，由重庆工程职业技术学院黄崇富担任主审。参与本书编写的还有重庆西门雷森机械工程技术服务有限公司张辉。

在编写本书的过程中，编者参考了相关教材及专著，重庆华数机器人有限公司、重庆西门雷森机械工程技术服务有限公司提供了工程案例和技术支持，在此一并表示衷心的感谢。

由于编者水平有限，书中难免存在不妥之处，恳请广大读者批评指正。

目　录

课 程 准 备

0.1　常用低压电器

◎ **学习目标**

1．掌握常用低压电器的结构及工作原理。

2．能够识别常用输入传感器及输出继电器实物及结构原理图。

3．掌握常用的 3 种电气控制系统图的绘制方法。

4．培养利用手册及网络资源等，查找和阅读相关资料的自学能力。

5．通过了解我国常用低压电器的发展，激发民族自信心与自豪感。

6．通过对常用低压电器的学习，培养劳模精神和工匠精神。

0.1.1　低压电器基础知识

电器是指对电能的生产、输送、分配及使用起到控制、调节、检测、转换及保护作用的电气设备，是所有电工器械的简称。在我国现行标准《电工术语　低压电器》（GB/T 2900.18—2008）中，将工作在交流 50 赫兹（Hz）或 60 赫兹、额定电压为 1000 伏（V）及以下和直流额定电压为 1500V 及以下电路中起通断、保护、控制或调节作用的电器称为低压电器。低压电器种类非常多，作为基本元器件，它广泛应用于发电厂、变电所、交通运输、工矿企业、国防工业等电力输配电系统和电力拖动控制系统中。随着科学技术的不断发展，低压电器将朝着体积小、质量小、使用方便、安全可靠、性价比高等方向快速发展。

1．**低压电器的分类**

低压电器规格、品种繁多，根据作用、构造和工作原理，低压电器有多种分类方法。低压电器的分类如表 0.1.1 所示。

微课：低压电器的基础知识

表 0.1.1　低压电器的分类

分类方法	电器类型	说明
根据用途分类	低压配电电器	广泛应用于低压配电系统中，以实现电能的输送、分配和保护电路。包括刀开关、熔断器、组合开关、自动开关等
	低压控制电器	广泛应用于电气控制系统中，以实现发布指令、控制系统状态、执行动作等。包括接触器、继电器、电磁离合器、主令电器等
根据工作原理分类	电磁式电器	一种根据电磁感应原理进行动作的低压电器，如直流接触器、交流接触器、电磁式继电器、电磁铁等

续表

分类方法	电器类型	说明
根据工作原理分类	非电量控制电器	一种需依靠外力或非电量信号（如压力、速度、温度等）的变化才能动作的电器，如转换开关、行程开关、速度继电器、温度继电器、压力继电器等
根据动作方式分类	自动切换电器	依靠电器本身的参数变化（如电、磁、光等）自动完成动作切换或状态变化的低压电器，如继电器、接触器等
	手动切换电器	依靠人工方式直接完成动作切换的低压电器，如刀开关、按钮等

在日常生活中，常见的单相交流电压等级为 220V。在机床、热工仪表和矿井照明等场合中，通常采用 127V 电压等级。其他交流电压等级，如 6V、12V、24V、36V 和 42V 等，一般应用于安全场所的信号灯、照明及作为控制电压。

直流常用电压等级有 110V、220V 及 440V，主要应用于动力；直流 6V、12V、24V 及 36V，主要应用于控制；电子线路中还有直流电压等级 1.5V、3.3V、5V、9V、12V 及 15V 等。

2. 低压电器的型号表示法

国产常用低压电器型号组成形式如图 0.1.1 所示。

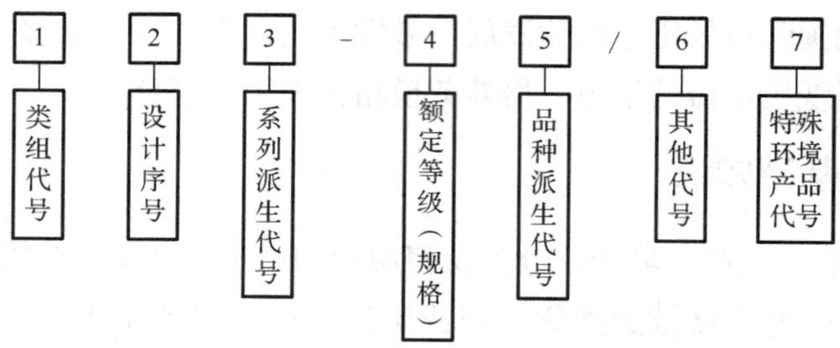

图 0.1.1　国产常用低压电器型号组成形式

在低压电器型号组成中，各部分必须使用规定符号或数字来表示，其含义如下。

类组代号：包括类别代号和组别代号，通常用两位或三位汉语拼音字母来表示，以代表低压电气元件所属的类别及在同一类电器中所属的组别。

设计序号：通常用数字来表示，代表同类低压电气元件不同设计的序列。

系列派生代号：表示全系列产品的变化特征，用一位或两位汉语拼音字母来表示。

额定等级（规格）：通常用数字来表示，代表同一系列产品中不同规格的品种。

品种派生代号：表示系列内个别品种变化的特征，用一位或两位汉语拼音字母来表示。

其他代号：通常用汉语拼音字母或数字来表示，代表除品种以外的需进一步说明的产品特征。

特殊环境产品代号：表示产品的环境适应性特征，通常用汉语拼音字母来表示。

3. 低压电器的主要技术指标

为了保证低压电器设备能够安全、可靠地工作，国家对低压电器的设计、制造制定了非常严格的标准，合格的电器产品必须符合国家标准规定的技术要求。在使用电气元件时，必须严格按照产品说明书中规定的技术条件选用。低压电器的主要技术指标主要有以下几项。

（1）额定电流

1）额定工作电流：在规定条件下，能保证低压电器正常工作的电流值。

2）额定发热电流：在规定条件下，处于非封闭状态时低压电器在八小时工作制下，各个部件温升不超过极限值时所能承载的最大电流值。

3）额定封闭发热电流：在规定条件下，处于封闭状态时，在所规定的最小外壳内低压电器在八小时工作制下，各个部件温升不超过极限值时所能承载的最大电流值。

4）额定持续电流：在规定条件下，在长期工作制下，低压电器各个部件温升不超过规定极限值时所能承载的最大电流值。

（2）额定电压

1）额定工作电压：在规定条件下，能够保证低压电器正常工作的电压值。

2）额定绝缘电压：在规定条件下，用来度量低压电器及其部件的电气间隙、绝缘强度和漏电距离的标称电压值。除了有规定，通常为低压电器最大额定工作电压。

3）额定脉冲耐受电压：反映低压电器在其所在系统发生最大过电压时所能耐受的能力。

注意：额定绝缘电压和额定脉冲耐受电压共同决定了低压电器的绝缘水平。

（3）绝缘强度

绝缘强度是指低压电器触点处于分断状态时，动、静触点之间耐受的电压值（无击穿或闪络现象）。

（4）耐潮湿性能

耐潮湿性能是指保证低压电器可靠工作所允许的环境潮湿条件。

（5）极限允许温升

当低压电器导电部件通过电流时，将会引起发热和温升。极限允许温升是指为防止过度氧化和烧熔所规定的最高温升值（温升值=测得实际温度值-环境温度值）。

（6）操作频率和通电持续率

操作频率是指低压电器每小时内可能实现的最高操作循环次数。通电持续率是指低压电器工作于断续周期工作制时，负载时间与工作周期之比，通常以百分数（%）来表示。

（7）机械寿命和电气寿命

机械寿命是指机械开关电器在需要修理或更换机械零件前所能承受的无载操作的次数。电气寿命是指在正常工作条件下，机械开关电器无须修理或更换零件所能承受的负载操作的次数。

对于有触点的开关电器来说，其触点在工作中除机械磨损外，还有比机械磨损更严重的电磨损，故开关电器的电气寿命一般短于它的机械寿命。

4．低压电器的选择

低压电器的品种及规格非常繁多，在选择时首先要考虑安全原则。安全可靠是对任何电器的基本要求，保证电路和用电设备可靠运行是正常生活与生产的前提条件。其次是考虑经济性，即低压电器本身的经济价值和使用此电器所产生的价值。另外，在选择低压电器时还应该注意以下方面：

1）需要明确控制的对象及其工作的环境。

2）需要明确控制对象的额定电流、额定电压、额定功率、操作特性、起动电流及工作方式等相关的技术指标。

3）需要了解所选低压电器的工作条件，如环境湿度、温度、海拔高度、振动和防御有害气体等方面的能力。

4）需要了解所选低压电器的主要技术指标，如额定电流、额定电压、通断能力和使用寿命等。

0.1.2　接触器

接触器是一种适用于远距离且能频繁接通、分断交直流主电路和控制电路的自动控制电器，它属于控制类电器。接触器主要控制的对象为电动机，也可用于其他电力负载的控制，如电焊机、电热器等。接触器具有欠电压保护、零压保护、工作可靠、控制容量大、寿命长等优点，是自动控制系统中应用最多的一种电器。CJ20 接触器实物如图 0.1.2 所示。

1．接触器的结构

接触器主要由电磁系统、触点系统、灭弧系统、释放弹簧及基座等部分组成。电磁系统又包括线圈、静铁心和动铁心三部分。触点系统又包括用于接通、切断主电路的主触点和用于控制电路的辅助触点。灭弧装置主要用于迅速切断主触点断开时产生的电弧，以避免使主触点因电弧而烧毛、熔焊，对于容量较大的交流接触器，通常采用灭弧栅灭弧。

2．接触器的工作原理

接触器是利用电磁铁的吸力及弹簧的反作用力配合动作，从而使触点接通或断开的。交流接触器工作原理如图 0.1.3 所示。当吸引线圈通电时，静铁心被磁化，从而吸引动铁心向下运动，使得常闭触点断开，常开触点闭合；当吸引线圈断电时，静铁心磁力消失，从而在复位弹簧作用下，动铁心回到原来位置，使动触点恢复到原始状态。

微课：接触器

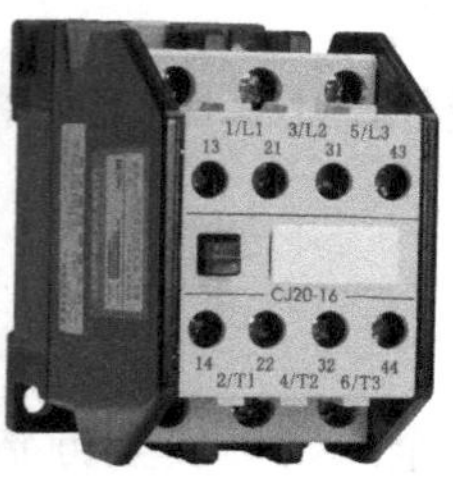

图 0.1.2　CJ20 接触器实物

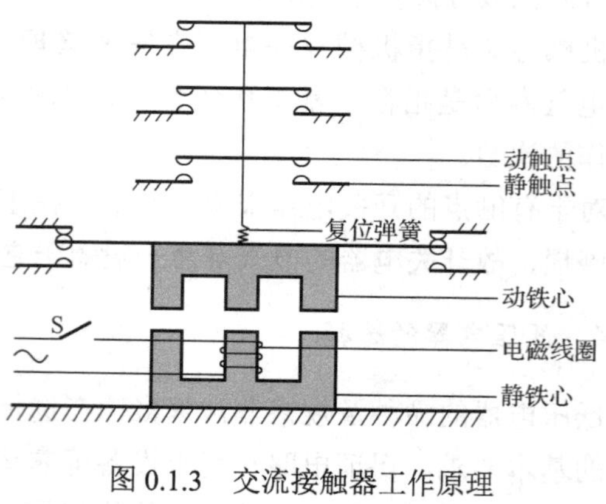

图 0.1.3　交流接触器工作原理

3．常用接触器

（1）空气电磁式交流接触器

在众多接触器中，空气电磁式交流接触器应用最为广泛，产品系列和品种也最多，但是其结构和工作原理基本相同。目前，常用的国产空气电磁式交流接触器有 CJ0、CJ10、CJ12、CJ20 等系列。

（2）机械联锁交流接触器

机械联锁交流接触器实际上是由两个规格完全相同的交流接触器加上机械联锁机构和电气联锁机构所组成的，以保证在任何情况下两个接触器不能同时吸合。常用的机械联锁交流接触器有 CJXl-N、CJX2-N、CJX4-N 等。

（3）直流接触器

直流接触器有平面布置和立体布置两种结构。电磁系统多采用绕棱角转动的拍合式结构，主触点采用单断点转动式结构或双断点桥式结构。常用的直流接触器有 CZ18、CZ21、CZ22、CZ0 等。

（4）智能化接触器

智能化接触器内装有智能化电磁系统，并且具有与数据总线和其他设备通信的功能，其还具有对运行工况自动识别、控制和执行的能力。智能化接触器由电磁接触器、智能控制模块、辅助触点组、报警模块、测量显示模块、机械联锁机构、通信接口模块等部分组成，其核心部分是微处理器或单片机。

4．接触器的选用

在选用接触器时，应注意以下方面：

1）接触器主触点的额定电压应大于等于负载额定电压。

2）接触器主触点的额定电流应大于等于负载额定电流的 1.3 倍。

3）当使用电器较少、线路简单时，可选用 220V 或 380V；当使用电器较多、线路复杂或在不太安全的场所时，可选用 36V、110V 或 127V。

4）接触器的触点数量、种类应满足控制线路的要求。

5）当通断电流较大且通断频率超过规定数值时，应选用额定电流大一级的接触器型号，否则将使接触器触点严重发热，甚至熔焊在一起，从而造成电动机等负载在断相情况下运行。

0.1.3 继电器

微课：继电器的分类及电磁式继电器

继电器是根据某种输入信号的变化而接通或断开控制电路，以实现控制目的的一种电器。继电器的输入信号可以是电流、电压等电量，也可以是温度、速度、时间、压力等非电量，输出则通常是触点的接通或断开。继电器通常不会用来直接控制具有较大电流的主电路，而是通过接触器或其他电器对主电路进行控制。因此，与接触器相比，继电器的触点断流容量较小，一般不需灭弧装置，但对继电器动作的准确性要求较高。

继电器的种类繁多，根据用途可分为保护继电器、控制继电器、中间继电器；根据动作时间可分为延时继电器、瞬时继电器；根据工作原理可分为热继电器、感应式继电器、电磁式继电器、电动式继电器和电子式继电器等；根据输入信号性质可分为电压继电器、电流继电器、时间继电器、温度继电器、速度继电器、压力继电器等；根据输出形式可分为有触点继电器和无触点继电器。

1. 热继电器

微课：热继电器

在实际运行过程中，三相异步电动机常常会遇到过载的情况。当过载电流不太大且过载时间较短时，电动机绕组温升不会超过允许值，这种过载情况是允许的。但当过载电流很大且过载时间较长时，电动机绕组温升就会超过允许值，这将会加剧绕组绝缘的老化，缩短电动机的使用年限，甚至会使电动机绕组烧毁，这种过载情况是电动机所不能承受的。因此，通常用热继电器来作为电动机的过载保护。

（1）热继电器的结构

热继电器主要由热元件、双金属片和触点三部分组成，其实物如图 0.1.4 所示。

（2）热继电器的工作原理

热继电器的工作原理示意如图 0.1.5 所示。图中的热元件是一段电阻不大的电阻丝，接在电动机的主电路中。双金属片是由两种不同热膨胀系数的金属碾压而成的，其中下层金属的热膨胀系数大，上层的小。当异步电动机过载时，流过热元件的电流增大，热元件产生的热量将使双金属片中的下层金属的膨胀变长速度大于上层金属的膨胀速度，从而使双金属片向上弯曲。在经过一定时间后，弯曲位移增大，从而使双金属片与扣板分离（脱扣）。扣板在弹簧的拉力作用下将常闭触点断开。由于常闭触点是串联在电动机控制电路中的，控制电路断开使接触器的线圈断电，从而断开电动机的主电路。若要使热继电器复位，则需要按下复位按钮。

图 0.1.4　热继电器实物

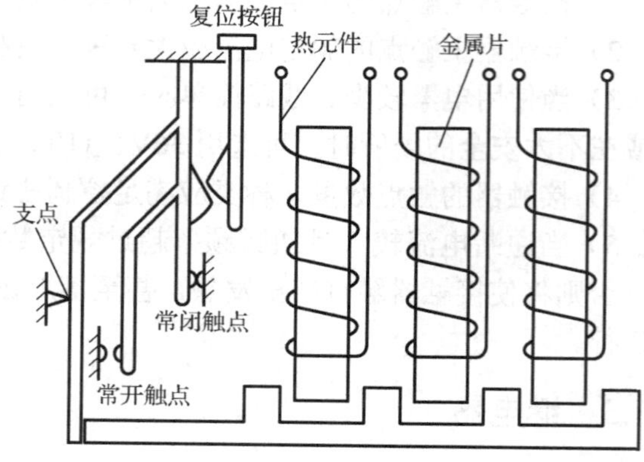

图 0.1.5　热继电器的工作原理示意

由于热惯性，当电路短路时，热继电器不能立即动作使控制电路即时断开。因此，在控制系统的主电路中，热继电器只能用于电动机的过载保护而不能起到短路保护作用。在电动机起动或短时过载时，热继电器也不会动作，从而可以避免电动机不必要的停车。

（3）热继电器的选用

热继电器的选用应根据电动机定子绕组的接法和工作环境决定。当定子绕组采用星形接法时，应选用通用的热继电器；当定子绕组采用三角形接法时，应选用带断相保护装置的热继电器。在一般情况下，可选用两相结构的热继电器；在工作环境恶劣、电网电压均衡性较差或维护较少的场所，可选用三相结构的热继电器。

（4）热继电器动作电流的整定

热继电器动作电流主要是根据电动机的额定电流来整定的。热继电器的整定电流是指热继电器长期不动作的最大电流，超过此值即开始动作。热继电器可以根据过载电流的大小自动调整动作时间，具有反时限保护特性。一般过载电流是整定电流的 1.2 倍时，热继电器动作时间小于 20min；过载电流是整定电流的 1.5 倍时，动作时间小于 2min；过载电流是整定电流的 6 倍时，动作时间小于 5s。热继电器的整定电流通常与电动机的额定电流相等或是额定电流的 0.95～1.05 倍。如果电动机拖动的是冲击性负载或电动机的起动时间较长，那么热继电器的整定电流要比电动机的额定电流大一些。

2. 电磁式继电器

电磁式继电器是应用最早同时也是应用最多的一种继电器，其实物如图 0.1.6 所示。电磁式继电器包括中间继电器、电磁式电压继电器、电磁式电流继电器等类型。下面介绍电磁式电压继电器和电磁式电流继电器。

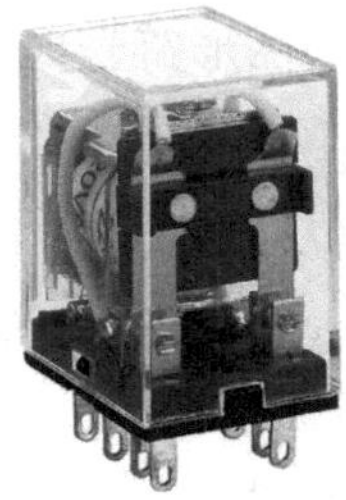

图 0.1.6　电磁式继电器实物

（1）电磁式电压继电器

电磁式电压继电器的动作与线圈所加电压大小有关，在使用时与负载并联。电磁式电压继电器线圈匝数多、导线细、阻抗大。电磁式电压继电器又可分为过电压继电器、欠电压继电器和零电压继电器。

1）过电压继电器：在电路中用于过电压保护，当其线圈为额定电压值时，动铁心不产生吸合动作，只有当电压高于额定电压 105%～115%时才产生吸合动作，当电压降低到释放电压时，触点复位。

2）欠电压继电器：在电路中用于欠电压保护，当其线圈在额定电压下工作时，欠电压继电器的动铁心处于吸合状态。当电路电压降低，并且低于欠电压继电器线圈释放电压时，其动铁心打开，触点复位，从而控制接触器及时切断电气设备的电源。

通常，欠电压继电器的吸合电压的整定范围是额定电压的 30%～50%，释放电压的整定范围是额定电压的 10%～35%。

（2）电磁式电流继电器

电磁式电流继电器的动作与线圈通过的电流大小有关，在使用时与负载串联。电磁式电流继电器线圈匝数少、导线粗、阻抗小。电磁式电流继电器又可分为欠电流继电器和过电流继电器。

1）欠电流继电器：在正常工作时，欠电流继电器的动铁心处于吸合状态。当电路中负载电流过低，并且低于欠电流继电器线圈的释放电流时，其动铁心打开，触点复位，从而切断电气设备的电源。

通常，欠电流继电器的吸合电流为额定电流值的 30%～65%，释放电流为额定电流值的 10%～20%。

2）过电流继电器：过电流继电器线圈的负载电流在额定电流值时，动铁心不吸合，只有当负载电流超过一定值时才吸合。过电流继电器常用于电力拖动控制系统中，起过电流保护作用。

通常，交流过电流继电器的吸合电流整定范围为额定电流的 1.1～4 倍，直流过电流继电器的吸合电流整定范围为额定值的 0.7～3.5 倍。

3．时间继电器

微课：时间继电器

时间继电器是电路中用来控制动作时间的继电器，它是一种利用电磁原理或机械动作原理来实现触点延时接通或断开的控制电器。

时间继电器有通电延时和断电延时两种类型。通电延时型时间继电器的动作原理：当线圈通电时触点延时动作，当线圈断电时触点瞬时复位。断电延时型时间继电器的动作原理：当线圈通电时触点瞬时动作，当线圈断电时触点延时复位。时间继电器的图形符号如图 0.1.7 所示，文字符号用 KT 表示。

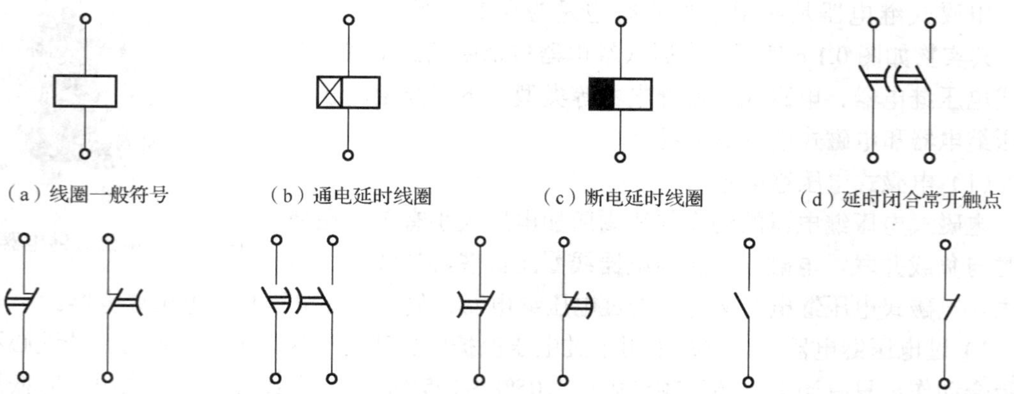

（a）线圈一般符号　（b）通电延时线圈　（c）断电延时线圈　（d）延时闭合常开触点

（e）延时断开常闭触点　（f）延时断开常开触点　（g）延时闭合常闭触点　（h）瞬动常开触点　（i）瞬动常闭触点

图 0.1.7　时间继电器的图形符号

根据动作原理与构造的不同，时间继电器可分为电磁式、空气阻尼式、电子式和晶体管式等几种类型。下面介绍空气阻尼式时间继电器和电子式时间继电器。

（1）空气阻尼式时间继电器

利用空气的阻尼作用获得延时的继电器称为空气阻尼式时间继电器。此类继电器结构简单，价格低廉，但是准确度低，延时误差大（±20%），因此在现代控制系统中已很少使用。

（2）电子式时间继电器

电子式时间继电器的种类很多，基本的有延时吸合和延时释放两种，其大多是利用电容的充放电原理来达到延时目的的。JS20 系列电子式时间继电器具有延时长、线路简单、延时调节方便、性能稳定、延时误差小、触点容量较大等优点。电子式时间继电器实物如图 0.1.8 所示。

图 0.1.8　电子式时间继电器实物

0.1.4 电气控制系统图的读图、识图和绘图

电气控制系统是由一系列的电气控制元件按照一定的要求连接而成的。为清晰地表达生产机械的电气控制系统工作原理，以及便于工作人员的安装、调试、使用及维修，常将电气控制系统中各电气元件用图形符号和文字符号表示，再将各元件之间的连接用一定图形表达出来，即为电气控制系统图。电气控制系统图中常见的主要有电气原理图、电器布置图、电气接线图等。

1. 电气控制系统图常用符号和接线端子标记

微课：电气控制系统图的绘制规则和常用符号

在电气控制系统图中，电气元件的图形符号和文字符号必须采用国家现行标准，如《电气简图用图形符号》（第一部分～第 5 部分）（GB/T 4728—2018）、《电气简图用图形符号》（第 6 部分～第 13 部分）（GB/T 4728—2022）。接线端子标记应采用《人机界面标志标识的基本和安全规则 设备端子、导体终端和导体的标识》（GB/T 4026—2019），并按《电气技术用文件的编制 第 1 部分：规则》（GB/T 6988.1—2008）要求绘制电气控制系统图。

2. 电气原理图

电气原理图是用来表示各电气元件的作用及相互关系和设备电气的工作原理的图。电气原理图一般由主电路、控制电路、保护电路、配电电路等几大部分组成，电气原理图根据电气动作原理按照展开法进行绘制。展开法，就是将某个电气设备的一条或多条电路按水平和垂直位置来绘制，并按照电路的先后顺序进行排列。CW6132 型普通车床电气原理图如图 0.1.9 所示。

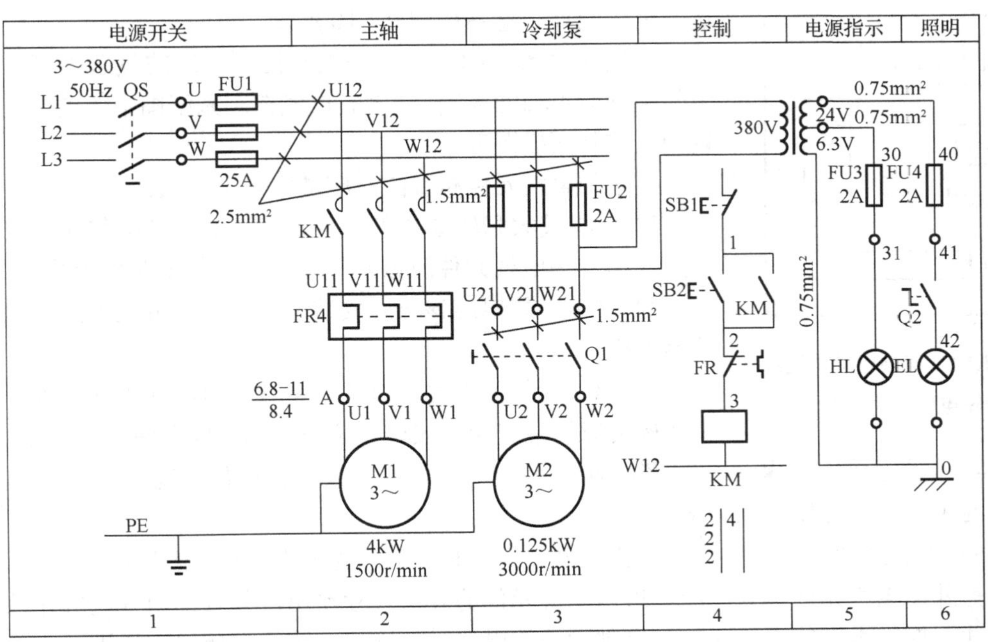

图 0.1.9 CW6132 型普通车床电气原理图

在电气原理图中，各个电气设备的元件通常不按照它们的实际位置绘制在一起，而是按照各部分在电路中的作用绘制在不同地方，但是同一个元件必须用同一种文字符号表示。在绘制电气原理图时，应遵循以下原则：

1）在电气原理图中，所有的电气元件的图形符号、文字符号和接线端子标记都必须采用国家规定的统一标准。

2）在电气原理图中，一般分为主电路和辅助电路两大部分。辅助电路又可以分为控制电路、信号电路、照明电路和保护电路等电路。

3）在电气原理图中，所有的按钮、触点均按电器没有通电或没有外力操作、触点没有动作的原始状态绘制。

4）由于是采用电气元件展开法绘制的，同一电气元件各部分可以不画在一起，但需用同一文字符号标出。

5）在电气原理图中，有直接电联系的交叉导线连接点要用黑圆点“•”表示，无直接联系的交叉导线连接点不需要画黑圆点，并且尽量不要出现无联系的连接线相交。

6）在电气原理图中，通常将图分成若干个图区，并在上方标明该区电路的用途和作用。在继电器、接触器线圈的下方列出触点表，以表明线圈和触点的从属关系。

为了便于确定电气原理图内容和组成部分在图中的具体位置，通常在图纸上进行分区。竖边方向用大写拉丁字母进行编号，横边方向用阿拉伯数字进行编号。各电气元件和型号，通常在电气原理图中电气元件文字符号下方进行标注。

3．电气元件布置图

电气设备上所有电气元件的实际位置用电气元件布置图来表示。电气元件布置图为电气控制设备安装、维修等提供必要的技术资料。异步电动机连续运转电气元件布置图如图 0.1.10 所示。

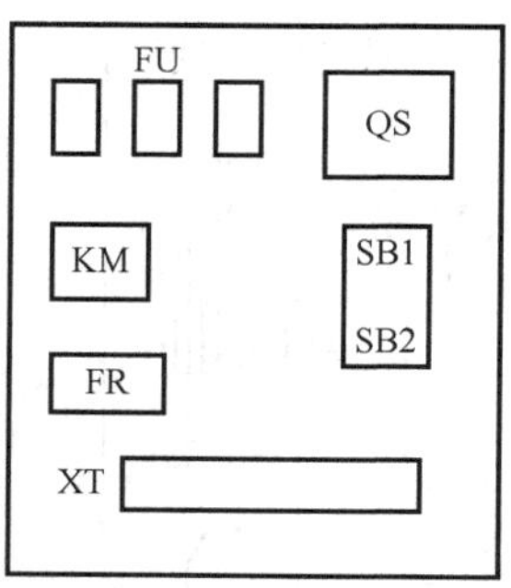

图 0.1.10　异频电动机连续运转电气元件布置图

电气元件布置图可以根据电气控制系统的复杂程度采取集中的绘制或单独的绘制。通常有电气控制系统图中的电气元件布置图、控制面板图等。

要绘制电气元件布置图，应遵守以下原则：

1）体积较大和较重电气元件，应该安装在电气元件安装板下方，但发热电气元件应该安装在电气元件安装板上面。

2）强电、弱电应该分开安装，且弱电部分应屏蔽，以避免外界干扰。

3）电气元件的布局应该考虑整齐、对称和美观。外形尺寸和结构类似的电气元件应该安装在一起，以方便安装和配线。

4）电气元件的布置不宜过密，应该留有一定间距，如用走线槽，应该增大各排电气元件间的距离，以方便布线和维修。

5）需要经常维护、检修和调整的电气元件的安装位置不应过高或者过低。

另外，电气元件布置图应该根据电气元件的外形尺寸绘出，并且标明各电气元件的间距尺寸。控制盘内的电气元件与控制盘外的电气元件连接应该经过接线端子进行，而不是直接连接。在电气元件布置图中，应绘制出接线端子板并且按照一定的顺序标明接线号。

4．电气接线图

电气接线图主要用于电气元件的安装接线、线路维修、线路检查和故障处理。电气接线图一般与电气原理图和电气元件布置图一起使用。电动机连续运转安装接线图如图 0.1.11 所示。

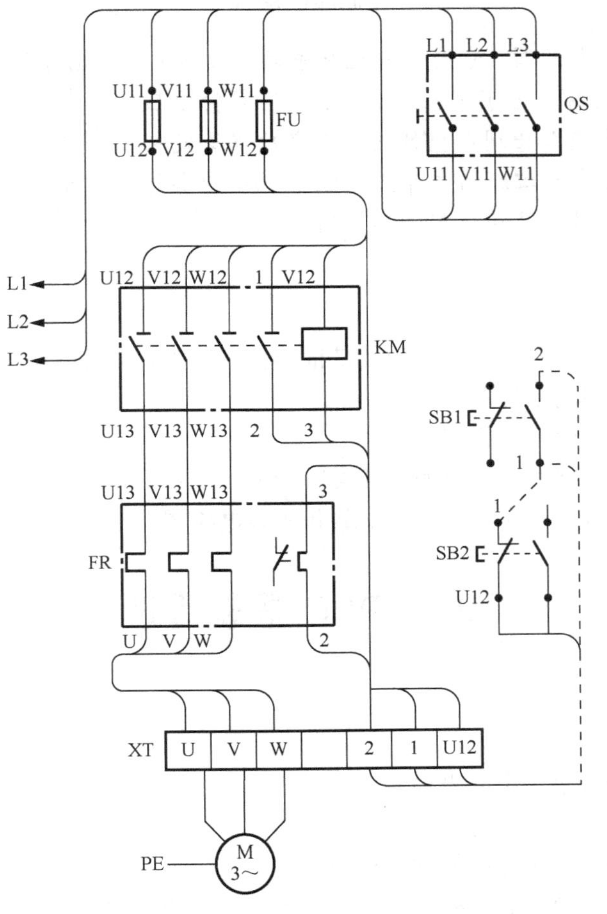

图 0.1.11　电动机连续运转电气接线图

要绘制电气接线图，应遵循以下原则：

1）每个电器的各个组成部分应该画在一起，如交流接触器。电气元件布置应尽量符合电器的实际布置情况，且要按实际安装位置来绘制，电气元件所占图面应按照实际尺寸以统一的比例来绘制。

2）每个电气元件上凡需要接线的部件端子均应画出并进行编号，各部件接线端子编号必须与电气原理图上的导线编号相一致。

3）在绘制电气接线图时，走向相同的相邻导线可绘制成一股线。

4）一个电器中所有带电的部件均应画在一起，并要用点画线框起来，称为集中表示法。

5）每个电气元件的图形符号和文字符号必须与电气原理图中的图形符号和文字符号保持一致，并要符合国家现行标准。

6）同一个控制柜上的电气元件之间可以直接相连，但控制柜与外部电气元件相连时，必须经过接线端子板（排），并且相互连线应标明规格，但一般不表示实际的走线。

知识拓展

低压断路器

低压断路器简称断路器，它是一种既有手动开关作用，又能自动进行失电压、欠电压、过载和短路保护的电器。它可用来分配电能，不频繁地启动异步电动机，对电源线路及电动机等实行保护。当电路出现严重的过载或者短路及欠电压等故障时，低压断路器能自动切断电路，其功能相当于熔断器式开关与过/欠热继电器等的组合，而且在分断故障电流后一般不需要变更零部件，已获得广泛的应用。

思考与练习

1．什么是电气原理图？电气原理图是根据什么原则、以什么形式绘制的？
2．什么是电气控制系统图？
3．选择接触器时应注意哪些方面？
4．继电器按照不同的方式分为哪几类？
5．请画出异步电动机连续运行主电路和控制电路图。

0.2　PLC 基础知识

◎ **学习目标**

1．了解 PLC 的发展、分类及特点。
2．掌握 PLC 的结构及工作原理。
3．掌握 S7-1200 系列 PLC 的硬件构成。
4．能够安装 S7-1200 PLC 的 TIA 博途软件及进行项目配置。
5．掌握 TIA 博途软件的使用方法。
6．培养举一反三、分析和解决实际问题的能力。
7．遵守规章制度、操作规范，树立安全生产意识。

0.2.1　PLC 概述

1987 年，国际电工委员会（International Electrotechnical Commission，IEC）颁布了新的可编程逻辑控制器（programmable logic controller，PLC）标准及其标准定义：一种数字运算操作的电子系统，是专门为在工业环境应用而设计的。它采用一类可编程序的存储器在其内部存储程序，执行逻辑运算、顺序控制、定时、计数与算术操作等操作指令，并且通过数字式或模拟式输入/输出（input/output，I/O）控制各种类型的机械或生产过程。PLC 及其有关的外部设备都应按照易于与工业控制系统形成一个整体，且易于扩充其功能的原则来设计。

1．PLC 的特点

（1）可靠性高、抗干扰能力强

高可靠性是电气控制设备的关键性能指标。PLC 采用现代大规模集成电路技术和严格的生产工艺制造，内部电路采用先进的抗干扰技术，具有很高的可靠性。与同等规模的继电-接触器系统相比，PLC 构成的控制系统电气接线及开关触点已减少到数百甚至数千分之一，故障率大大降低。另外，PLC 还带有硬件故障自检测功能，当出现故障时能及时发出警报信息。在应用软件中，用户还可以把外围器件的故障信息以代码形式编入诊断程序，使得系统中除 PLC 外的其他电路及设备也可以获得故障自诊断保护。

（2）配套齐全、适用性强

PLC 发展至今，已可用于各种规模的工业控制场合。PLC 除了具有逻辑处理功能，还具有完善的数据运算能力，可用于各种数字控制领域。随着多种多样的功能单元大量涌现，PLC 还渗透到了温度控制、位置控制、计算机数控（computerized numerical control，CNC）等各种工业控制中，并且伴随着 PLC 通信能力的增强及人机界面技术的快速发展，使用 PLC 组成各种控制系统变得更加容易。

（3）程序设计简单

PLC 的编程通常采用类似于继电器控制线路的梯形图形式，这种编程很容易被一般工程技术人员理解和掌握。同时 PLC 采用功能图、指令表（instruction list，IL）和顺序功能图（sequential function chart，SFC）作为编程语言，也不需要编程人员熟练掌握计算机编程知识。如果利用 PLC 配套的综合软件工具包，还可在与其兼容的计算机上实现离线编程，非常方便。

（4）功能非常丰富

PLC 具有丰富的处理信息的指令系统及存储信息的内部器件。其指令多达几百条，可以进行各式各样的逻辑问题处理，还可以进行各种类型数据运算。

（5）扩充方便，组合灵活

为了适应各种工业控制的需要，除了单元式的小型 PLC，绝大多数 PLC 采用模块化结构设计。PLC 的各个部件，包括中央处理器（central processing unit，CPU）、电源、I/O 等均采用模块化设计，这些模块用机架及电缆进行连接，系统的规模和功能可由用户根据需要自行组合，以完成不同任务。

（6）安装简单、维修方便

PLC 不需要专门的机房，在各种工业环境下可以直接运行。使用 PLC 时，只需将现场的各种设备与 PLC 相应的 I/O 端相连接，写入 PLC 的应用程序就可以投入运行。各个模块上都有运行和故障指示装置，以便用户了解运行情况、查找故障。PLC 采用模块化结构设计，一旦某个模块发生了故障，用户就可以通过更换模块的方法，使系统迅速恢复运行。PLC 还具有强大的自检测功能，可进行自诊断，运行结果也可自动记录，这为其维修增加了透明度，提供了方便。

（7）体积小、质量小、性价比高

PLC 的体积、质量不断减小，功耗及硬件价格也一直在降低，虽然软件价格所占比例在一定程度上有所增加，但各厂商也相应降低了软件价格。此外，采用 PLC 还可以大大缩短设计、编程和投产周期，使总价格进一步降低。

2．PLC 的分类

PLC 是为适应现代化大生产的需要而设计的一种设备，因此 PLC 的分类也必然要符合现代化生产的需求。根据控制规模，PLC 可以分为小型机、中型机和大型机；根据结构，PLC 可以分为整体式、模块式和叠装式；根据功能特点，PLC 可以分为低档机、中档机和高档机。

3．PLC 的应用

PLC 的应用非常广泛，主要应用于数字量控制、运动量控制、闭环过程控制、数据处理、通信联网等领域。

0.2.2 PLC 的结构及工作原理

1．PLC 的结构

PLC 是根据计算机技术和自动控制理论发展而来的一种设备，既有别于普通计算机，也不同于常规的计算机控制系统。实际上，PLC 是一种专门用于工业控制的计算机，其硬件结构与微型计算机基本相同。作为一种特殊形式的计算机控制装置，PLC 的基本组成包括硬件与软件两大部分。

PLC 的硬件主要包括：CPU、存储器［随机存储器（random access memory，RAM）、只读存储器（read only memory，ROM）］、I/O 接口电路、电源及外部设备接口等。PLC 的基本结构如图 0.2.1 所示。

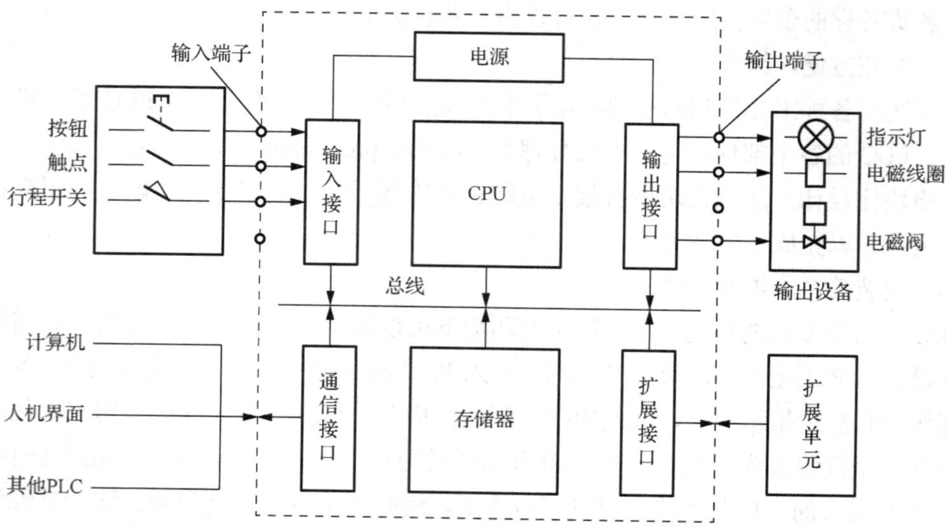

图 0.2.1　PLC 的基本结构

CPU是PLC的核心和控制指挥中心，主要由控制器、运算器和寄存器三部分组成，通常集成在一块集成电路上。CPU主要用来运行用户程序、监控输入/输出接口状态，以及进行逻辑判断和数据处理。CPU通过地址总线、数据总线和控制总线与存储器、输入/输出接口电路等相连接，以完成信息传递、转换等。CPU内部存储器中包含过程映像输入区和过程映像输出区，分别用于存放输入信号和输出信号的状态。

PLC的存储器可以分为两类，一类是系统程序存储器，主要用于存放系统管理、监控程序和用户程序编译程序，这类程序在出厂时已经由厂家设定，用户不能更改；另一类是用户程序及数据存储器，主要用于存放用户编制的应用程序和各种数据，用户可以更改。

PLC通过输入接口把工业设备或生产过程的状态或信息（如按钮、各种继电器触点、行程开关和各种传感器等的状态或信息）读入CPU中；通过输出接口将CPU处理完成后的结果通过输出电路输出，以驱动输出设备（如指示灯、电磁阀、继电器和接触器等）。

编程器是PLC开发应用、监测运行、检查维护必不可少的器件，用于对系统做相关设定、监控PLC及PLC所控制系统的工作状况，它不直接参与现场控制运行。小型PLC一般为手持型编程器，目前一般由计算机（其上安装运行编程软件）充当编程器。

最简单的人机界面是指示灯和按钮，目前液晶屏（或触摸屏）式的一体式操作员终端应用越来越广泛，由计算机（运行组态软件）充当人机界面已非常普及。

除外部设备接口外，PLC还设置了存储器接口和通信接口。存储器接口是为扩展存储区设置的，用于扩展用户程序存储区和用户数据参数存储区，可以根据使用需要扩展存储器。通信接口是为在微型计算机与PLC、PLC与PLC之间建立通信网络而设立的接口。

PLC的软件包括系统程序和用户程序。系统程序是指控制和完成PLC各种功能的程序。用户程序是指用户在各自的控制系统中根据控制对象生产工艺及控制要求开发的应用程序，大多存放在RAM中，用户可对用户程序进行修改。

国际电工委员会制定的工业控制编程语言标准（IEC 1131-3）定义了指令表、结构文本（structured text，ST）、梯形图（ladder diagram，LD）、功能块图（function block diagram，FBD）、顺序功能图这5种编程语言。在实际生产中，最常用的是梯形图和指令表。

2. PLC的工作原理

微课：PLC工作原理

（1）操作系统与用户程序

PLC的操作系统能够完成PLC设计者规定的各种工作。用户程序由用户设计，使PLC能完成用户要求的特定功能。

（2）CPU的工作模式

CPU具有3种工作模式，即RUN、STOP与STARTUP。可以用编程软件改变CPU的工作模式。

（3）工作模式的切换

只能用STEP 7在线工具中的CPU操作员面板或工具栏上的按钮来切换STOP或RUN工作模式。此外，还可以在用户程序中用STP指令使CPU进入STOP模式。

（4）冷启动与暖启动

当PLC中下载了用户程序的块和硬件组态后，下一次切换到RUN模式时，CPU执行冷启动。冷启动时，复位输入，初始化输出。复位存储器，即清空工作存储器、非保持性存储区和保持性存储区，并将装载存储器的内容复制到工作存储器。

冷启动后，下一次下载用户程序的块和硬件组态之前的 STOP 到 RUN 模式的切换均为暖启动。暖启动时，所有非保持的系统数据和用户数据都被初始化，不会清空保持性存储区，可以用在线和诊断视图的“MRES”按钮来复位存储器。

（5）RUN 模式 CPU 的操作

1）写外设输出。操作系统将过程映像输出中的值写到输出模块并锁存。梯形图中某输出位的线圈“通电”时，对应的过程映像输出位中的二进制数为 1。信号经输出模块隔离和功率放大后，继电器型输出模块中对应的硬件继电器的线圈通电，其常开触点闭合，使外部负载通电工作。

可以用指令立即改写外设输出点的值，该操作将同时刷新过程映像输出。

2）读外设输入。CPU 读取输入模块的输入，并传送到过程映像输入区。外接的输入电路闭合时，对应的过程映像输入位中的二进制数为 1，梯形图中对应的输入点的常开触点接通，常闭触点断开。可以用指令立即读取数字量或模拟量的外设输入点的值，但是不会刷新过程映像输入。

3）执行用户程序。读取输入后，从第一条指令开始，逐条顺序执行用户程序中的指令，包括程序循环组织块（organization block，OB）调用函数（function，FC）和函数块（function block，FB）的指令，直至执行完最后一条指令。

程序执行过程中，各输出点的值被保存到过程映像输出，而不是立即写给输出模块。在程序执行阶段，即使外部输入信号的状态发生变化，过程映像输入的状态也不会随之改变。

0.2.3 S7-1200 系列 PLC 的硬件结构简介

德国西门子（SIEMENS）公司于 1973 年研制成功欧洲第一台可编程控制器，1975 年推出 SIMATIC S3 系列可编程控制器，1979 年推出 SIMATIC S5 系列可编程控制器，20 世纪末推出 SIMATIC S7 系列 PLC。

SIMATIC S7-1200 是一款紧凑型、模块化的 PLC，可完成简单逻辑控制、高级逻辑控制、人机接口（human machine interface，HMI）和网络通信等任务，是单机小型自动化系统的完美解决方案。对于需要网络通信功能和单屏或多屏 HMI 的自动化系统，S7-1200 PLC 易于设计和实施，并且具有支持小型运动控制系统、过程控制系统的高级应用功能。

1．S7-1200 PLC 的硬件结构

S7-1200 PLC 主要由 CPU、信号板、信号模块、通信模块和编程软件组成。S7-1200 PLC 外形如图 0.2.2 所示。

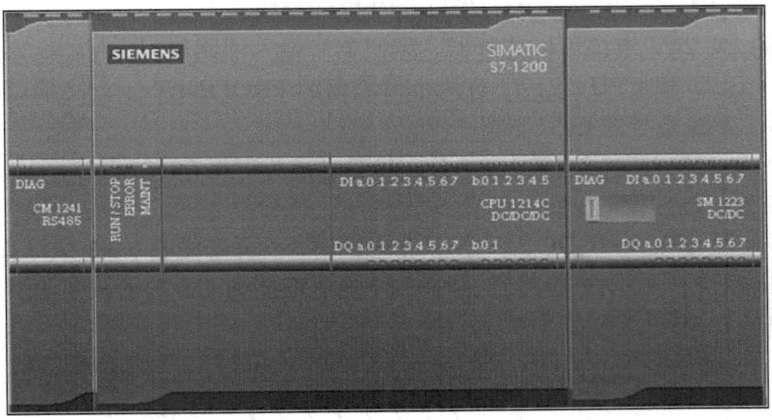

微课：西门子 S7-1200 PLC 的认识

图 0.2.2　S7-1200 PLC 外形

（1）CPU 模块

CPU 内可以安装一块信号板，集成的 PROFINET（一种基于以太网的协议，全称为 process field net）接口主要用于与编程计算机、HMI、其他 PLC 或其他设备通信。

（2）信号模块

数字量输入（digital input，DI）模块、数字量输出（digital output，DO）模块（西门子的为 DQ 模块）、模拟量输入（analog input，AI）模块、模拟量输出（analog output，AO）模块（西门子的为 AQ 模块）统称为信号模块（signal module，SM），安装在 CPU 模块的右边，最多可以扩展 8 个信号模块。输出模块用来控制输出设备和执行器，输入模块用来接收和采集输入信号。信号模块除传递信号外，还具有电平转换与隔离的作用。

（3）通信模块

通信模块安装在 CPU 模块的左边，最多可以安装 3 块通信模块。

（4）精简系列面板

第二代精简面板与 S7-1200 PLC 配套使用，通常用 TIA 博途中的 WinCC 组态。

（5）编程软件

TIA（totally integrated automation）是全集成自动化的简称，TIA 博途是西门子自动化的全新工程设计软件平台。S7-1200 PLC 用 TIA 博途中的 STEP 7 Basic 或 STEP 7 Professional 编程。

2．CPU 模块

（1）CPU 的共性

1）可以使用梯形图、功能块图或结构化控制语言（structured control language，SCL）编程。

2）S7-1200 PLC 集成了最大 150KB 的工作存储器、最大 4MB 的装载存储器和 10KB 的保持性存储器。

3）集成的数字量输入电路的输入类型为漏型/源型，直流电（direct current，DC）24V，4mA。继电器输出可用于直流或交流电压，最大电流 2A。场效应晶体管输出 DC 24V，最大电流 0.5A。脉冲输出最多 4 路。

4）2 点集成的模拟量输入（0～10V），10 位分辨率。

5）集成的 DC 24V 电源可供传感器、编码器和输入回路使用。

6）CPU 1215C 和 CPU 1217C 有两个带隔离的 PROFINET 以太网端口（传输速率为 10/100Mbit/s），其他型号的 CPU 只有一个。

7）实时时钟的保存时间通常为 20 天，40℃时最短可保存 12 天。

（2）CPU 外部接线图

输入回路使用 CPU 内置 DC 24V 传感器电源时，不再需要图 0.2.3 中标有②的外部 DC 电源。在漏型输入时，可以将传感器电源的 M 端子连接到 1M 端子。在源型输入时，可以将传感器电源的 L+端子连接到 1M 端子。

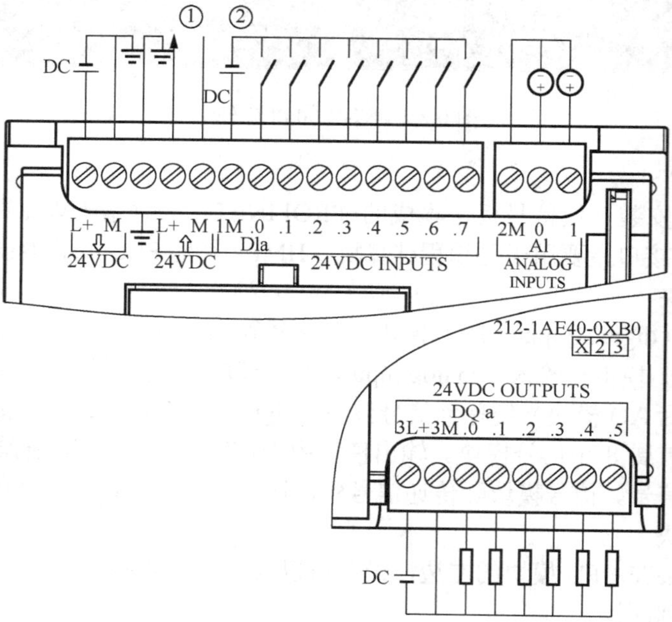

图 0.2.3　CPU 的外部接线图

（3）CPU 集成工艺功能

CPU 集成工艺功能包括高速计数与频率测量、高速脉冲输出、脉冲宽度调制（pulse width modulation，PWM）控制、运动控制和比例积分微分（proportional-integral-derivative，PID）控制。CPU 1217C 有 4 点最高频率为 1MHz 的高速计数器。其他 CPU 有最高频率为 100kHz（单相）/80kHz（互差 90° 的正交相位）或 30kHz/20kHz 的高速计数器。信号板的最高计数频率为 200kHz/160kHz。

CPU 1217 支持最高 1MHz 的脉冲输出，其他 DC 输出的 CPU 支持最高 100kHz 的脉冲输出，信号板支持最高 200kHz 的脉冲输出。CPU 的高速输出可用于步进电动机或伺服电动机的速度和位置控制。PID 功能可实现最多 16 条回路的控制，支持参数自整定。

3．信号板与信号模块

（1）信号板

CPU 正面可以安装一块信号板，有 4DI、4DQ、2DI/2DQ、热电偶、热电阻、1AI、1AQ、RS485 等信号板。DI、DQ 信号板的最高频率为 200kHz。

（2）数字量 I/O 模块

可以选用 8 点、16 点的 DI 或 DQ 模块，或者 8DI/8DQ、16DI/16DQ 模块。DQ 模块有继电器输出和 DC 24V 输出两种。

（3）模拟量 I/O 模块

可以选用 AI 或 AQ 模块，AI 模块用于 A/D 转换，AQ 模块用于 D/A 转换。有 4 路、8 路的 13 位 AI 模块和 4 路的 16 位 AI 模块，双极性模拟量满量程转换后对应的数字为-27648～+27648，单极性模拟量满量程转换后为 0～27648。有 2 路和 4 路的 AQ 模块和 4AI/2AQ 模块。此外，还可选用 4 路、8 路的热电偶模块和热电阻模块。可选多种量程的传感器，分辨率为 0.1℃/0.1℉，15 位+符号位。

4．集成的通信接口与通信模块

（1）集成的 PROFINET 接口

PROFINET 是基于工业以太网的现场总线，CPU 集成的 PROFINET 接口可以与计算机、其他 S7 CPU、PROFINET I/O 设备和使用标准的传输控制协议（transmission control protocol，TCP）的设备通信，支持 TCP/IP、ISO-on-TCP、用户数据报协议（user datagram protocol，UDP）和 S7 通信协议，波特率为 10/100Mbit/s。IP（internet protocol）表示互联网协议，ISO（International Organization for Standardization）表示国际标准化组织。RJ45 连接器具有自动交叉网线功能，支持最多 23 个以太网连接。

（2）PROFIBUS 通信与通信模块

具有 PROFIBUS-DP 主站模块通信模块（communication module，CM）1243-5 和分散外设（decentralized periphery，DP）从站模块 CM 1242-5。

（3）点对点通信与通信模块

点对点（point to point，PTP）串行通信模块 CM 1241 可执行美国信息交换标准代码（American standard for information interchange，ASCII）、通用串行接口（universal serial interface，USS）协议、Modbus 远程终端单元（remote terminal unit，RTU）主站协议和从站协议。

（4）AS-i 通信与通信模块

AS-i（actuator sensor-interface）是执行器传感器接口，CM 1243-2 是 AS-i 主站模块。

（5）远程控制通信与通信模块

使用通用分组无线业务（general packet radio service，GPRS）通信处理器 CP 1242-7，可以实现监视和简单的远程控制。

（6）IO-Link 主站模块

IO-Link 是 IEC 61131-9 中定义的用于传感器/执行器领域的点对点通信接口。IO-Link 主站模块 SM 1278 用于连接 IO-Link 设备。

0.2.4　S7-1200 CPU 种类及 CPU 参数介绍

S7-1200 CPU 提供一个 PROFINET 端口，用于通过 PROFINET 网络通信，如图 0.2.4 所示。还可使用附加模块通过 PROFIBUS、GPRS、RS485、RS232、RS422、IEC、分布式网络协议（distributed network protocal，DNP）3 和宽带数据通信（wideband data communication，WDC）网络进行通信。

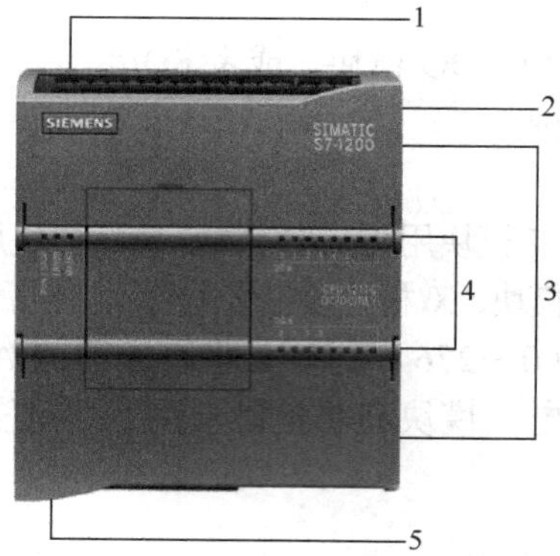

1—电源接口；2—存储卡插槽（上部保护盖下面）；3—可拆卸用户接线连接器（保护盖下面）；4—板载 I/O 的状态发光二极管（light emitting diode，LED）；5—PROFINET 端口（CPU 的底部）。

图 0.2.4　PROFINET 网络通信

CPU 型号的比较如表 0.2.1 所示。

表 0.2.1　CPU 型号的比较

特征		CPU 1211C	CPU 1212C	CPU 1214C	CPU 1215C	CPU 1217C
物理尺寸		90mm×100mm×75mm		110mm×100mm×75mm	130mm×100mm×75mm	150mm×100mm×75mm
用户存储器	工作	50KB	75KB	100KB	125KB	150KB
	负载	1MB	2MB	4MB		
	保持性	10KB				
本地板载 I/O	数字量	6 个输入/4 个输出	8 个输入/6 个输出	14 个输入/10 个输出		
	模拟量	2 路输入			2 点输入/2 点输出	
过程映像大小	输入（I）	1024B				
	输出（Q）	1024B				
位存储器（M）		4096B		8192B		
信号模块（SM）扩展		无	2	8		
SB、BB 或 CB		1				
通信模块（CM）（左侧扩展）		3				
高速计数器①	总计	最多可组态 6 个使用任意内置或 SB 输入的高速计数器				
	1MHz	—				Ib.2 到 Ib.5
	100/180kHz	Ia.0 到 Ia.5				
	30/120kHz	—	Ia.6 到 Ia.7	Ia.6 到 Ib.5		Ia.6 到 Ib.1
	200kHz③					
脉冲输出②	总计	最多可组态 4 个使用任意内置或 SB 输出的脉冲输出				
	1MHz	—				Qa.0 到 Qa.3
	100kHz	Qa.0 到 Qa.3				Qa.4 到 Qb.1
	200kHz③	—	Qa.4 到 Qa.5	Qa.4 到 Qb.1		—

续表

特征		CPU 1211C	CPU 1212C	CPU 1214C	CPU 1215C	CPU 1217C
存储卡		SIMATIC 存储卡（选件）				
数据日志	数量	每次最多打开 8 个				
	大小	每个数据日志为 500MB 或受最大可用装载存储器容量限制				
实时时钟保持时间		通常为 20 天，40℃时最少为 12 天（免维护超级电容）				
PROFINET 以太网通信端口		1			2	
实数数学运算执行速度		2.3μs/指令				
布尔运算执行速度		0.08μs/指令				

注：SB 全称为 signal board，表示信号板；BB 全称为 battery board，表示电池板；CB 全称为 communication board，表示通信板。

① 将高速计数器（high speed counter，HSC）组态为正交工作模式时，可应用较慢的速度。

② 对于具有继电器输出的 CPU 模块，必须安装 SB 才能使用脉冲输出。

③ 与 SB 1221 DI×24VDC 200kHz 和 SB 1221 DI4×5VDC 200kHz 一起使用时最高可达 200kHz。

不同的 CPU 型号提供了不同的特征和功能，这些特征和功能可帮助用户针对不同的应用创建有效的解决方案。S7-1200 PLC 支持的块、OB、定时器和计数器如表 0.2.2 所示。

表 0.2.2　S7-1200 PLC 支持的块、定时器和计数器

时序逻辑电路			说明				
块	类型		OB、FB、FC、DB				
	大小	CPU 型号	CPU 1211C	CPU 1212C	CPU 1214C	CPU 1215C	CPU 1217C
		代码块/KB	50	64	64	64	64
		已链接[①]数据块/KB	50	75	100	125	150
		未链接[②]数据块/KB	256	256	256	256	256
	数量		最多可达 1024 个块（OB+FB+FC）				
	嵌套深度		16（从程序循环 OB 或启动 OB 开始）； 6（从任意中断事件 OB 开始）				
	监视		可以同时监视 2 个代码块的状态				
OB	程序循环		多个				
	启动		多个				
	延时中断		4 个（每个事件 1 个）				
	循环中断		4 个（每个事件 1 个）				
	硬件中断		50 个（每个事件 1 个）				
	时间错误中断		1 个				
	诊断错误中断		1 个				
	拔出或插入模块		1 个				
	机架或站故障		1 个				
	日时钟		多个				
	状态		1 个				
	更新		1 个				
	配置文件		1 个				

续表

时序逻辑电路		说明
定时器	类型	IEC
	数量	仅受存储器大小限制
	存储	DB 结构，每个定时器 16B
计数器	类型	IEC
	数量	仅受存储器大小限制
	存储	DB 结构，大小取决于计数类型 • SInt 和 USInt：3B • Int 和 UInt：6B • DInt 和 UDInt：12B

注：DB 全称为 data block，表示数据块；SInt 全称为 short integer，表示短整数；USInt 全称为 unsigned short integer，表示无符号短整数；Int 全称为 integer，表示整数，本书中表示 16 位的整数；UInt 全称为 unsigned integer，表示无符号整数；DInt 全称为 double integer，表示双整数，本书中表示 32 位的双整数；UDInt 全称为 unsigned double integer，表示无符号的双整数。

① 存储在工作存储器和装载存储器中。

② 仅存储在装载存储器中。

S7-1200 系列 PLC 提供了各种模块和插入式板，用于通过附加 I/O 或其他通信协议扩展 CPU 的功能，如图 0.2.5 所示，图中的 RTD（resistance temperature detector）表示电阻温度探测器。

微课：S7-1200 PLC 的模块安装和拆卸

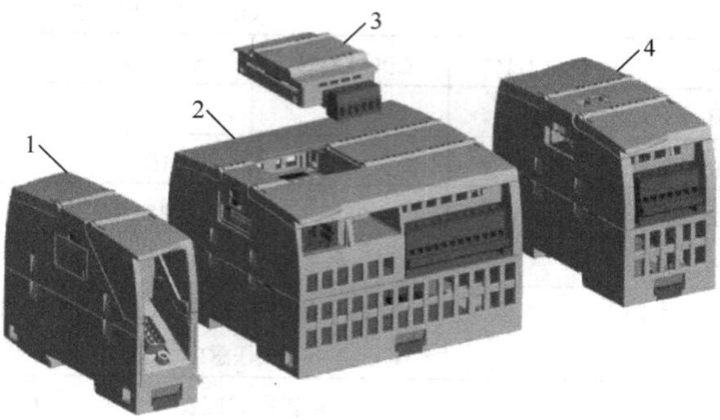

1—通信模块（CM）或通信处理器（CP）；2—CPU（CPU 1211C、CPU 1212C、CPU 1214C、CPU 1215C、CPU 1217C；3—信号板（SB）[数字 SB、模拟 SB，通信板（CB）或电池板（BB）CPU（CPU 1211C、CPU 1212C、CPU 1214C、CPU 1215C、CPU 1217C]；4—信号模块（SM）（数字 SM、模拟 SM、热电偶 SM、RTD SM、工艺 SM）。

图 0.2.5　S7-1200 系列 PLC 扩展模块

0.2.5　S7-1200 PLC 的安装及接线介绍

1．S7-1200 PLC 设备安装准则

S7-1200 PLC 设备设计得易于安装。可以将 S7-1200 PLC 安装在面板或标准导轨上，并且可以水平或垂直安装。S7-1200 PLC 尺寸较小，用户可以有效地利用空间。

电气设备标准将 SIMATIC S7-1200 系统分类为开放式设备，必须将 S7-1200 PLC 安装在外壳、控制柜或电控室内。仅限获得授权的人员能打开外壳、控制柜或进入电控室。

安装时应为S7-1200 PLC提供干燥的环境。可以考虑使用安全特低电压(safety extra low voltage，SELV）/保护特低电压（protective extra low voltage，PELV）电路在干燥位置处提供电击防护。

安装时应按照适用的电气和建筑规范，为特定位置类别的开放式设备提供经过批准的机械强度、可燃性保护及稳定性防护。

灰尘、潮湿和大气污染引起的导电性污染会导致PLC中发生操作故障和电气故障。

如果将PLC放在可能存在导电性污染的区域，则必须采用具有适当保护等级的外壳对PLC实施保护。IP54是常用于脏乱环境中电气设备外壳的一种保护等级。

将S7-1200 PLC设备与热辐射、高压和电噪声隔离开：作为布置系统中各种设备的基本规则，必须将产生高压和高电噪声的设备与S7-1200 PLC等低压逻辑型设备隔离开。

留出足够的空隙以便冷却和接线：S7-1200 PLC被设计成通过自然对流冷却。为保证适当冷却，在设备上方和下方必须留出至少25mm的空隙。此外，模块前端与机柜内壁间至少应留出25mm的深度。

2．功率预算

CPU有一个内部电源，用于为CPU、信号模块、信号板和通信模块供电，并可满足其他DC 24V用户的电源要求。

有关CPU所提供的DC 5V逻辑预算及信号模块、信号板和通信模块的DC 5V功率要求的信息，请参考相关技术规范。

传感器电源可以为输入点、信号模块上的继电器线圈电源或其他用户供给DC 24V。如果用户的DC 24V电源要求超出该传感器电源的预算，则必须给系统增加外部DC 24V电源。有关具体CPU的DC 24V传感器电源功率预算，请参考相关技术规范。

如果需要外部DC 24V电源，请确保该电源不与CPU的传感器电源并联。为提高电噪声防护能力，建议连接不同电源的公共端（M）。

3．安装步骤

根据S7-1200 PLC设备的安装尺寸大小和相关的安装手册进行CPU、SB、CB、SM、CM等部件的安装。

注意：每个CPU、SM、CM和CP都支持安装在DIN导轨或面板上。使用模块上的DIN导轨卡夹将设备固定到导轨上。这些卡夹还能掰到一个伸出位置，以提供将设备直接安装到面板上的螺钉安装位置。设备上DIN卡夹的安装孔内部尺寸是4.3mm。DIN表示德国标准化协会（Deutsches Institut für Normung）。

必须在设备的上方和下方留出25mm的发热区，以便空气自由流通。

4．接线准则

所有电气设备的正确接地和接线非常重要，因为这有助于确保实现最佳系统运行，以及为用户的应用和S7-1200 PLC提供良好的电噪声防护。请参考技术规范以查看S7-1200 PLC的接线图。

（1）先决条件

在对任何电气设备进行接地或者接线之前，请确保设备的电源已经断开。同时，还要确保已关闭所有相关设备的电源。确保在对 S7-1200 和相关设备接线时遵守所有适用的电气规程。

请根据所有适用的国家标准和地方标准来安装和操作所有设备。

请联系当地的管理机构确定哪些规范和标准适用于用户设备的具体情况。

（2）绝缘准则

经验证，S7-1200 交流电源和 I/O 与交流电路的边界经过设计后，可以在交流线路电压与低压电路之间实现安全隔离。

根据各种适用的标准，这些边界包括双重或加强绝缘，或者基本绝缘加辅助绝缘。跨过这些边界的组件（如光耦合器、电容器、变压器和继电器）已通过安全隔离认证。特别地，仅采用交流线路电压的电路才能实现与其他电路安全隔离。DC 24V 电路间的隔离边界仅起一定作用，不应依赖于这些边界提供安全性。

0.2.6 S7-1200 博途软件的安装及组态

1．TIA 博途中的软件

微课：博途软件的使用

TIA 博途是西门子自动化的工程设计软件平台。其中的 STEP 7 Professional 可用于 S7-1200/1500/300/400 和 WinCC 的组态和编程，STEP 7 Basic 只能用于 S7-1200 PLC。TIA 博途中的 WinCC 是用于西门子的 HMI、工业 PC 和标准 PC 的组态软件，精简面板可使用 WinCC 的基本版。TIA 博途中的 STEP 7 集成了 WinCC 的基本版。

TIA 博途中的 STEP 7 Safety 用于故障安全自动化。SINAMICS Startdrive 用于驱动装置，它集成了硬件组态、参数设置，以及调试和诊断功能。

（1）安装 TIA 博途对计算机的要求

推荐的计算机配置：处理器主频 3.3GHz，内存 8GB，硬盘 300GB。非家用版的 Windows 7 或非家用版的 Windows 8.1。安装顺序：STEP 7→PLCSIM→WinCC→Startdrive→STEP 7 Safety。

（2）安装 STEP 7 的方法

首先安装 STEP 7 Professional V13 SP1。在“产品配置”对话框中，采用“典型”配置。选中“许可证条款”对话框和“安全控制”对话框中的复选框。安装快结束时，单击“许可证传送”对话框中的“跳过许可证传送”按钮，以后再传送许可证密钥。最后单击“安装已成功完成”对话框中的“重新启动”按钮，立即重启计算机。

然后依次安装 S7-PLCSIM V13 SP1、更新包 TIA V13 SP1 UPD9 和 PLCSIM V13 SP1 UPD1。

（3）学习 TIA 博途的建议

用户最好一边看书一边对例程进行编程和仿真操作。

2. 项目视图的结构

（1）Portal 视图与项目视图

通常可用 Portal 视图完成某些操作，实际应用最多的是项目视图，二者可切换使用。

（2）项目树

可用项目视图的项目树来访问所有的设备和项目数据、添加新的设备、编辑已有的设备、打开处理项目数据的编辑器。项目中的各组成部分在项目树中以树形结构显示，分为项目、设备、文件夹和对象 4 个层次。

可以关闭、打开项目树和详细视图，具体操作为，移动各窗口之间的分界线，用标题栏上的按钮启动“自动折叠”或“永久展开”功能。

（3）详细视图

选中项目树中的“默认变量表”，详细窗口会显示该变量表中的符号。可以将这些符号的地址拖拽到程序中的地址域，以隐藏或显示详细视图和巡视窗口。

（4）工作区

可以同时打开几个编辑器，用编辑器栏中的按钮切换显示工作区的编辑器。单击工具栏上的按钮，可以垂直或水平拆分工作区，同时显示两个编辑器。

可用工作区右上角的按钮将工作区最大化，或使工作区浮动。单击浮动的工作区的标题栏并按住鼠标左键不放，可以将工作区拖动到画面上所需位置。工作区被最大化或浮动后，可单击“嵌入”按钮将工作区恢复原状。

（5）巡视窗口

巡视窗口用来显示选中的工作区中的对象的附加信息和设置的对象属性。

1）“属性”选项卡用来显示和修改选中的工作区中的对象的属性。其左侧是浏览窗口，在该窗口选中某个参数组后，在右边窗口可以显示和编辑相应的信息或参数。

2）“信息”选项卡显示所选对象和操作的详细信息，以及编译后的报警信息。

3）“诊断”选项卡显示系统诊断事件和组态的报警事件。

（6）任务卡

任务卡的功能与编辑器有关。可以用任务卡最右侧竖条上的按钮切换任务卡显示的内容。

3. 创建项目与硬件组态

（1）新建一个项目

执行菜单命令“项目”→“新建”，在打开的“创建新项目”对话框中设置项目的名称，单击“创建”按钮，即可生成项目。

（2）添加新设备

双击项目树中的“添加新设备”选项，单击打开的对话框中的“控制器”按钮，双击要添加的 CPU 1215C 的订货号，添加一个 PLC。

（3）设置项目的参数

执行菜单命令“选项”→“设置”，选中工作区左侧浏览窗口中的“常规”选项后，可设置用户界面语言和助记符，也可设置“起始视图”区为“项目视图”或“最近的视图”，还可设置项目的存储位置。

（4）硬件组态的任务

硬件组态的任务就是，在设备视图和网络视图中生成一个与实际硬件系统对应的虚拟系统。在自动化系统启动情况下，可以设置两个系统不兼容时，能或不能启动 CPU。

（5）在设备视图中添加模块

双击项目树中“PLC_1”文件夹下的“设备组态”选项，打开设备视图。

1）用拖拽的方法将硬件目录窗口中的硬件拖放到允许的插槽，光标形状会指示是否可在当前位置放置。

2）选中机架中需要放置模块的插槽，双击硬件目录中要放置模块的订货号，该模块便出现在选中的插槽中。可以将模块插入已经组态的两个模块中间。

（6）硬件目录中的过滤器

如果选中了“硬件目录”窗口中的“过滤”复选框，则硬件目录只显示与工作区有关的硬件。可以删除、复制或粘贴设备视图或网络视图中的硬件组件。

（7）改变设备的型号

右击设备视图中要更改型号的 CPU，在弹出的快捷菜单中执行“更改设备类型”命令，在打开的对话框中双击用来替换的设备的订货号。

（8）打开已有的项目

可以单击工具栏上的按钮，在打开的对话框中双击最近使用的某个项目，打开该项目。也可以单击“浏览”按钮，打开某个项目的文件夹，双击与项目同名的文件，打开该项目。

知识拓展

PLC 的发展阶段

随着微处理器的出现，大规模、超大规模集成电路技术的迅速发展和数据通信技术的不断进步，PLC 也迅速发展，其发展过程大致可分为以下 3 个阶段。

1. 早期的 PLC（20 世纪 60 年代末—70 年代中期）

早期的 PLC 一般称为可编程逻辑控制器。这时的 PLC 主要作为继电器控制装置的替代品，其主要功能只是执行原先由继电器完成的顺序控制、定时等任务。它以准计算机的形式出现，在 I/O 接口电路上做了改进以适应工业控制现场的要求。装置中的器件主要采用分立元件和中小规模集成电路，存储器采用磁芯存储器。另外还采取了一些措施，以提高其抗干扰的能力。例如，在软件编程上，采用广大电气工程技术人员所熟悉的继电器控制线路的方式——梯形图。早期 PLC 的性能要优于继电器控制装置，其优点包括简单易懂、便于安装、体积小、能耗低、有故障指示、能重复使用等。早期 PLC 特有的编程语言——梯形图一直沿用至今。

2. 中期的 PLC（20 世纪 70 年代中期—80 年代中、后期）

20 世纪 70 年代，微处理器的出现使得 PLC 发生了巨大的变化。美国、日本、德国等国的一些厂家先后采用微处理器作为 PLC 的 CPU。

PLC 的功能在这一时期大大增强。在软件方面，PLC 除了保持其原有的逻辑运算、计时、计数等功能，还增加了算术运算、数据处理和传送、通信、自诊断等功能。在硬件方面，PLC 除了保持其原有的开关模块，还增加了模拟量模块、远程 I/O 模块、各种特殊功能模块，并扩大了存储器的容量，使各种逻辑线圈的数量增加，同时提供了一定数量的数据寄存器，使 PLC 的应用范围进一步扩大。

3．近期的 PLC（20 世纪 80 年代中后期至今）

进入 20 世纪 80 年代中后期后，得益于超大规模集成电路技术的迅速发展，微处理器的市场价格大幅度下跌，各种类型 PLC 所采用的微处理器的档次普遍得到提高。这一时期，为了进一步提高 PLC 的处理速度，各制造厂商还纷纷研制开发了专用逻辑处理集成电路，这使得 PLC 的软、硬件功能发生了巨大变化。

思考与练习

1．PLC 的特点有哪些？
2．PLC 如何分类？
3．PLC 的硬件主要包括哪些？
4．S7-1200 PLC 设备的安装准则是什么？
5．安装 TIA 博途 V15 编程软件，并创建项目及硬件组态。

0.3 PLC 的数据结构

◎ **学习目标**

1．掌握 S7-1200 PLC 博途软件的使用方法。
2．掌握 S7-1200 PLC 的存储分类方法。
3．掌握 S7-1200 PLC 的常用数据类型。
4．了解 S7-1200 PLC 编程语言。
5．通过 S7-1200 PLC 在生产生活中的应用，激发学习兴趣，掌握工程实践技能和工程思维方法。
6．树立质量意识、环保意识、安全意识，培养工匠精神和创新思维。

0.3.1 S7-1200 编程语言

S7-1200 可以使用梯形图、功能块图和结构化控制语言进行编程。输入程序时，在地址前自动添加#，梯形图中一个程序段可以放多个独立电路。

微课：PLC 的编程语言

1．梯形图

梯形图由触点、线圈和用方框表示的指令框等组成。可以为程序段添加标题和注释，并用按钮关闭注释。基于能流这一概念，用户还可以借用继电器电路的术语和分析方法更好地理解和分析梯形图，如图 0.3.1 所示。需要注意的是，能流只能从左往右流动。

图 0.3.1　梯形图

2．功能块图

功能块图的作用类似数字电路的图形逻辑符，表示控制逻辑，目前国内已很少应用。

3．结构化控制语言

SCL 是一种基于 Pascal 的高级编程语言。SCL 特别适用于数据管理、过程优化、配方管理、数学计算和统计任务。

右击项目树中的某个代码块，在弹出的快捷菜单中执行“切换编程语言”命令，可进行 LD 和 FBD 语言的相互切换。只能在“添加新块”对话框中选择 SCL。

0.3.2　PLC 的工作原理与用户程序结构

1．逻辑运算

PLC 分别用逻辑代数中的“1”和“0”表示数字量控制系统中变量的两种相反的工作状态。线圈通电后，常开触点接通、常闭触点断开为“1”状态，反之为“0”状态。在波形图中，用高、低电平分别表示“1”和“0”状态。继电器控制电路如图 0.3.2 所示。

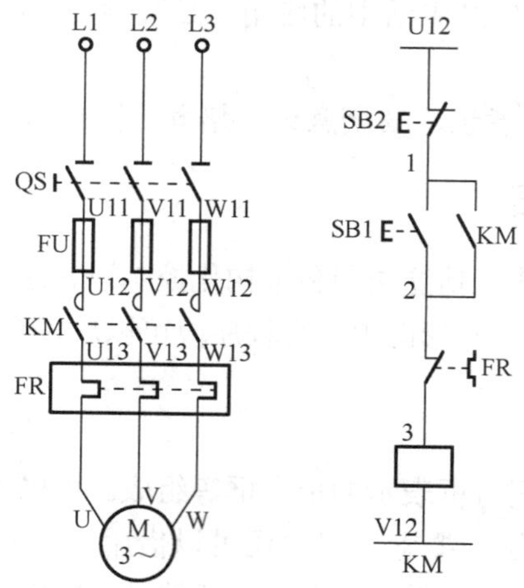

图 0.3.2　继电器控制电路

图 0.3.2 中的“与”“或”“非”逻辑运算关系如表 0.3.1 所示。

表 0.3.1　逻辑运算关系

与			或			非	
Q0.0=I0.0*I0.1			Q0.1=I0.2+I0.3			$Q0.2=\overline{I0.4}$	
I0.0	I0.1	Q0.0	I0.2	I0.3	Q0.1	I0.4	Q0.2
0	0	0	0	0	0	0	1
0	1	0	0	1	1	1	0
1	0	0	1	0	1		
1	1	1	1	1	1		

按下启动按钮 SB1，电流经 SB1 的常开触点和 SB2 的常闭触点流过 KM 的线圈。KM 的主触点闭合，电动机开始运行，同时 KM 的辅助常开触点接通。松开启动按钮 SB1，其常开触点断开，电流经 KM 的辅助常开触点和 SB2 的常闭触点流过 KM 的线圈。KM 常开触点的功能称为“自锁”或“自保持”。电动机运行时按下停止按钮 SB2，KM 的线圈失电，电动机停止运行，同时 KM 的辅助常开触点断开。热继电器 FR 用于过载保护。图 0.3.2 中的继电器电路称为“起动-保持-停止”电路，简称起保停电路。

逻辑代数式 $KM=(SB1+KM)\cdot\overline{SB2}\cdot\overline{FR}$ 中的加号表示逻辑“或”，乘号或星号表示逻辑“与”，上画线表示逻辑“非”。逻辑运算的规则为先“与”后“或”，括号优先，先执行括号中的“或”运算。

2．用户程序结构

微课：S7-1200 PLC 用户程序结构

（1）模块化编程

模块化编程将复杂的自动化任务划分为对应生产过程技术功能的子任务，每个子任务对应一个称为“块”的子程序，通过块与块之间的相互调用来组织程序。这样的程序易于修改、查错和调试。块结构显著地增加了 PLC 程序的组织透明性、可理解性和易维护性。

OB、FC、FB 统称为代码块，被调用的代码块可以嵌套调用别的代码块。从程序循环 OB 或启动 OB 开始，嵌套深度为 16；从中断 OB 开始，嵌套深度为 6。

（2）组织块

组织块（OB）是操作系统与用户程序的接口，由操作系统调用，用户程序中的块如表 0.3.2 所示。

表 0.3.2　用户程序中的块

块	描述
组织块（OB）	操作系统与用户程序的接口，决定用户程序结构
函数块（FB）	用户编写的包含经常使用的功能子程序，有专用的背景数据块
函数（FC）	用户编写的包含经常使用的功能子程序，没有专用的背景数据块
背景数据块（DB）	用于保存 FB 的输入参数、输出参数和静态变量，其数据在编译时自动生成
全局数据块（DB）	存储用户数据的数据区域，共享给所有的代码块

1）程序循环组织块。OB1 是用户程序中的主程序，在每一次循环中，操作系统程序调用一次 OB1。允许有多个程序循环 OB。

2）启动组织块。CPU 的工作模式从 STOP 切换到 RUN 时，执行一次启动组织块来初始化程序循环 OB 中的某些变量。可以有多个启动 OB，默认的为 OB100。

3）中断组织块。中断处理用来实现对特殊内部事件或外部事件的快速响应。如果出现中断事件，CPU 暂停正在执行的程序块，自动调用一个分配给该事件的组织块（中断程序）来处理中断事件。执行完中断组织块后，返回被中断的程序的断点处继续执行原来的程序。

（3）函数

函数（FC）是用户编写的子程序。函数没有固定的存储区，函数执行结束后，其临时变量中的数据就丢失了。

（4）函数块

函数块（FB）是用户编写的子程序。调用函数块时，需要指定背景数据块，后者是函数块专用的存储区。FB 的输入、输出参数和局部静态变量保存在背景数据块中。FB 的典型应用是执行不能在一个扫描周期完成的操作。

使用不同的背景数据块调用同一个函数块时，可以控制不同的设备。

（5）数据块

数据块（DB）是用于存放执行代码块时所需数据的数据区。

1）全局数据块用于存储供所有代码块使用的数据。

2）背景数据块存储的数据供特定的 FB 使用。

0.3.3 数据类型与系统存储区

1. 数据类型

数据类型用来描述数据的长度（二进制的位数）和属性。

微课：S7-1200 PLC 支持的数据类型与数据存取方式

（1）位（Bool）

二进制的“1”和“0”在软件中分别用 TRUE 和 FALSE 表示。例如，I3.2 中的“I”表示输入，字节地址为 3，位地址为 2。

（2）位字符串

数据类型 Byte（字节）、Word（字）、DWord（双字）统称为位字符串，分别由 8 位、16 位和 32 位二进制数组成。

1）用组成双字的编号最小字节 MB100 的编号作为双字 MD100 的编号。

2）组成双字 MD100 的编号最小的字节 MB100 为 MD100 的最高位字节，编号最大的字节 MB103 为 MD100 的最低位字节。字也有类似的特点。

（3）整数

SInt 和 USInt 分别为 8 位的短整数和无符号短整数，Int 和 UInt 分别为 16 位的整数和无符号整数，DInt 和 UDInt 分别为 32 位的双整数和无符号的双整数。

有符号整数的最高位为符号位，最高位为 0 时为正数，为 1 时为负数。有符号整数用补码来表示，二进制正数的补码就是它本身，将一个正整数的各位取反后加 1，得到绝对值与它相同的负数的补码。

（4）浮点数

浮点数又称实数（Real），可表示为 $1.m\times2E$，指数 E 是有符号数。

美国国家标准学会（American National Standards Institute，ANSI）和电气与电子工程师协会（Institute of Electrical and Electronics Engineers，IEEE）的标准浮点数为 $1.m\times2e$，$e=E+127(0\sim255)$。范围为$\pm1.175495\times10^{-38}\sim\pm3.402823\times10^{38}$。最高位为浮点数的符号位，正数时为 0，负数时为 1。规定尾数的整数部分总是为 1，第 0～22 位为尾数的小数部分。8 位指数加上偏移量 127 后（0～255），放在第 23～30 位。

STEP 7 中用小数表示浮点数。

LReal 为 64 位的长浮点数，最高位为符号位。尾数的整数部分总是为 1，第 0～51 位为尾数的小数部分。11 位的指数加上偏移量 1023 后（0～1023），放在第 52～62 位。

（5）时间与日期

Time 是有符号双整数，其单位为 ms，能表示的最大时间为 24 天。

Date（日期）为 16 位无符号整数，无符号双整数 TOD（TIME_OF_DAY）为从指定日期的 0 时算起的毫秒数。

数据类型 DTL（DATE_AND_TIME_LONG）的 12B 为年（占 2B），月、日、星期的代码、小时、分、秒（各占 1B）和纳秒（占 4B），均为 BCD 码。星期日、星期一～星期六的代码分别为 1～7。

（6）字符

数据类型字符（Char）占 1B，Char 以 ASCII 格式存储。WChar（宽字符）占 2B，可以存储汉字和中文的标点符号。字符常量用英语的单引号表示，如'A'。

2．数制与数据类型

（1）数制

1）二进制数。二进制数的 1 位只能为“0”和“1”。用 1 位二进制数来表示开关量的两种不同状态。如果该位为“1”，梯形图中对应的位编程元件的线圈通电、常开触点接通、常闭触点断开，称该编程元件为 TRUE 或“1”状态。该位为“0”则反之，称该编程元件为 FALSE 或“0”状态。二进制位的数据类型为 Bool（布尔）型。

2）多位二进制数。多位二进制数用来表示大于 1 的数字。从右往左数第 n 位（最低位为第 0 位）的权值为 2^n。2#1100 对应的十进制数为 $1\times2^3+1\times2^2+0\times2^1+0\times2^0=8+4=12$。

3）十六进制数。十六进制数用于简化二进制数的表示方法，16 个数为 0～9 和 A～F（10～15）。1 位十六进制数对应于 4 位二进制数，如 2#0001001110101111 可以转换为 16#13AF 或 13AFH。

十六进制数“逢十六进一”，第 n 位的权值为 16^n，如 16#2F 对应的十进制数为 $2\times16^1+15\times16^0=47$。

（2）编码

1）补码。有符号二进制整数用补码来表示，其最高位为符号位，符号位为 0 时为正数，为 1 时为负数。正数的补码就是它本身，最大的 16 位二进制正数为 32767。

将正数的补码逐位取反后加 1，得到绝对值与其相同的负数的补码。例如，1158 对应的补码为 2#0000 0100 1000 0110，-1158 对应的补码为 2#1111 1011 0111 1010。

2）BCD（binary-coded decimal）码。BCD 是二进制编码的十进制数的缩写，用 4 位二进制数表示 1 位十进制数，每位 BCD 码允许的数值范围为 2#0000～2#1001，对应于十进制数 0～9。BCD 码的最高位二进制数用来表示符号，负数为 1，正数为 0。一般令负数和正数的最高 4 位二进制数分别为 1111 或 0000。16 位 BCD 码的范围为-999～+999，32 位 BCD 码的范围为-9999999～+9999999。BCD 码各位之间的关系是“逢十进一”。BCD 码用于 PLC 的输入和输出。

3）ASCII 码。数字 0～9 的 ASCII 码为十六进制数 30H～39H，英语大写字母 A～Z 的 ASCII 码为 41H～5AH，英语小写字母 a～z 的 ASCII 码为 61H～7AH。

3．全局数据块与其他数据类型

（1）全局数据块

单击项目树中的“添加新块”选项，在打开的对话框中单击“数据块（DB）”按钮，生成一个数据块，可以修改其名称，其类型默认为“全局 DB”。

右击项目树中新生成的数据块，在弹出的快捷菜单中执行“属性”命令，在打开的对话框中选中左边的“属性”选项，选中右边的“优化的块访问”复选框，只能用符号地址访问生成的块中的变量，不能使用绝对地址。这种访问方式可以提高存储器的利用率。

（2）字符串

数据类型 String（字符串）是字符组成的一维数组，每字节存放 1 字符。第一字节是字符串的最大字符长度，第二字节是字符串当前有效字符数，字符从第三字节开始存放，一个字符串最多有 254 字符。

数据类型 WString（宽字符串）存储多个数据类型为 WChar 的 16 位宽字符。第一个字是最大字符个数，第二个字是当前的总字符个数。

在“数据块_1”的第 2 行创建名为“故障信息”的字符串“String[30]”，其启动值为“OK”。

（3）数组

数组（Array）是由固定数目的同一种数据类型元素组成的数据结构。允许使用除 Array 外的所有数据类型作为数组的元素，最多为 6 维。

第一维的下标 1、2 是电动机的编号，第二维的下标 1～3 是三相电流的序号。数组元素“电流$_{[1,2]}$”是一号电动机的第 2 相的电流。

在数据块的第 3 行生成名为“功率”的数组，数据类型为 Array$_{[0..23]}$ of Int，数组元素的下标的下限值和上限值用两个小数点隔开，下限值应小于等于上限值。单击“功率”左边的按钮可以显示或隐藏数组的元素。

（4）结构

结构（Struct）是由固定数目的多种数据类型的元素组成的数据类型。可以用数组和结构做结构的元素，结构可以嵌套 8 层。

在数据块_1 的第 4 行生成一个名为“电动机”的结构，在第 5～8 行生成结构的 4 个元素。可以用“电动机”左边的按钮显示或隐藏结构的元素。

在用户程序中，可以用符号地址“数据块 _1”.电动机.电流访问结构中的元素。

（5）Pointer 指针

指针中包含的是地址信息而不是实际的数值。Pointer 指针占 6B，字节 0 和字节 1 中是数据块的编号，不用于数据块时，DB 编号为 0。3 位位地址用 x 表示，16 位字节地址用 b 表示。

P#20.0 是内部区域指针，不包含存储区域。P#M20.0 是包含存储区域 M 的跨区域指针，P#DB10.DBX20.0 是指向数据块的 DB 指针。输入程序时可以省略“P#”。

（6）Any 指针

指针数据类型 Any 指向数据区的起始位置，并指定其长度。

Any 指针可以表示一片连续的数据区，如 P#DB2.DBX10.0 BYTE 8；也可以用来指向一个地址，如 DB2.DBW30 和 Q12.5。

（7）Variant 数据类型

Variant 数据类型可以指向各种数据类型或参数类型的变量，也可以指向结构或结构中的单个元素，它不会占用任何存储器的空间。

使用绝对地址的 Variant 数据类型的示例：P#DB5.DBX10.0 INT 12 和%MW10。

（8）PLC 数据类型

PLC 数据类型用来定义可以在程序中多次使用的数据结构。打开项目树中的“PLC 数据类型”文件夹，双击“添加新数据类型”选项，可以创建 PLC 数据类型。定义好程序中多次使用的数据结构后，可以在用户程序中将该数据结构作为数据类型使用。

（9）使用符号方式访问非结构数据类型变量的“片段”

可以用符号方式按位、字节或字访问 PLC 变量表和数据块中某个符号变量的一部分。

例如，在 PLC 变量表中，“状态”是一个声明为双字数据类型的变量，“状态”.x11 是“状态”的第 11 位，“状态”.b2 是“状态”的第 2 号字节，“状态”.w0 是“状态”第 0 号字。

4. 物理存储器

（1）PLC 使用的物理存储器

RAM 可读写，其工作速度高、价格低廉、改写方便，断电后存储的信息会丢失。

ROM 只能读出，不能写入，断电后存储的信息不会丢失。

快闪存储器（Flash EPROM）简称 FEPROM，可电擦除可编程的只读存储器简称 EEPROM。它们兼有 ROM 非易失性和 RAM 随机存取的优点，写入数据所需时间比 RAM 长，用来存放用户程序和断电时需要保存的重要数据。

（2）装载存储器与工作存储器

1）装载存储器是非易失性的存储器，用于保存用户程序、数据和组态信息。项目下载到 CPU 时，保存在装载存储器中。装载存储器类似于计算机的硬盘，工作存储器类似于计算机的内存。

2）工作存储器是集成在 CPU 中的 RAM。为了提高运行速度，CPU 将用户程序中与程序执行有关的部分复制到工作存储器。CPU 断电时，工作存储器中的内容将会丢失。

（3）保持性存储器

保持性存储器用来防止在 PLC 电源关闭时丢失数据，暖启动后其中的数据保持不变，存储器复位时其值被清除。CPU 提供了 10KB 的保持性存储器。

在暖启动时，所有非保持的位存储器都会被删除，非保持数据块的内容被复位为装载存储器中的初始值。

（4）存储卡

存储卡用于在断电时保存用户程序和某些数据，不能用普通读卡器格式化存储卡。可以将存储卡作为程序卡、传送卡或固件更新卡。

5．系统存储区

系统存储区包括过程映像输入/输出、外设输入/输出、位存储器、临时局部存储器和数据块。

在 I/O 点的地址或符号地址的后面附加“:P”可以立即读外设输入或立即写外设输出，如 I0.3:P 和 Q0.4:P。写外设输入点是被禁止的，即 I_:P 访问是只读的。用 I_:P 访问外设输入不会影响过程映像输入区中的对应值。

知识拓展

数 据 结 构

数据结构（data structure）是带有结构特性的数据元素的集合，它研究的是数据的逻辑结构和数据的物理结构，以及它们之间的相互关系，并对这种结构定义相适应的运算，设计出相应的算法，确保经过这些运算以后，得到的新结构仍保持原来的结构类型。

思考与练习

1．梯形图由哪几部分组成？它有什么特点？
2．请把二进制数 0101 0011 1010 1101 转换为十六进制数。
3．Word（字）由多少位二进制数组成？
4．根据项目 S7-1200 PLC 新建变量表。

项目 1

基本控制电路的继电器-接触器控制和PLC控制

◎ 项目导读

电气控制与PLC技术是集继电器技术、计算机技术、控制技术、网络通信技术于一体的综合性技术。随着工业自动化的发展，PLC在电气控制中的应用越来越广泛，逐步成为电气控制的核心器件。

本项目通过6个任务的实施，介绍三相异步电动机的起动、制动及调速运行控制，以及西门子S7-1200系列的PLC基本指令、PLC对三相异步电动机的控制方法。

◎ 学习目标

知识目标

- 掌握三相异步电动机起动、调速、制动的继电器-接触器控制工作原理。
- 掌握PLC基本指令的应用方法。
- 掌握基本电气控制电路的PLC控制方法。

能力目标

- 能够正确选择低压电器并检测其好坏。
- 能够对基本电气控制电路进行安装、调试和运行。
- 能够熟练应用PLC基本指令。

素养目标

- 培养在分析和解决问题时学以致用、独立思考的基本素养。
- 培养勇于创新、敬业乐业的职业精神。
- 养成严谨认真的学习态度和安全作业的职业意识。

任务 1.1 三相异步电动机的点动运行控制

任务目标

1．能够描述三相异步电动机点动运行的继电器-接触器控制工作原理。

2．能够记住常用低压电器的国标图形符号和文字符号，并描述其工作原理。

3．能够利用实训设备完成三相异步电动机点动运行的继电器-接触器控制电路的安装、调试和运行等，会判断并排除电路故障。

4．能够正确选用低压电器并利用工具检测元器件的好坏。

5．能够熟练使用 PLC 的触点、线圈指令。

任务要求

分别使用继电器-接触器和 PLC 控制电路实现三相异步电动机点动运行控制。要求如下：当按下启动按钮时，电动机起动运转；松开按钮后，电动机惯性停机。

1.1.1 知识准备：三相异步电动机点动控制电路工作原理及 PLC 梯形图设计

1．三相异步电动机点动运行的继电器-接触器控制电路的工作原理

有些生产机械的某些运动部件不需要电动机连续拖动，只要求电动机进行短暂运行，这就需要对电动机进行点动控制。三相异步电动机的点动控制比连续运行控制更简单，其电路如图 1.1.1 所示。

微课：三相异步电动机的点动控制

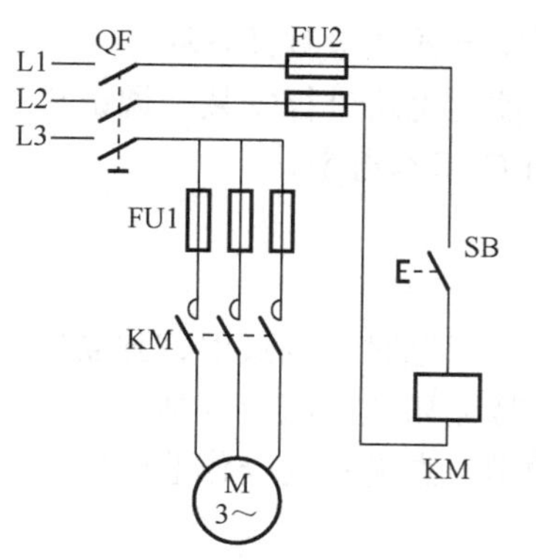

图 1.1.1　三相异步电动机点动控制电路

要了解控制电路的工作原理，就需要知道电路图中控制回路和主回路的概念和区别。如图 1.1.1 所示，左边由电源开关 QF、熔断器 FU1 和 FU2、接触器 KM 的主触点组成的部分称为主电路。主电路中的各部分与被控制电动机串联。右边由按钮 SB、接触器 KM 线圈等组成的部分称为控制电路，接在两相之间，其中的电流较小。

该电路的工作过程：当合上电源开关 QF 时，主电路中的电动机 M 不会起动运转，因为此时交流接触器 KM 的主触点处于断开状态，电动机的定子绕组上没有电压；当按下按钮 SB 时，控制电路中交流接触器 KM 的线圈得电吸合，主电路中 KM 的主触点闭合，电动机起动运转；当松开按钮 SB 时，KM 的线圈失电释放，从而使 KM 主触点断开，电动机立即停转。

这种按下按钮电动机运转，松开按钮电动机停转的电路，称为点动控制电路。这种电路常用于行车或者塔吊运行控制。

2．PLC 梯形图的特点、编写基本规则和设计技巧

梯形图与继电器-接触器控制电路图在结构形式、元件符号及逻辑控制功能上类似，但梯形图有它自身的特点、编写的基本规则和设计技巧。

（1）梯形图的特点

1）梯形图两侧的平行竖线称为母线（右母线可以省略），两条母线之间是由位逻辑或功能指令组成的一条条平行的逻辑行（或称梯级），原则上每个逻辑行必须以触点与左母线连接开始，以线圈或功能指令与右母线连接结束。

2）继电器-接触器控制电路图中的左右两条线为电源线，中间各支路都加有电压，当支路通电时，由电流流过支路上的触点与线圈。而梯形图的左右母线并未加电压，梯形图的支路连通时，并没有真正的电流流过，只是一种假想“电流”。

3）梯形图中使用的各种元器件称为软元件，是按照继电器-接触器控制电路图中相应的元器件名称设计的，但并不是真实的物理元器件。梯形图中的每个触点和线圈均与 PLC 存储区中元件映像寄存器的一个存储单元相对应，若该存储单元为“1”，则表示线圈得电和触点动作（常开触点闭合、常闭触点断开）；若为“0”，则保持原初始状态不变。

4）梯形图中各软元件的触点既有常开触点，又有常闭触点，其数量是无限的。

5）输入继电器的状态唯一地取决于对应的外部输入电路的信号状态，因此在梯形图中输入继电器只有触点没有线圈。辅助继电器用来保存运算的中间结果，不对外驱动负载，负载只能由输出继电器来驱动。

6）梯形图按行从上至下编写，每一行从左至右顺序编写，即 PLC 程序执行顺序与梯形图的编写顺序一致。

（2）梯形图编写的基本规则

1）线圈右边无触点。梯形图每一行都是从左母线开始，于右母线结束的，触点在左，线圈在右，触点不能放在线圈的右边，线圈也不能直接与左母线连接，如图 1.1.2 所示。

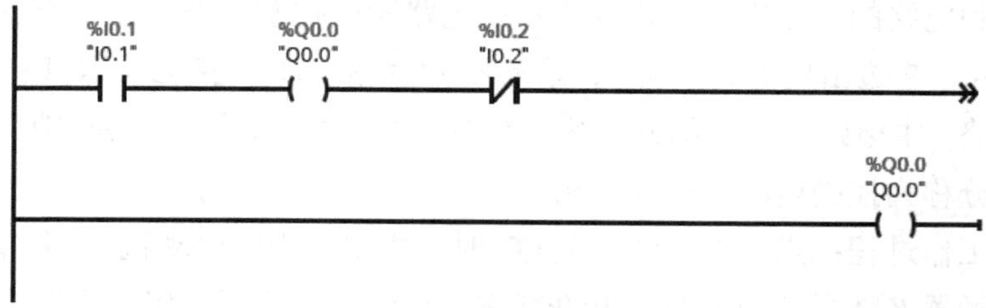

（a）不正确

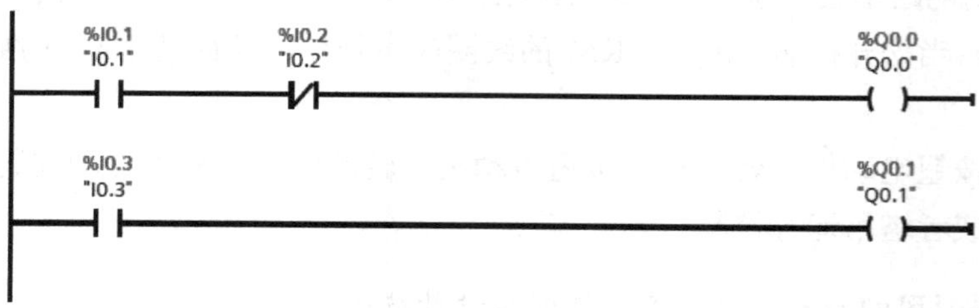

（b）正确

图 1.1.2　线圈右边无触点的梯形图示例

2）触点可串可并无限制。触点可用于串联电路，也可用于并联电路，且使用次数不限。

3）触点水平不垂直。触点应画在水平线上，不能画在垂直线上，否则会有双向电流经过，形成不能编程的梯形图，应进行重新编排，如图 1.1.3 所示。

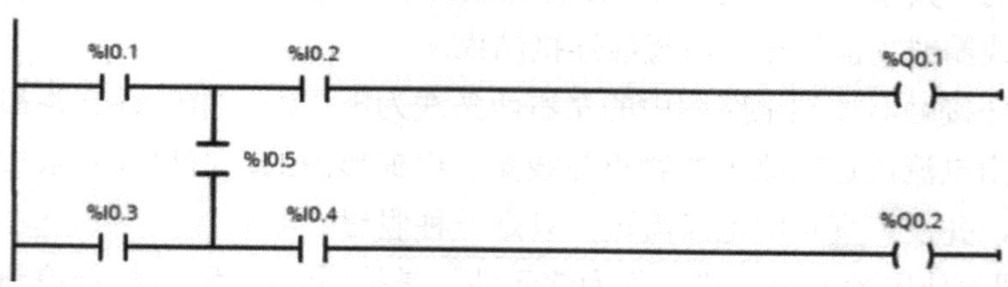

（a）不正确

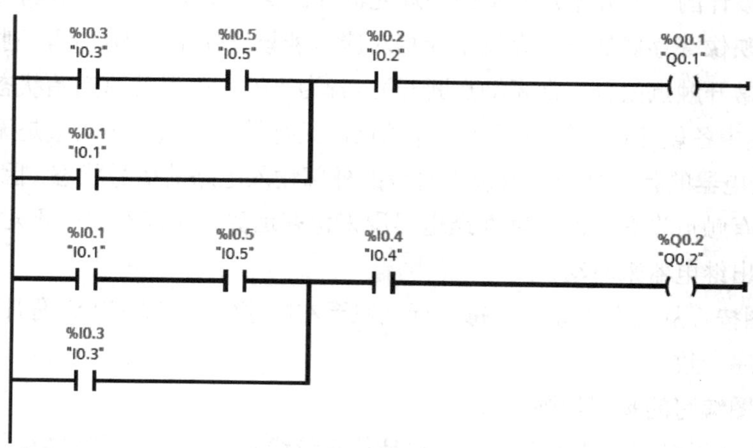

（b）正确

图 1.1.3　触点水平不垂直梯形图示例

4）多个线圈并联输出。梯形图中若有多个线圈输出，这些线圈可并联输出，但不能串联输出，如图 1.1.4 所示。

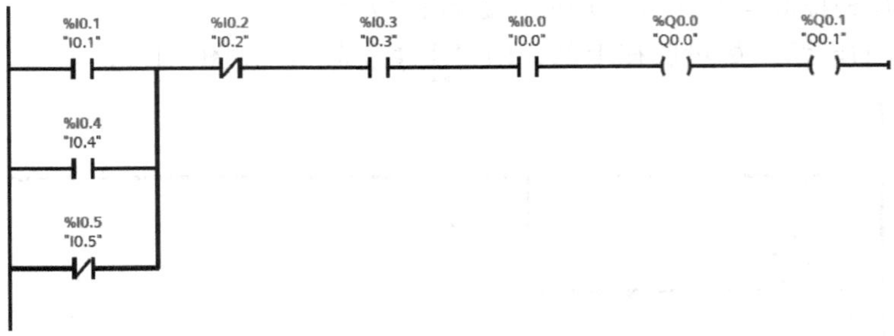

（a）不正确

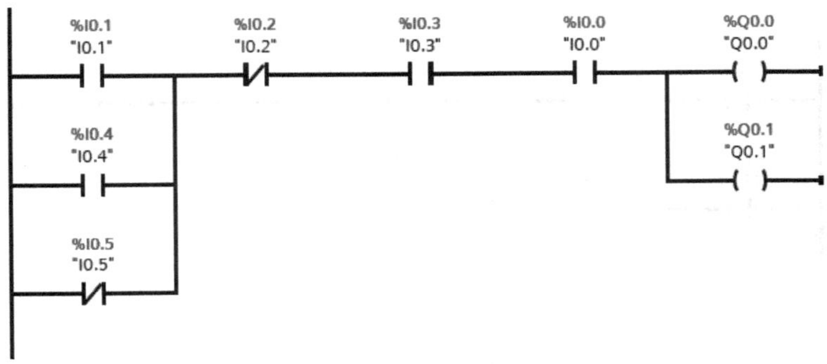

（b）正确

图 1.1.4　多个线圈并联输出梯形图示例

5）输出线圈不能重复使用。同一程序中，同一编号的输出线圈使用两次及以上，称为双线圈输出，这是禁止使用的。因为根据梯形图从上到下的扫描原则，前面一个线圈对外输出会无效，也就是说双线圈输出容易引起误操作，因此禁止使用，如图 1.1.5 所示。实际使用过程中出现双线圈输出时的处理技巧请参看任务 1.2 中的图 1.2.7。

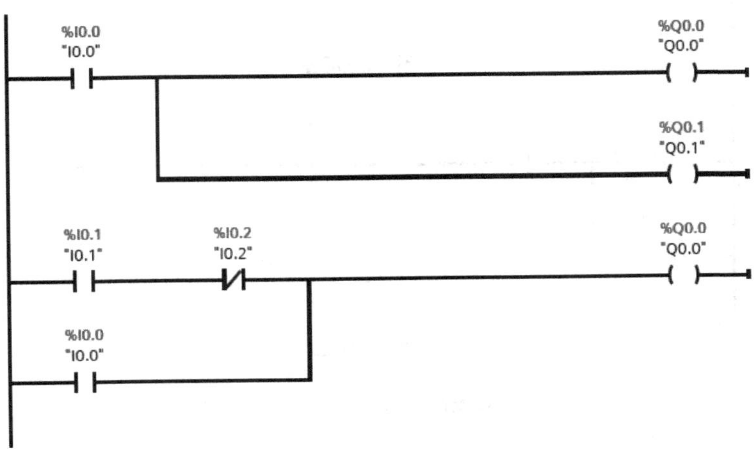

图 1.1.5　双线圈输出梯形图示例

（3）梯形图的设计技巧

设计梯形图时，一方面要掌握梯形图程序设计的基本规则；另一方面为了减少指令的条数，节省内存和提高运行速度，还应掌握设计技巧。

1）串联多的电路应尽量放在上部，即“上重下轻”，如图 1.1.6 所示。

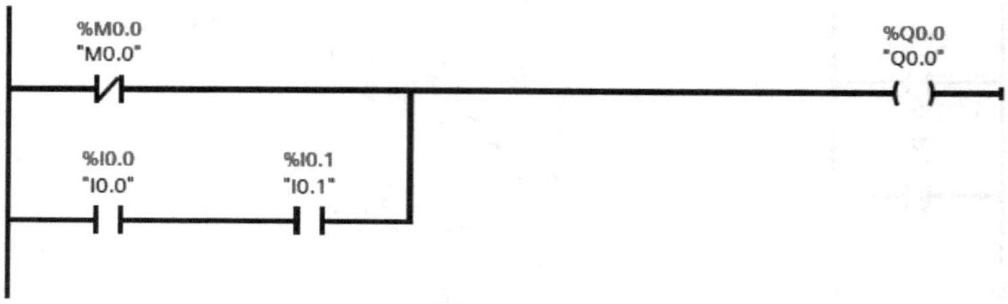

（a）不好的梯形图

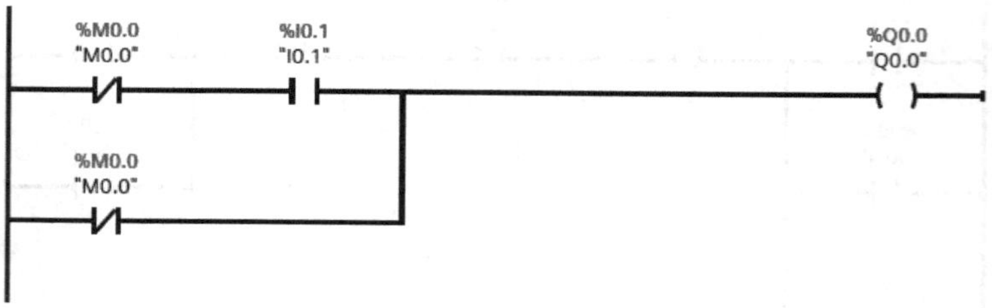

（b）好的梯形图

图 1.1.6　串联多的电路放上部梯形图示例

2）并联多的电路应靠近左母线，即“左重右轻”，如图 1.1.7 所示。

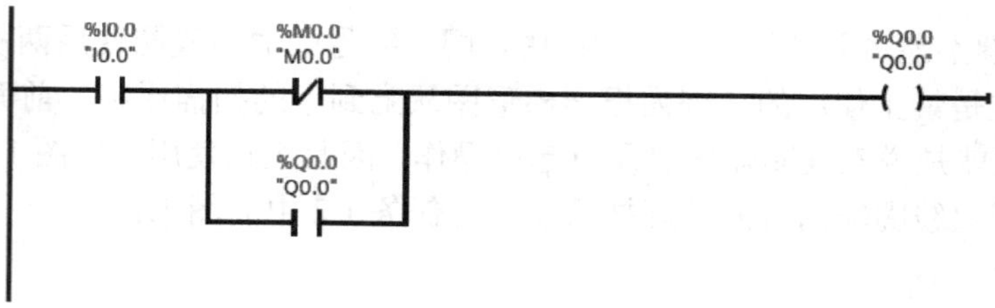

（a）不好的梯形图

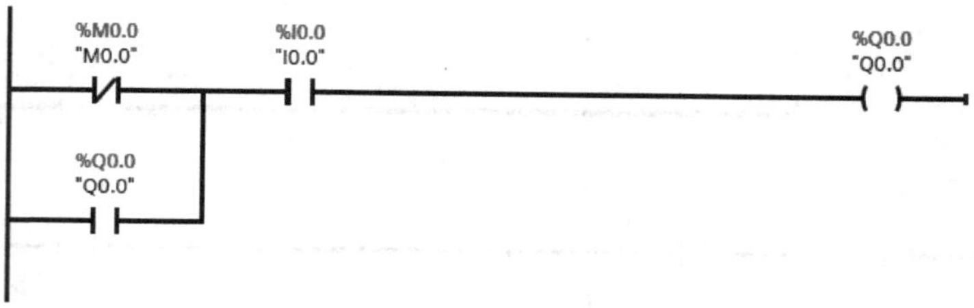

（b）好的梯形图

图 1.1.7　并联多的电路靠近左母线梯形图示例

3）单个线圈输出应尽量放在上部，如图 1.1.8 所示。

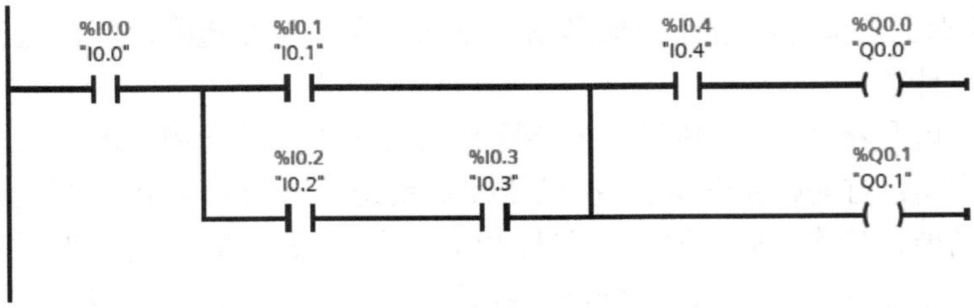

（a）不好的梯形图

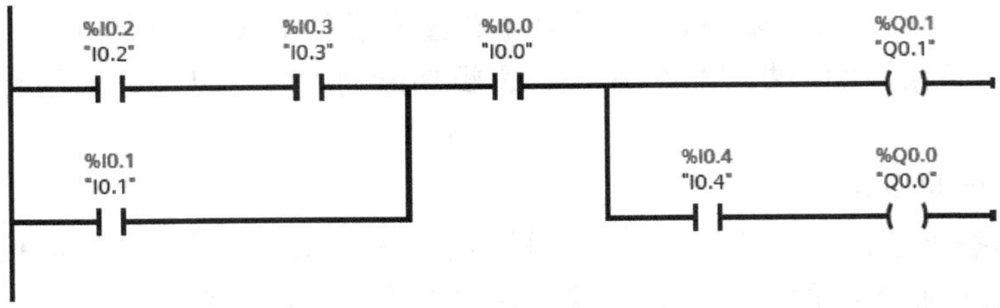

（b）好的梯形图

图 1.1.8　梯形图的优化设计

3．PLC 程序设计方法

PLC 程序设计有许多种方法，常用的有经验法、转换设计法、逻辑法及步进顺控法等。下面介绍前 3 种方法。

（1）经验法

经验法也称试凑法，这种方法没有普遍的规律可以遵循，具有很大的试探性和随意性，因此最后的结果也不是唯一的，设计所用的时间、设计的质量与设计者的经验有很大关系，一般用于较简单梯形图的设计。

1）基本方法。经验法是设计者在掌握了大量典型电路的基础上，充分理解实际控制要求，将要解决的题分解成若干典型控制电路，再在典型控制电路的基础上不断修改拼凑成合适的 PLC 梯形图，需要多次反复地调试、修改和完善，最后才能得到一个较为满意的结果。用经验法设计时，可以参考一些基本电路的梯形图或以往的编程经验。

2）设计步骤。

① 在准确了解控制要求后，合理地为控制系统中的信号分配 I/O 接口，并画出 I/O 地址分配图。

② 对于一些控制要求比较简单的输出信号，可直接写出它们的控制条件，然后以起保停电路的编程方法完成相应输出信号的编程；对于控制条件较复杂的输出信号，可借助辅助继电器来编程。

③ 对于较复杂的控制，要正确分析控制要求，确定各输出信号的关键控制点。在以时间为主的控制中，关键控制点为引起输出信号状态改变的时间点（时间原则）；在以空间位置为主的控制中，关键控制点为引起输出信号状态改变的位置点（空间原则）。

④ 确定了关键控制点后，参考起保停电路的编程方法或常用基本电路的梯形图，画出各输出信号的梯形图。

⑤ 在完成关键控制点的梯形图的基础上，针对系统的控制要求，画出其他输出信号的梯形图。

⑥ 在此基础上，检查所设计的梯形图，更正错误、补充遗漏功能，进行最后优化。

（2）转换设计法

转换设计法就是将继电器-接触器电路图转换成与原有功能相同的 PLC 梯形图。这种等效转换的优点是：首先，原继电器-接触器控制系统经过长期使用，已经被证明能完成系统要求的控制功能；其次，继电器电路图与 PLC 的梯形图在表示方法和分析方法上有很多相似之处，因此根据继电器电路图来设计梯形图简便快捷；最后，这种设计方法一般不需要改动控制面板，保持了原有系统的外部特性，操作人员不用改变长期形成的操作习惯。

1）基本方法。根据继电器-接触器控制电路图来设计 PLC 的梯形图时，关键是要抓住它们的一一对应关系，即控制功能的对应、逻辑功能的对应，以及继电器硬件元件和 PLC 软元件的对应。

2）转换设计的步骤。

① 了解和熟悉被控设备的工艺过程和机械的动作情况，根据继电器-接触器控制电路图来分析和掌握控制系统的工作原理，这样才能在设计和调试系统时做到心中有数。

② 确定 PLC 的输入信号和输出信号，画出 PLC 的外部接线图。继电器-接触器控制电路图中的交流接触器和电磁阀等执行机构用 PLC 的输出继电器来替代，它们的硬件线圈接在 PLC 的输出端。按钮、限位开关、接近开关及控制开关等用 PLC 的输入继电器替代，用来给 PLC 提供控制命令和反馈信号，它们的触点接在 PLC 的输入端。在确定了 PLC 的各输入信号和输出信号对应的输入继电器和输出继电器的元件号后，画出 PLC 的外部接线图。

③ 确定 PLC 梯形图中的辅助继电器（M）和定时器（T）的元件号。继电器-接触器控制电路图中的中间继电器和时间继电器的功能用 PLC 内部的辅助继电器和定时器来替代，并确定其对应关系。

④ 根据上述对应关系画出 PLC 的梯形图。第②步和第③步建立了继电器-接触器控制电路图中的硬件元件和梯形图中软元件之间的对应关系，将继电器-接触器控制电路图转换成对应的梯形图。

⑤ 根据被控设备的工艺过程和机械的动作情况及梯形图编程的基本规则，优化梯形图，使梯形图既符合控制要求，又具有合理性、条理性和可靠性。

（3）逻辑法

逻辑法就是应用逻辑代数以逻辑组合的方法和形式设计程序。逻辑法的理论基础是逻辑函数，逻辑函数就是逻辑运算与、或、非的逻辑组合。因此，从本质上来说，PLC 梯形图程序就是与、或、非的逻辑组合，也可以用逻辑函数表达式来表示。

4．S7-1200 位逻辑指令

微课：位逻辑指令

（1）触点指令

1）常开触点与常闭触点。触点分为常开触点和常闭触点。常开触点在指定的位为“1”状态（ON）时闭合，为“0”状态（OFF）时断开；常闭触点在指定的位为“1”状态（ON）时断开，为“0”状态（OFF）时闭合。触点符号中间的“/”表示常闭，触点指令中变量的数据类型为布尔（Bool）型。两个触点串联将进行“与”运算，两个触点并联将进行“或”运算。触点和线圈指令的应用如图 1.1.9 所示。

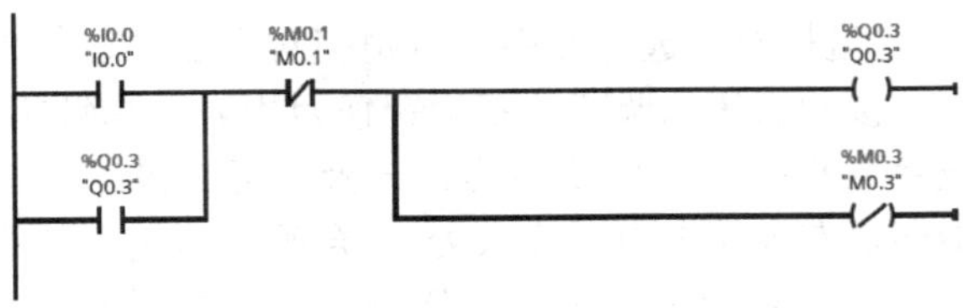

图 1.1.9　触点和线圈指令的应用

2）NOT 触点。NOT 触点用来转换能流流入的逻辑状态。如果没有能流流入 NOT 触点，则有能流流出；如果有能流流入 NOT 触点，则没有能流流出。在图 1.1.10 中，若 I0.0 为 1，Q0.1 为 0，则有能流流入 NOT 触点，经过 NOT 触点后，则无能流流向 Q0.5；若 I0.0 为 1，Q0.1 为 1，或 I0.0 为 0，Q0.1 为 0（或为 1），则无能流流入 NOT 触点，经过 NOT 触点后，则有能流流向 Q0.5。

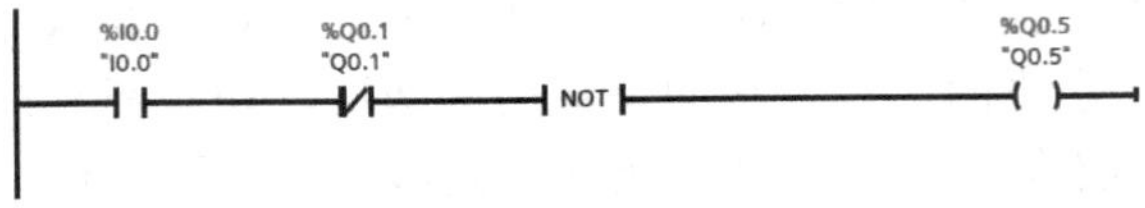

图 1.1.10　NOT 触点指令的应用

（2）线圈指令

线圈指令为输出指令，是将线圈的状态写入指定的地址，线圈通电时写入“1”，断电时写入“0”。如果写入的是 Q 区地址，CPU 将输出的值传送给对应的过程映像输出，PLC 在 RUN 模式时，接通或断开连接到相应输出点的负载。

取反线圈中间有“/”符号，如果有能流经过图 1.1.9 中的 M0.3 取反线圈，则 M0.3 的输出为“0”状态，其常开触点断开，反之 M0.3 的输出为“1”状态，其常开触点闭合。

1.1.2　任务实施：分别使用继电器-接触器和 PLC 控制电路实现三相异步电动机点动运行控制

1．三相异步电动机点动运行的继电器-接触器控制

利用实训设备完成三相异步电动机点动运行继电器-接触器控制电路的安装、调试、运行及故障排除。步骤如下：

（1）选择元器件

1）编制器材明细表。该任务所需器材如表 1.1.1 所示。

表 1.1.1　三相异步电动机点动运行的继电器-接触器控制电路器材明细表

符号	名称	型号	规格	数量
QF	低压断路器	DZ108-20/10-F	脱扣器整流电流 0.63～1A	1 只
FU	螺旋式熔断器	RL1-15	配熔体 3A	3 只
KM	交流接触器	CJX2-9/380	AC 380V	1 只
SB	按钮	LAY3-11	一常开一常闭自动复位	1 个
M	三相异步电动机	DJ24/DJ26	380V 0.45A 120W	1 台

注：AC 英文全称为 alternating current，表示交流电。

2）清点器材并进行质量检查。选择万用表欧姆挡对元器件进行检测。将万用表置于欧姆挡×100 或者×1k 挡，短接两表笔，调节调零旋钮使万用表的指针指向零。低压断路器 QF 的检测：将万用表两表笔分别接于低压断路器第一极、第二极、第三极的进线和出线，合闸前万用表的指针应指向最左端（电阻无穷大处），合闸后万用表的指针应指向最右端（电阻为零处）。熔断器 FU 的检测：将万用表两表笔分别接于熔断器两端，若指针指向最右端（电阻为零处），则说明熔断器完好。交流接触器与按钮的触点分为常闭触点与常开触点，其检测方式与以上两者的检测方式相似，检测常闭触点时，万用表指针应指向最右端；检测常开触点时，万用表指针应指向最左端。

（2）安装、敷设电路并进行通电检查及故障排除

1）安装、敷设电路。布置图如图 1.1.11（a）所示，接线图如图 1.1.11（b）所示。按图 1.1.11（a）所示的布置，所有的元器件接点都已引至端子排上，连线时在端子排上相应的点上引线，控制按钮等元器件要先用万用表确定常闭触点和常开触点，然后接线。布敷导线时，要把导线理直，根据导线实际长度剪线。无论何处都要保持导线横平竖直，如多线并行，则必须在同一水平面上。导线的理直用手即可，切勿在导线上留下任何金具产生的痕迹，以免破坏外部绝缘。所有导线要沉底、走线槽，不可出现空中交叉。同一接线端子允许最多接两根相同规格和类型的导线。在连接导线时，应先接主电路，后接控制电路，遵循“先里后外、先串后并、从上到下、从左到右、上进下出、左进右出”的原则。

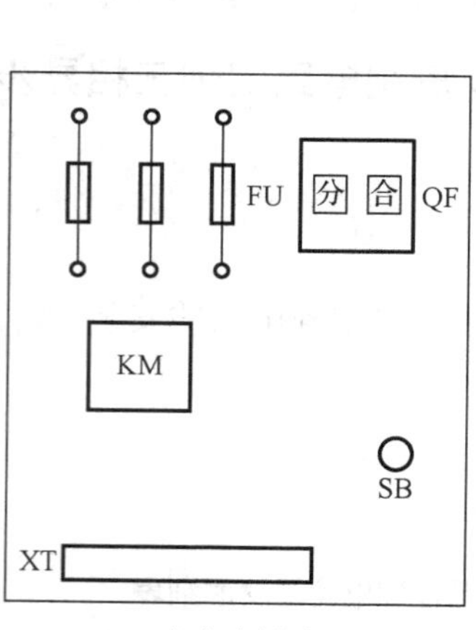

（a）布置图

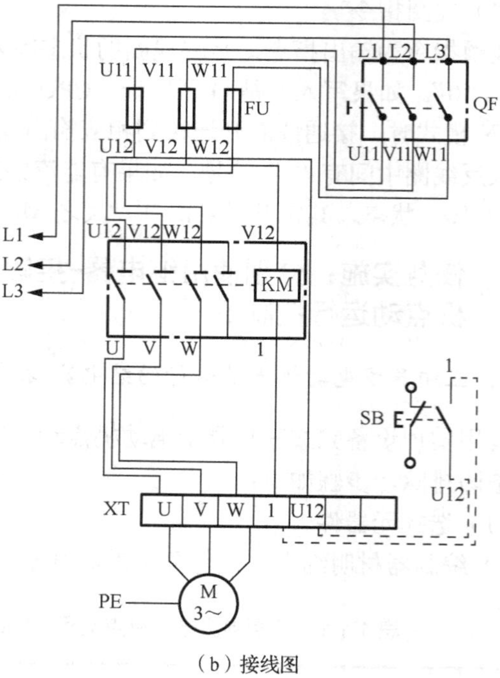

（b）接线图

图 1.1.11　三相异步电动机点动运行的继电器-接触器控制电路布置图与接线图

2）进行通电检查及故障排除。接线完成后，经教师检查并同意后，方可上电。自检方法：对于主电路，将万用表置于欧姆挡（一般选择×100、×1k 挡），按下 KM1，表笔分别接在 L1—U1、L2—V1、L3—W1，万用表指针向右满偏，即转到电阻为零处；对于控制电路，将万用表置于欧姆挡（一般选择×100、×1k 挡），表笔分别接于熔断器 FU1 和 FU2 位

置，指针应不动，按下 SB，万用表指针向右满偏。

检查接线无误后，接通交流电源，合上开关 QF，此时电动机不转，按下按钮 SB，电动机即可起动，松开按钮电动机即停转。若电动机不能点动控制或出现熔断器熔断等故障，则应分断电源，分析排除故障后使之正常工作。

（3）整理器材

通车成功后，拆除板上的导线并将相应工具归位，打扫卫生。

2．三相异步电动机点动运行的 PLC 控制

利用实训设备完成三相异步电动机点动运行 PLC 控制电路的编程、调试、运行及故障排除。步骤如下：

（1）分配 I/O 地址

在 PLC 控制系统中，较为重要的是确定 PLC 的输入和输出元件。对于初学者来说，经常搞不清楚哪些元器件应该作为 PLC 的输入，哪些元器件应该作为 PLC 的输出。其实很简单，只要记住一个原则即可：发出指令的元器件作为 PLC 的输入，如按钮、开关等；执行动作的元器件作为 PLC 的输出，如接触器、电磁阀、指示灯等。根据本任务要求，按下按钮 SB1 时，交流接触器 KM1 线圈得电，电动机直接起动运行；松开按钮 SB1 时，交流接触器 KM1 线圈失电，电动机停止运行。可以看出，发出指令元件是按钮，因此 SB1 作为 PLC 的输入元件；通过交流接触器 KM1 线圈的得电与失电，其主触点闭合与断开，电动机实现运行或停止，因此执行元件为交流接触器 KM1 的线圈，即交流接触器 KM1 的线圈应作为 PLC 的输出元件。根据上述分析，三相异步电动机点动运行的 PLC 控制 I/O 地址分配表如表 1.1.2 所示。

表 1.1.2　三相异步电动机点动运行的 PLC 控制 I/O 地址分配表

输入		输出	
输入继电器	元件	输出继电器	元件
I0.0	按钮 SB1	Q0.0	交流接触器 KM1 线圈

（2）绘制硬件接线图

三相异步电动机点动运行 PLC 控制电路硬件接线图如图 1.1.12 所示。如无特殊说明，本书相应任务中均采用 CPU 1214C（AC/DC/RLY）型西门子 S7-1200 PLC。

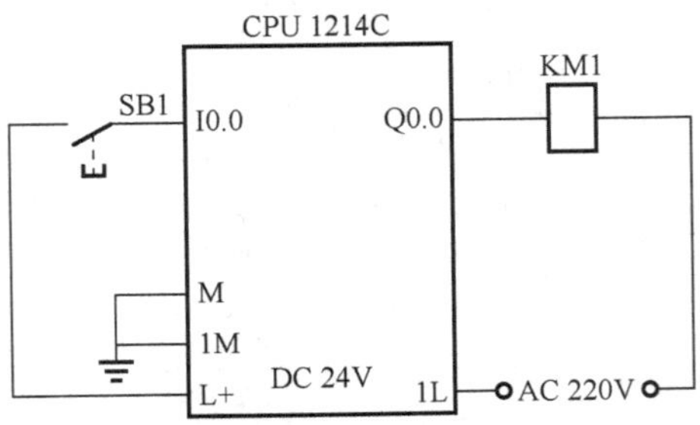

图 1.1.12　三相异步电动机点动运行 PLC 控制电路硬件接线图

注意：对继电器输出型 PLC 的输出端子来说，允许额定电压为 AC 5～250V 或 DC 5～30V，故接触器的线圈额定电压应为 220V 及以下。

（3）创建工程项目及硬件组态

1）创建工程项目。双击桌面上的图标，打开博途编程软件，在 Portal 视图中选择“创建新项目”项目，输入项目名称“M_Diandong”，选择项目保存路径，然后单击“创建”按钮完成项目的创建。

2）硬件组态。选择“设备组态”→“添加新设备”选项，在“控制器”中选择 CPU 1214C AC/DC/RLY V4.1 版本（在此用户必须选择与硬件一致的 CPU 型号及版本号），双击选中的 CPU 型号或单击左下角的“添加”按钮，添加新设备成功，并弹出编程窗口。

（4）编写程序

根据要求编写本任务程序，如图 1.1.13 所示。

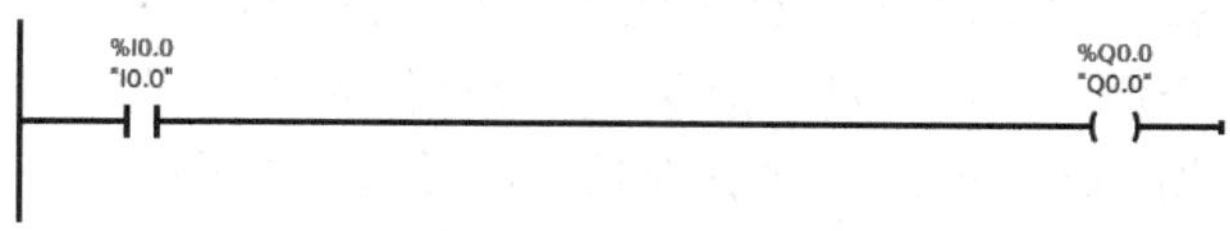

图 1.1.13　三相异步电动机点动运行的 PLC 控制程序

（5）下载项目

CPU 是通过以太网与运行 TIA 博途软件的计算机进行通信的。计算机直接连接单台 CPU 时，可以使用标准的以太网电缆，也可以使用交叉以太网电缆。一对一的通信不需要交换机，两台以上的设备通信则需要交换机。下载项目之前必须先对 CPU 和计算机进行正确的通信设置，这样才可保证成功下载。

1）设置 CPU 的 IP。双击项目树中 PLC 文件夹内的“设备组态”选项，或单击巡视窗口设备名称（添加新设备时，设备名称默认为 PLC_1），打开该 PLC 的设备视图。选中 CPU 后再单击巡视窗口中的“属性”选项，在“常规”选项卡中选中“PROFINET 接口”下的“以太网地址”选项，可以采用右边窗格默认的 IP 地址和子网掩码，如图 1.1.14 所示，设置的地址在下载后才起作用。

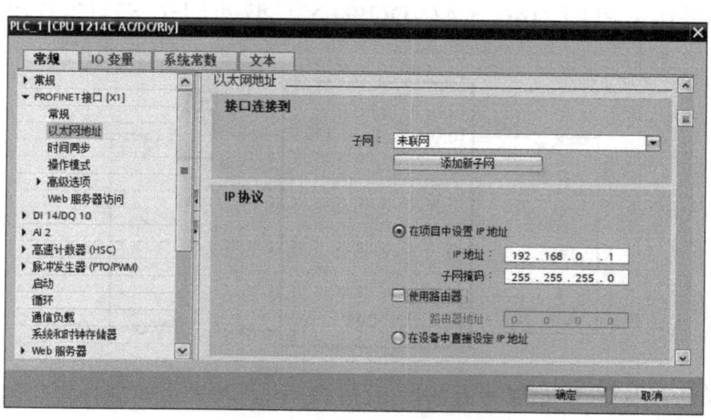

图 1.1.14　设置 CPU 集成的以太网接口的 IP 地址

子网掩码的值通常为 255.255.255.0，CPU 与编程设备的 IP 地址中的子网掩码应完全相同。同一个子网中各设备子网内的地址不能重叠。如果在同一个网络中有多个 CPU，除了一台 CPU 可以保留出厂时默认的 IP 地址，必须将其他 CPU 默认的 IP 地址更改为网络中唯一的 IP 地址，以避免与其他网络用户冲突。

2）设置计算机网卡的 IP。如果是 Windows 10 操作系统，用以太网电缆连接计算机和 CPU，并接通 PLC 电源。打开计算机的“控制面板”，选择“查看网络状态和任务”选项，再选择“更改适配器设置”选项，右击所连接的以太网选择“属性”选项，打开“以太网 属性”对话框，在“以太网 属性”对话框中，选择“此连接使用下列项目”列表框中的“Internet 协议版本 4（TCP/IPv4）”选项，单击“属性”按钮，打开其对话框，如图 1.1.15 所示。选中“使用下面的 IP 地址”单选按钮，输入 PLC 以太网端口默认的子网地址 192.168.0.×，IP 地址的第 4 字节是子网内设备的地址，可以取 0～255 的某个值，但是不能与网络中其他设备的 IP 地址重叠。单击“子网掩码”输入框，自动出现默认的子网掩码 255.255.255.0。一般不用设置网关的 IP 地址。设置结束后，单击各级对话框中的“确定”按钮，最后关闭“网络连接”窗口。

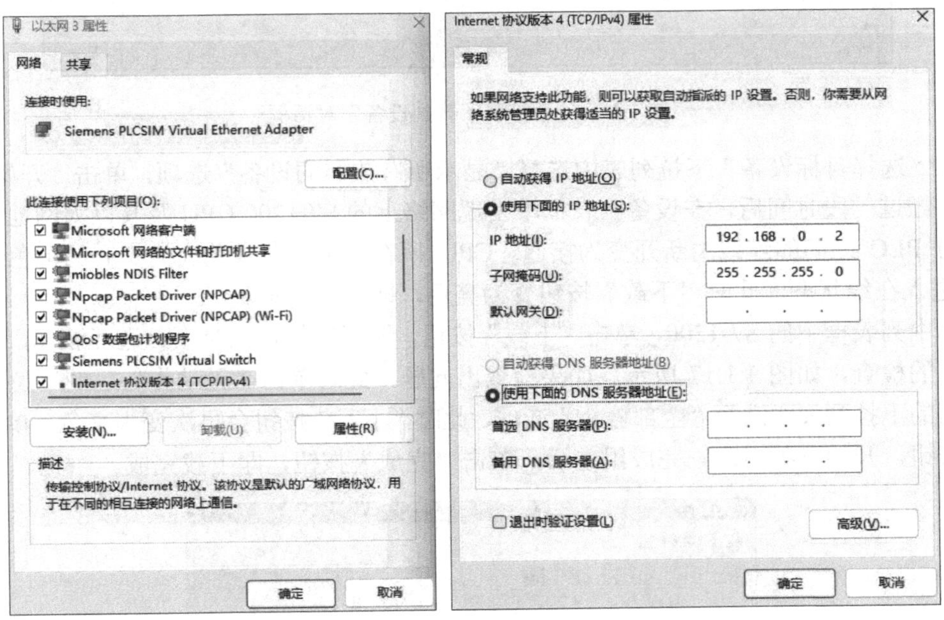

图 1.1.15　设置计算机网卡的 IP 地址

3）下载。做好上述准备后，选中项目树中的设备名称“PLC_1”，单击工具栏中的下载按钮，或执行菜单命令“在线”→“下载到设备”，打开“扩展下载到设备”对话框，如图 1.1.16 所示。“PG/PC 接口的类型”选择为“PN/IE”，如果计算机上有不止一块以太网卡，则在“PG/PC 接口”下拉列表中选择实际使用的网卡。

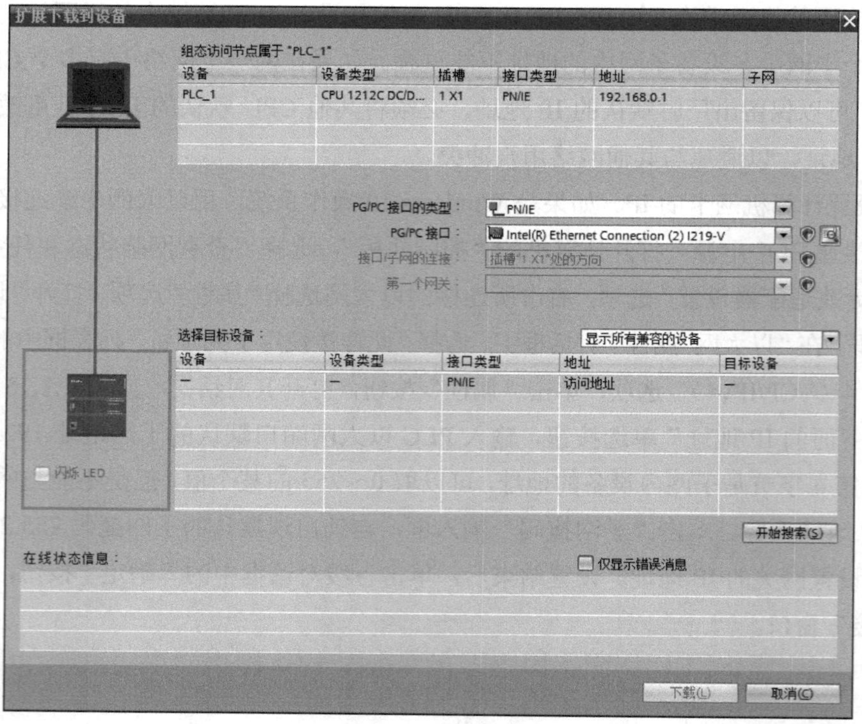

图 1.1.16 “扩展下载到设备”对话框

在“选择目标设备”下拉列表中选择“显示所有兼容的设备”选项，单击“开始搜索”按钮，经过一段时间后，在设备列表框中出现网络上的 S7-1200 CPU 及其以太网地址，计算机与 PLC 之间的连线由断开变为接通。CPU 所在方框的背景色变为实心的橙色，表示 CPU 进入在线状态，此时“下载”按钮变为亮色，即有效状态。

选中列表框中的 S7-1200，单击“下载”按钮，编程软件首先对项目进行编译，并进行下载前的检查，如图 1.1.17 所示。如果检查出问题，此时单击“无动作”后的下拉按钮，在弹出的下拉列表中选择“全部停止”选项，此时“下载”按钮会再次变为亮色，单击“下载”按钮，开始下载组态。完成组态后，单击“完成”按钮，即下载完成。

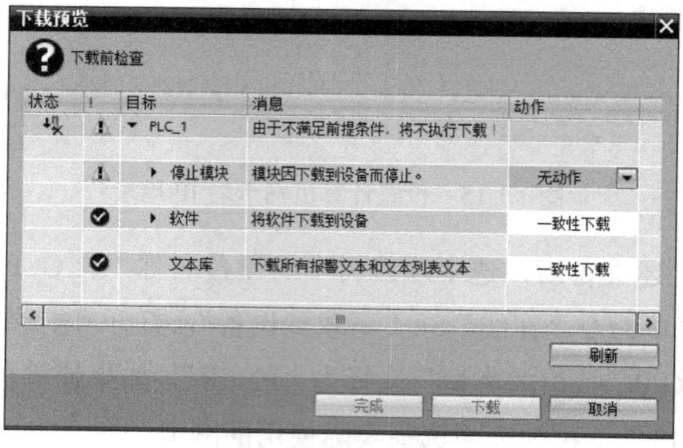

图 1.1.17 下载前检查

单击工具栏中的“启动 CPU”图标，PLC 切换到 RUN 模式，RUN/STOP LED 变为绿色。

打开以太网接口上面的盖板，通信正常时 Link LED（绿色）亮，Rx/Tx LED（橙色）周期性闪动。

（6）调试程序

项目下载完成后，先断开主电路电源，按下按钮 SB1，使其常开触点接通，观察 PLC 输入继电器触点 I0.0 指示灯是否点亮，然后观察输出继电器 Q0.0 指示灯是否点亮，之后松开按钮 SB1，使其常开触点断开，观察输入继电器 I0.0 和输出继电器 Q0.0 指示灯是否熄灭，若上述现象与控制要求一致，则程序编写正确且 PLC 外部接线正确。

在程序及控制电路均正确无误后，合上主电路的断路器 QF，再按上述方法进行调试，如果电动机起停正常，则说明本任务控制实现。调试完成后整理器材。

上述利用按钮实现的控制过程分析如下：合上断路器 QF→接通按钮 SB1→输入继电器 I0.0 线圈得电→I0.0 常开触点接通→线圈 Q0.0 中有信号流流过→输出继电器 Q0.0 线圈得电→Q0.0 常开触点接通→接触器 KM1 线圈得电→KM1 常开主触点接通→电动机起动并运行；松开按钮 SB1→输入继电器 I0.0 线圈失电→I0.0 常开触点复位断开→线圈 Q0.0 中没有信号流流过→输出继电器 Q0.0 线圈失电→Q0.0 常开触点复位断开→接触器 KM1 线圈失电→KM 常开主触点复位断开→电动机停止运行。

1.1.3　任务拓展：三相异步电动机三地控制

在实际生产中，一些大型生产机械和设备往往要求操作人员能在不同的位置进行操作与控制，即多地控制。多地控制是用多组启动按钮、停止按钮按一定的方式连接来进行的控制。

1. 继电器-接触器控制

图 1.1.18 所示为三相异步电动机三地控制电路原理图。图中 SB1 和 SB4 分别为安装在甲地的停止按钮和启动按钮，SB2 和 SB5 分别为安装在乙地的停止按钮和启动按钮，SB3 和 SB6 分别为安装在丙地的停止按钮和启动按钮。线路中按钮的连接原则是，多地的启动按钮常开触点并联构成或逻辑，如 SB4、SB5 和 SB6。多地的停止按钮常闭触点串联在一起，构成与逻辑，如 SB1、SB2 和 SB3。该控制电路的控制原理：在甲、乙、丙任何一个地方，只要按下启动按钮，接触器 KM 线圈就会得电，主触点闭合，电动机运转，控制回路中辅助常开触点闭合形成自锁（关于自锁将在任务 1.2 中详细介绍）；在甲、乙、丙任何一个地方，只要按下停止按钮，控制回路就会断开，交流接触器 KM 线圈失电，主触点和辅助触点都断开，电动机停止运转。多地控制同一台电

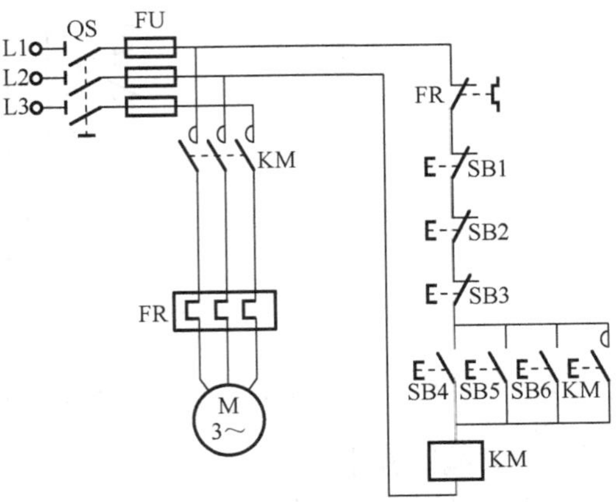

图 1.1.18　三相异步电动机三地控制电路原理图

动机，线路简单，操作方便，对于三地以上的控制，只要按照将各地启动按钮并联、停止按钮串联的原则连线即可实现。

2．PLC 控制

（1）分配 I/O 地址

根据三相异步电动机多地控制 PLC 控制要求，需要 1 个热继电器常闭触点和 6 个控制按钮，一共 7 个输入点；输出触点 1 个，即交流接触器 KM1 线圈。其 I/O 地址分配如表 1.1.3 所示。

表 1.1.3　三相异步电动机多地 PLC 控制 I/O 地址分配

输入		输出	
输入继电器	元件	输出继电器	元件
I0.0	热继电器 FR	Q0.0	交流接触器 KM1 线圈
I0.1	停止按钮 SB1		
I0.2	停止按钮 SB2		
I0.3	停止按钮 SB3		
I0.4	启动按钮 SB4		
I0.5	启动按钮 SB5		
I0.6	启动按钮 SB6		

（2）绘制硬件接线图

三相异步电动机三地 PLC 控制电路硬件接线图如图 1.1.19 所示。

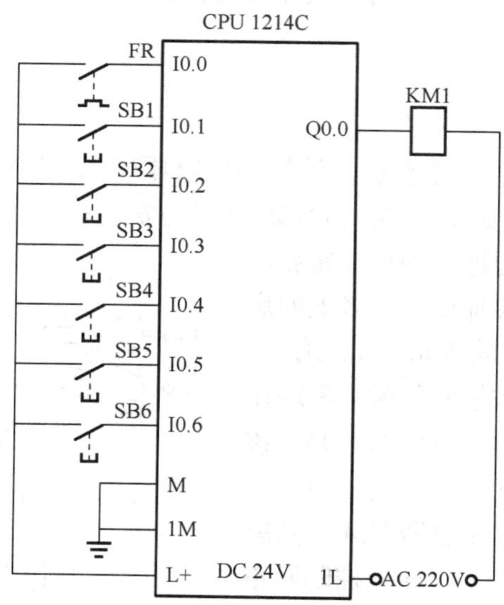

图 1.1.19　三相异步电动机三地 PLC 控制电路硬件接线图

（3）编写程序

根据控制要求，编制其 PLC 控制程序，如图 1.1.20 所示。

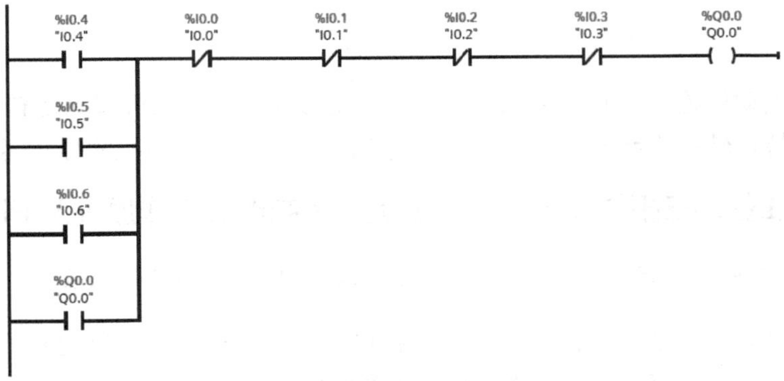

图 1.1.20　三相异步电动机三地 PLC 控制程序

思考与练习

1．简述 PLC 的发展历程。

2．PLC 采用哪种工作方式？简述 PLC 的扫描工作过程。

3．PLC 常见的编程语言有哪些？

4．PLC 控制系统与传统继电器-接触器控制系统在运行方式上有何不同？

5．PLC 控制系统与传统继电器-接触器控制系统相比有哪些优点？

6．电气控制电路常用的保护环节有哪些？各采用什么电气元件？

7．热继电器和熔断器在电路中各起什么作用？电路中是否可以只加入其中一种元件？为什么？

任务 1.2　三相异步电动机的连续运行控制

任务目标

1．能够描述三相异步电动机连续运行的继电器-接触器控制和 PLC 控制的工作过程。

2．能够记住热继电器的图形符号和文字符号，并描述其工作原理。

3．能够利用实训设备完成三相异步电动机连续运行两种控制电路的安装调试和运行判断，并排除电路故障。

4．能够辨别三相异步电动机连续运行的关键环节。

5．能够利用所学指令编写 PLC 程序。

任务要求

三相异步电动机连续运行的要求：当按下启动按钮时，电动机起动运转；松开按钮后，电动机仍然保持运转；直到按下停止按钮或电动机过热时，电动机才停止运转。

1.2.1 知识准备：三相异步电动机连续运行控制电路工作原理及 PLC 控制过程

1．三相异步电动机连续运行的继电器-接触器控制电路的工作原理

三相异步电动机连续运行控制电路是一种最常用、最简单的控制电路，能实现对电动机的起动、停止的自动控制、远距离控制、频繁操作等，其电路原理图如图 1.2.1 所示。工作过程是：当合上电源开关 QF，按下启动按钮 SB2 时，交流接触器 KM 线圈得电，主电路中 KM 的主触点和控制电路中 KM 的常开辅助触点同时动作闭合，电动机 M 接通运转；当松开按钮 SB2 时，由于并联在 SB2 两端的 KM 常开辅助触点处于闭合状态，因此 KM 的线圈维持得电，从而保证 KM 的主触点仍处在闭合状态，所以电动机连续运转；当按下停止按钮 SB1 时，KM 的线圈失电，其主触点和常开辅助触点均断开，电动机停止运转。

这种按下启动按钮并松开后，仍能保持线圈得电的控制电路称为具有自锁功能的接触器控制电路，简称自锁控制电路。与启动按钮并联的一对常开辅助触点 KM 称为自锁触点。当电动机运转过热时，热继电器 FR 的常闭触点断开，切断电路，保护电动机不会因过热而损坏。

2．三相异步电动机连续运行的 PLC 控制过程

三相异步电动机连续运行的 PLC 控制硬件接线图如图 1.2.2 所示。比较图 1.2.1 和图 1.2.2 的主电路可知，三相异步电动机连续运行的 PLC 控制方式和继电器-接触器控制方式的主电路相同，不同的是控制电路。PLC 控制电路部分只需将输入、输出器件分别接到 PLC 的输入、输出接口即可，中间的其他元器件不需要连接，而通过编写程序来实现控制。本任务介绍基于“起保停”设计思想的 PLC 控制，其控制程序如图 1.2.3 所示。

微课：三相异步电动机的连续运转控制

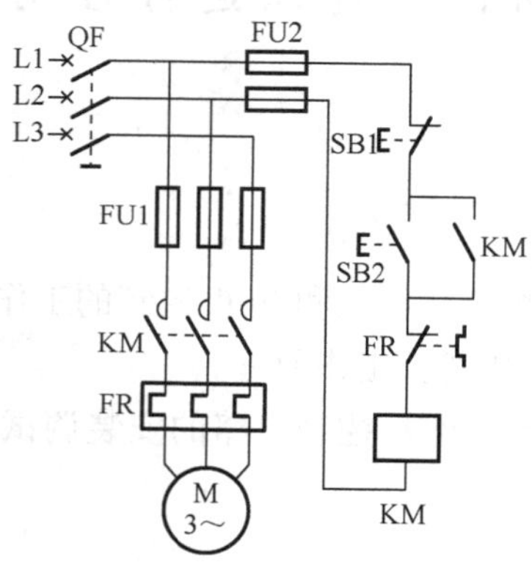

图 1.2.1　三相异步电动机连续运行控制电路原理图

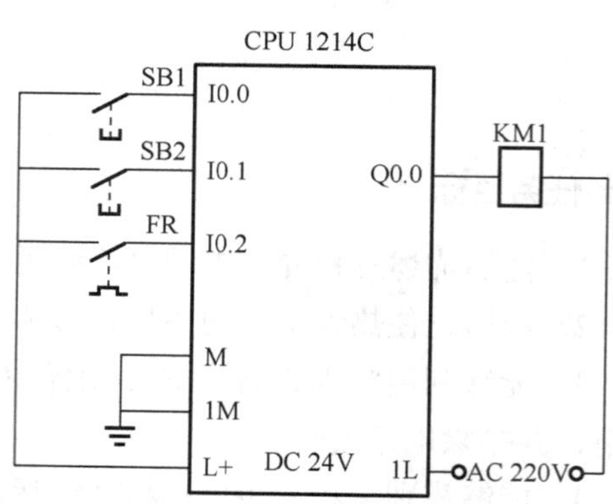

图 1.2.2　三相异步电动机连续运行 PLC 控制硬件接线图

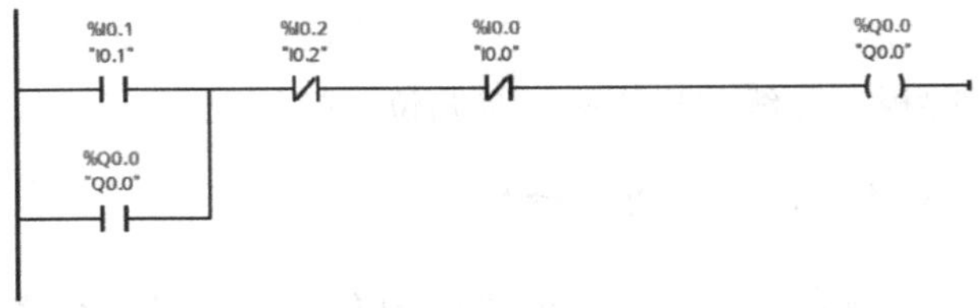

图 1.2.3　三相异步电动机连续运行的 PLC 控制程序

PLC 控制过程：当合上电源开关 QF，按下启动按钮 SB2 时，PLC 的输入端子 I0.1 得电，执行 PLC 控制程序，即程序中输入继电器 I0.1 的常开触点闭合，此时停止按钮 SB1 和热继电器 FR 未动作，程序中 I0.0 和 I0.2 保持初始状态，即闭合状态。执行程序使其输出继电器 Q0.0 的线圈得电。Q0.0 线圈得电后，其常开触点 Q0.0 闭合形成自锁，使得 Q0.0 线圈持续得电，输出端子 Q0.0 驱动外部负载接触器线圈 KM，电动机连续运转。

当按下停止按钮 SB1 或模拟过热状态按下 FR 时，PLC 的输入端子 I0.0 或 I0.2 得电，执行 PLC 控制程序，即 I0.0 或 I0.2 的常闭触点断开，使其输出继电器 Q0.0 线圈失电，输出端子 Q0.0 不能驱动外部负载使得接触器 KM 失电，电动机停止运行。在该控制中，I0.1 用于起动电路运行，常开触点 Q0.0 用于自锁保持电路运行，I0.0 和 I0.2 用于停止电路运行，所以又称该电路为起保停电路。

1.2.2　任务实施：分别使用继电器-接触器和 PLC 控制电路实现三相异步电动机连续运行

1．三相异步电动机连续运行的继电器-接触器控制

利用实训设备完成三相异步电动机连续运行继电器-接触器控制电路的安装、调试、运行及故障排除。步骤如下：

（1）选择元器件

1）编制器材明细表。该任务所需器材如表 1.2.1 所示。

表 1.2.1　三相异步电动机连续运行的继电器-接触器控制电路器材明细表

符号	名称	型号	规格	数量	备注
QF	低压断路器	DZ108-20/10-F	脱扣器整流电流 0.63～1A	1 只	
FU	螺旋式熔断器	RL1-15	配熔体 3A	4 只	
KM	交流接触器	CJX2-9/380	AC 380V	1 只	
SB1 SB2	按钮	LAY3-11	一常开一常闭自动复位	2 个	SB1 绿色 SB2 红色
FR	热继电器	JRS1D-25	整定电流 0.63～1.2A	1 只	
M	三相异步电动机	DJ24/DJ26	380V 0.45A 120W	1 台	

2）清点器材并进行质量检查。

（2）安装、敷设电路并进行通电检查及故障排除

1）安装、敷设电路。

2）进行通电检查及故障排除。

（3）整理器材

通车成功后，拆除板上导线并将相应工具归位，打扫卫生。

2．三相异步电动机连续运行的 PLC 控制

利用实训设备完成三相异步电动机连续运行 PLC 控制电路的安装、编程、调试、运行及故障排除。步骤如下：

（1）分配 I/O 地址

根据 PLC 输入/输出点的分配原则及本任务的控制要求，对本任务进行 I/O 地址分配，如表 1.2.2 所示。

表 1.2.2　三相异步电动机连续运行的 PLC 控制 I/O 地址分配

输入		输出	
输入继电器	元件	输出继电器	元件
I0.0	停止 SB1	Q0.0	正转 KM1
I0.1	正向启动 SB2		
I0.2	热继电器 FR		

（2）绘制硬件接线图

三相异步电动机连续运行 PLC 控制电路硬件接线图如图 1.2.2 所示。需要说明的是，停止按钮 SB1 和热继电器 FR 的触点都接成常开触点。

（3）创建工程项目及硬件组态

双击桌面上的图标，打开博途编程软件，在 Portal 视图中选择“创建新项目”选项，输入项目名称“M_lianxu”，选择项目保存路径，然后单击“创建”按钮，完成项目的创建。硬件组态过程同任务 1.1，不需要信号模块、通信模块和信号板，后续任务若未做特殊说明均同本任务。

（4）编辑变量表

软件较为复杂的控制系统中使用的输入/输出点较多，在阅读程序时每个输入/输出点对应的元器件不易熟记，若使用符号地址则会大大提高阅读和调试程序的便利。S7-1200 PLC 提供变量表功能，可以用变量表来定义地址或常数的符号，也可以为存储器类型 I、Q、M、DB 等创建变量表。

1）生成和修改变量。打开项目树的文件夹“PLC 变量”，双击其中的“添加新变量表”，在“PLC 变量”文件夹下生成一个新变量表，名称为“变量表_1[0]”，其中“0”表示目前变量表里没有变量。双击打开新生成的变量表，在变量表的“名称”列输入变量的名称，单击“数据类型”列右侧隐藏的按钮，设置变量的数据类型（只能使用基本数据类型），在此任务中，均为“Bool”型，在“地址”列输入变量的绝对地址，“%”是自动添加的。

首先用 PLC 变量表定义变量的符号地址，然后在用户程序中使用它们。也可以在变量表中修改自动生成的符号地址的名称。图 1.2.4 所示为三相异步电动机连续运行的 PLC 控制的变量表。

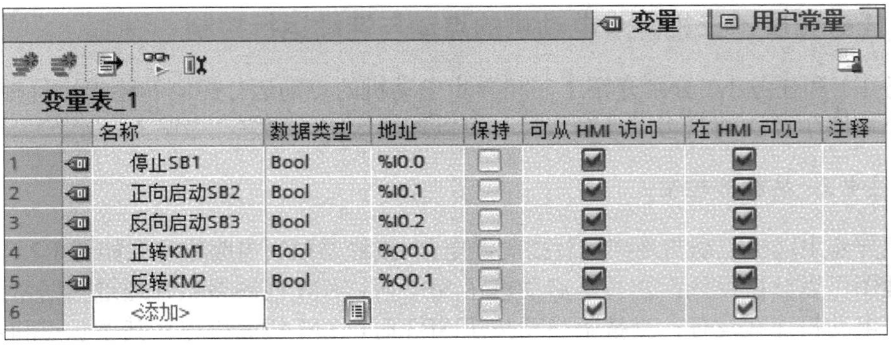

变量 | 用户常量

变量表_1

		名称	数据类型	地址	保持	可从 HMI 访问	在 HMI 可见	注释
1		停止SB1	Bool	%I0.0	☐	☑	☑	
2		正向启动SB2	Bool	%I0.1	☐	☑	☑	
3		反向启动SB3	Bool	%I0.2	☐	☑	☑	
4		正转KM1	Bool	%Q0.0	☐	☑	☑	
5		反转KM2	Bool	%Q0.1	☐	☑	☑	
6		<添加>			☐	☑	☑	

图 1.2.4　PLC 控制的变量表

2）排列变量表中的变量。单击变量表头中的“地址”，该单元出现向上的三角形，各变量按地址的第一个字母（I、Q 和 M 等）升序排列。再次单击该单元，各变量按地址的第一个字母降序排列。依据同样的方法，根据变量的名称和数据类型等来排列变量。

3）设置程序中地址的显示方式。单击程序编辑器工具栏中的按钮，可以在下拉菜单中选择只显示绝对地址、符号地址，或同时显示两种地址。

单击工具栏中的按钮，可以在上述 3 种地址显示方式之间切换。

4）设置全局变量与局部变量。PLC 变量表中的变量可用于整个 PLC 中所有的代码块，在所有代码块中具有相同的意义和唯一的名称，可以在变量表中为输入 I、输出 Q 和位存储器 M 的位、字节、字和双字定义全局变量。在程序中，全局变量被自动添加双引号，如“停止 SB1”。

局部变量只能在它被定义的块中使用，而且只能通过符号寻址访问，同一个变量的名称可以在不同的块中分别使用一次。可以在块的接口区定义块的输入/输出参数和临时数据，以及定义 FB 的静态变量（Static）。在程序中，局部变量被自动添加#号，如“#启动按钮 SB2”。

5）使用详细窗口。打开项目树下的详细窗口，选中项目树中的“PLC 变量”选项，详细窗口显示出变量表中的符号。可以将详细窗口中的符号地址或代码块的接口区中定义的局部变量拖放到程序中需要设置地址的变量处。拖放到已设置的变量地址上时，原来的地址将会被替换。

（5）编写程序

根据要求，使用“起保停”方法编写程序，如图 1.2.3 所示。在此编程过程中，需要运用工具栏中的打开分支按钮和关闭分支按钮。

（6）调试程序

将程序下载到 CPU 中。首先进行控制电路的调试，在确定程序编写及控制电路连接正确的情况下接通主电路，然后进行整个系统的联机调试。按下启动按钮 SB2 并松开，观察电动机是否起动并保持运行，再按下停止按钮 SB1，观察电动机能否停止。观察电动机的运行状态是否与控制要求一致。若一致，则说明本任务实现。调试完成后整理器材。

1.2.3 任务拓展：三相异步电动机的点动与连续运行控制

任务 1.1 和任务 1.2 分别介绍了三相异步电动机的点动运行控制和连续运行控制，如果在同一个电路中要实现既可以点动运行又可以连续运行，要怎么做呢？

1．继电器-接触器控制

三相异步电动机点动与连续运行控制继电器-接触器控制电路原理图如图 1.2.5 所示。由电路原理图可以分析得到：当按下启动按钮 SB2 时，KM 线圈得电并通过辅助常开触点形成自锁，电动机连续运行；当按下启动按钮 SB3 时，KM 线圈得电，其主触点和常开辅助触点同时闭合，主回路中电动机得电运行，控制回路中 KM 辅助常开触点闭合，但由于复合按钮 SB3 常开触点处于闭合状态，则常闭触点处于断开状态，因此其自锁支路失效，当松开按钮 SB3 时电动机将停止运行，即 SB2 为电动机连续运行控制按钮，SB3 为电动机点动运行控制按钮。

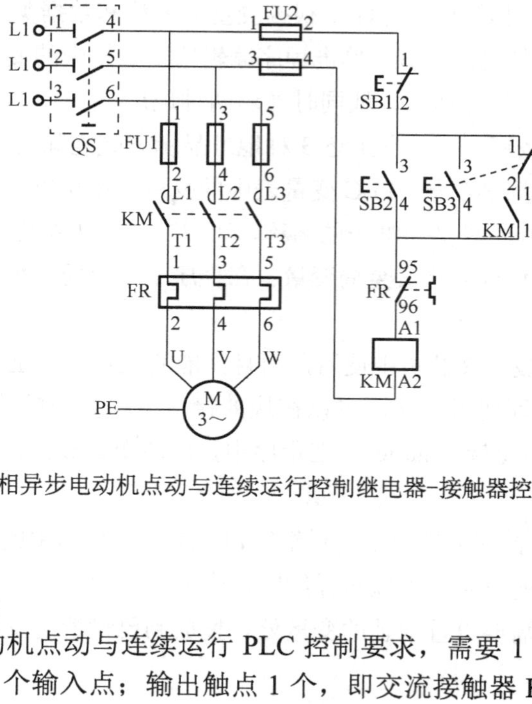

图 1.2.5 三相异步电动机点动与连续运行控制继电器-接触器控制电路原理图

2．PLC 控制

（1）分配 I/O 地址

根据三相异步电动机点动与连续运行 PLC 控制要求，需要 1 个热继电器常闭触点和 3 个控制按钮，一共 4 个输入点；输出触点 1 个，即交流接触器 KM1 线圈。其 I/O 地址分配如表 1.2.3 所示。

表 1.2.3 三相异步电动机点动与连续运行 PLC 控制 I/O 地址分配

输入		输出	
输入继电器	元件	输出继电器	元件
I0.0	停止按钮 SB1	Q0.0	交流接触器 KM1 线圈
I0.1	连续运行控制按钮 SB2		
I0.2	点动运行控制按钮 SB3		
I0.3	热继电器 FR		

（2）绘制硬件接线图

三相异步电动机点动与连续运行 PLC 控制电路硬件接线图如图 1.2.6 所示。

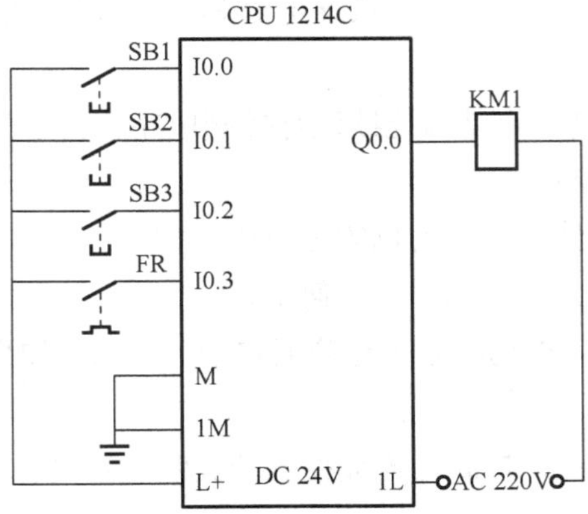

图 1.2.6　三相异步电动机点动与连续运行 PLC 控制电路硬件接线图

（3）编写程序

在本任务中，无论是点动运行还是连续运行，其运行效果都是交流接触器 KM 线圈得电，前面在 PLC 的编程技巧中讲过，同一个输出继电器在一个程序段中只能出现一次，即不能出现双线圈输出的情况，否则后一个输出结果会覆盖前面一个输出结果而发生错误。那么在这里要如何使两个控制不发生冲突呢？最好的办法就是利用辅助继电器进行控制，即将点动控制的对象设置为一个辅助继电器，将连续运行控制的对象设置为另一个辅助继电器，最后将两个辅助继电器的触点并联，以此来控制输出继电器，其 PLC 控制程序如图 1.2.7 所示。

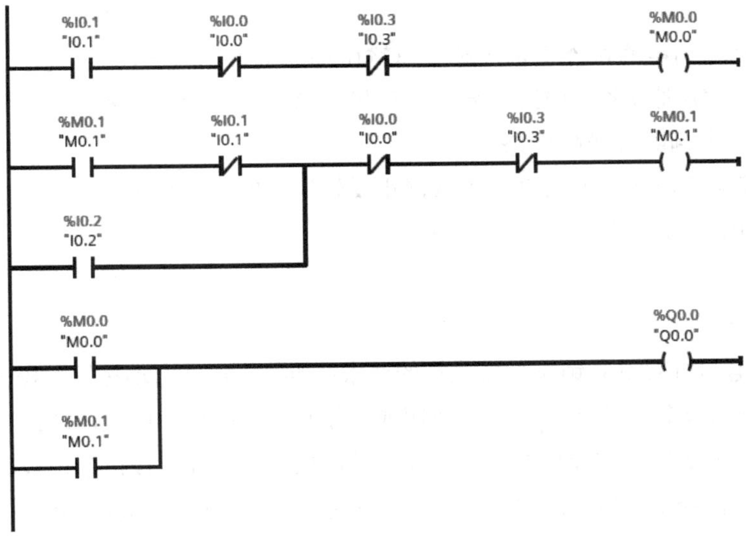

图 1.2.7　三相异步电动机点动与连续运行 PLC 控制程序

思考与练习

1．在图 1.2.2 中，停止按钮 SB1 和热继电器 FR 常闭辅助触点为何在 PLC 硬件接线图中需要画成常开？

2．图 1.2.5 所示的电动机点动与连续运行控制电路存在哪些隐患？如何改进？试另外设计两种点动与连续运行控制电路。

3．一般用什么电气元件实现电动机的过电压保护？

4．电动机为什么需要欠电压保护？如何实现？

5．在自动控制机床上，电动机由于过载而自动停止后，如果立即按下启动按钮，电动机不能起动，试说明原因。

6．三相异步电动机的点动控制与连续控制的关键区别是什么？

任务 1.3 三相异步电动机的双重联锁正反转运行控制

任务目标

1．能够描述三相异步电动机双重联锁正反转运行的继电器-接触器控制和 PLC 控制的工作过程。

2．掌握 PLC 的电路块连接指令和多重输出指令的使用方法。

3．能够利用实训设备完成三相异步电动机双重联锁正反转运行两种控制电路的安装、调试和运行等，会判断并排除电路故障。

4．能够辨别三相异步电动机双重联锁正反转运行的关键环节。

5．能够利用所学指令编写 PLC 程序。

任务要求

三相异步电动机双重联锁正反转运行的要求：当按下正转启动按钮并松开时，电动机正转起动并保持连续运转，直到按下停止按钮或过载时，电动机才停止运转；当按下反转启动按钮并松开时，电动机反转起动并保持连续运转，直到按下停止按钮或过载时，电动机才停止运转。当电动机处于正转状态时，按下反转按钮，电动机转换为反转状态，反之亦然。

1.3.1　知识准备：三相异步电动机双重联锁正反转运行控制电路的工作原理和 PLC 控制

1．三相异步电动机双重联锁正反转运行的继电器-接触器控制电路的工作原理

三相异步电动机双重联锁正反转运行的继电器-接触器控制电路原理图如图 1.3.1 所示，在这个电路图中，控制电动机正转的交流接触器 KM1 的线圈前接有反转控制交流接触器 KM2 的常闭触点和反转控制启动按钮 SB3 的常闭触点，同时控制电动机反转的交流接触器 KM2 的线圈前接有正转控制交流接触器 KM1 的常闭触点和正转控制启动按钮 SB2 的常闭触点。这种控制方式在电气控制里称为互锁。互锁指的是，几个回路之间利用某一回路的辅助触点控制对方的线圈回路进行状态保持或功能限制。其中利用接触器、继电器辅助触点实现的互锁称为电气互锁，利用机械触点实现的互锁称为机械互锁。其中机械互锁可以方便地实现电动机的正反转（只有电气互锁不加机械互锁时，电动机的正反转切换必须经由中间环节，按下停止按钮 SB1，然后才能切换，否则由于交流接触器辅助触点的互锁作用，反转控制回路不能形成通路），电气互锁可以防止主触点因电弧而熔焊在一起再反向起动时正反转主触点同时闭合而造成相间短路。与任务 1.2 中电动机连续运行时的自锁相比较，可以看出自锁和互锁的区别如下：

1）从二者在电路中的作用来看：自锁能保证松开启动按钮时，交流接触器的线圈继续通电；互锁能够保证两个交流接触器的线圈不会在同一时间都处于通电状态。

2）自锁利用常开辅助触点，互锁利用常闭辅助触点，自锁环节与启动按钮并联，互锁环节与另一交流接触器的线圈串联。

微课：电机正反转控制电路

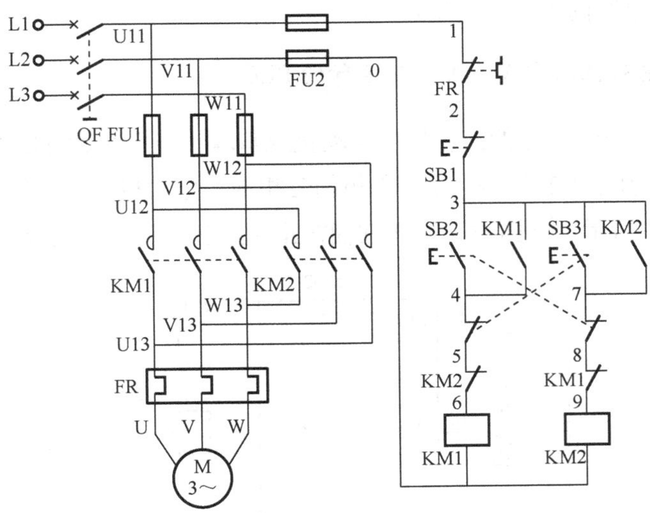

图 1.3.1　三相异步电动机双重联锁正反转运行的继电器-接触器控制电路原理图

下面对正转控制和反转控制分别进行分析。

（1）正转控制

合上电源开关 QF，按下正转启动按钮 SB2，正转控制电路接通，其工作过程如下：

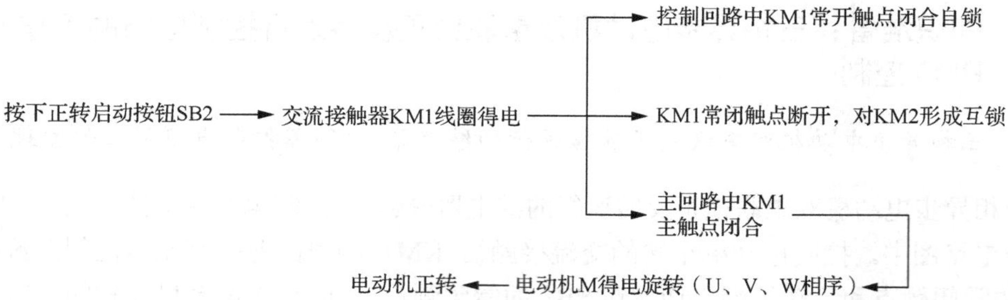

（2）反转控制

电动机由静止状态反转起动时，分析方式与正转控制类似。电动机由正转状态切换为反转状态的工作过程分析如下：

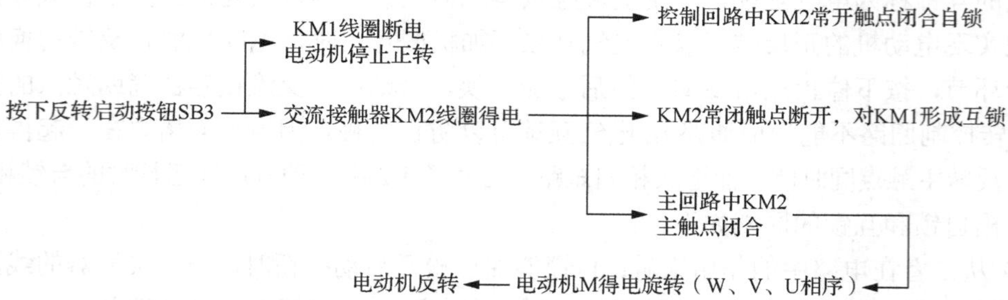

电动机由反转状态切换为正转状态和上述分析类似，只需要按下正转启动按钮 SB2 即可，通过其工作原理分析可以看出，双重联锁的电动机正反转控制电路不仅满足电路控制要求，而且正反转电路间可以自由切换。

2．三相异步电动机双重联锁正反转运行的 PLC 控制

基于“起保停”设计思想的三相异步电动机双重联锁正反转运行的 PLC 控制硬件接线图如图 1.3.2 所示。基于“起保停”设计思想的三相异步电动机双重联锁正反转运行的 PLC 控制程序如图 1.3.3 所示。下面对其工作过程按正转控制和反转控制分别进行分析。

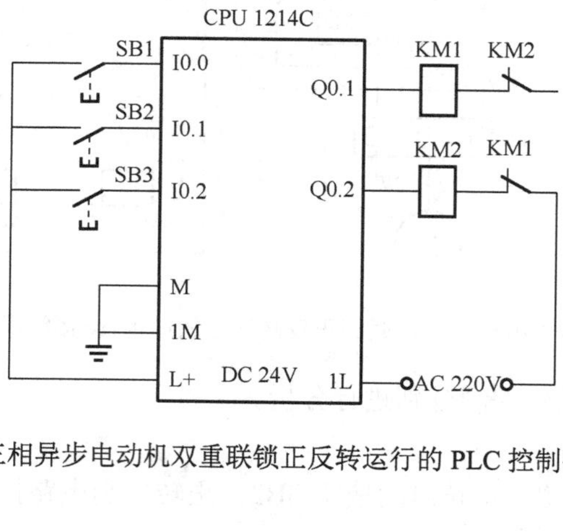

图 1.3.2　三相异步电动机双重联锁正反转运行的 PLC 控制硬件接线图

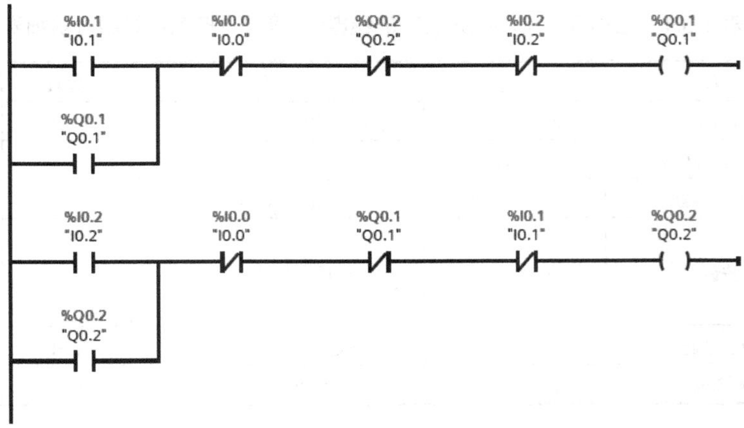

图 1.3.3　三相异步电动机双重联锁正反转运行 PLC 控制程序

（1）正转控制

在图 1.3.2 中，当将电路接入 AC 220V 电源，按下正转启动按钮 SB2 时，PLC 的输入端子 I0.1 得电，图 1.3.3 所示程序中输入继电器 I0.1 的常开触点闭合，由于没有按下常开停止按钮 SB1 和反转常开启动按钮 SB3，故与之相连的 PLC 输入端子未得电，因此程序中软元件 I0.0 和 I0.2 的常开触点保持闭合状态，使其后的输出继电器 Q0.1 线圈吸合。Q0.1 的线圈吸合，一方面使图 1.3.2 中 PLC 的输出端子 Q0.1 得电，使交流接触器 KM1 的线圈得电吸合，主电路中 KM1 的主触点闭合；另一方面，Q0.1 的常开触点闭合形成自锁，当松开正转启动按钮 SB2 时，图 1.3.2 中 PLC 的输入端子 I0.1 虽然失电，但 Q0.1 的自锁使其线圈保持吸合，所以电动机持续正向运转。

在图 1.3.2 中，当按下停止按钮 SB1 时，PLC 的输入端子 I0.0 得电，图 1.3.3 程序中输入器 I0.0 的常闭触点断开，使其后的输出继电器 Q0.1 线圈释放，从而使图 1.3.2 中 PLC 的输出端子 Q0.1 失电，使 KM1 的线圈失电释放，主电路中 KM1 的主触点断开，电动机停转。

（2）反转控制

反转控制与正转控制的工作过程完全类似，唯一不同的是主电路中交换了接入电动机的源相序，从而实现了电动机的反向运转，这里不再赘述。

1.3.2　任务实施：分别使用继电器-接触器和 PLC 控制电路实现三相异步电动机双重联锁正反转运行

1．三相异步电动机双重联锁正反转运行的继电器-接触器控制

利用实训设备完成三相异步电动机双重联锁正反转运行的继电器-接触器控制电路的安装、调试、运行及故障排除。步骤如下：

（1）选择元器件

1）编制器材明细表。该实训任务所需器材如表 1.3.1 所示。

表 1.3.1 三相异步电动机正反转的继电器-接触器控制电路器材明细表

符号	名称	型号	规格	数量	备注
QF	低压断路器	DZ108-20/10-F	脱扣器整流电流 0.63～1A	1 只	
FU	螺旋式熔断器	RL1-15	配熔体 3A	5 只	
KM	交流接触器	CJX2-9/380	AC 380V 3A	2 只	
SB1 SB2 SB3	按钮	LAY3-11	一常开一常闭自动复位	3 个	SB1 红色、SB2 黑色、SB3 绿色
FR	热继电器	JRS1D-25	整定电流 0.63～1.2A	1 只	
M	三相异步电动机	DJ24/DJ26	380V 0.45A 120W	1 台	

2）清点器材并进行质量检查。

（2）安装、敷设电路并进行通电检查及故障排除

1）安装、敷设电路。

2）进行通电检查及故障排除。

（3）整理器材

通车成功后，拆除板上导线并将相应工具归位，打扫卫生。

2．三相异步电动机双重联锁正反转运行的 PLC 控制

利用实训设备完成三相异步电动机双重联锁正反转运行的 PLC 控制电路的安装、编程、调试、运行及故障排除。步骤如下：

（1）分配 I/O 地址

根据三相异步电动机双重联锁正反转运行 PLC 控制要求，在不考虑热继电器的过载保护作输入的情况下，需要输入设备 3 个，即停止按钮、正转按钮、反转按钮；输出设备 2 个，即分别用来控制电动机正反转的交流接触器。其 I/O 地址分配如表 1.3.2 所示。

表 1.3.2 三相异步电动机双重联锁正反转的 PLC 控制 I/O 地址分配

输入		输出	
输入继电器	元件	输出继电器	元件
I0.0	按钮 SB1	Q0.1	交流接触器 KM1 线圈
I0.1	按钮 SB2	Q0.2	交流接触器 KM2 线圈
I0.2	按钮 SB3		

（2）绘制硬件接线图

三相异步电动机双重联锁正反转运行 PLC 控制电路硬件接线图如图 1.3.2 所示。

（3）编写程序

基于“起保停”设计思想的三相异步电动机双重联锁正反转运行的 PLC 控制程序如图 1.3.3 所示。

（4）调试程序

将程序下载到 CPU 中。首先进行控制电路的调试，在确定程序编写及控制电路连接正确的情况下再接通主电路，然后进行整个系统的联机调试。按下正转启动按钮 SB2 并松开，观察电动机是否正转并保持运行，再按下反转启动按钮 SB3，观察电动机能否反转。按下停止按钮 SB1，观察电动机是否停止旋转。若一致，则说明本任务实现。调试完成后整理器材。

1.3.3　任务拓展：工作台自动往返运行控制

在生产生活中，有这样的实际应用案例，电动机带动工作部件运动，到达运动位置（或者运行既定时间）以后会自动实现电动机反转，带动工作部件向反方向运动，如此周而复始循环运动直到按下停止按钮，如电梯门运动、洗衣机的滚轮运动、建筑工地搅拌机的运动等就是属于这一类的典型运动。

1．继电器-接触器控制

根据工作台自动往返运行要求，其继电器-接触器控制电路原理图如图 1.3.4 所示。图中 SB1 是停止按钮，SB2 是正转前进启动按钮，SB3 是反转后退启动按钮，SQ1、SQ2、SQ3 和 SQ4 是复合行程开关。

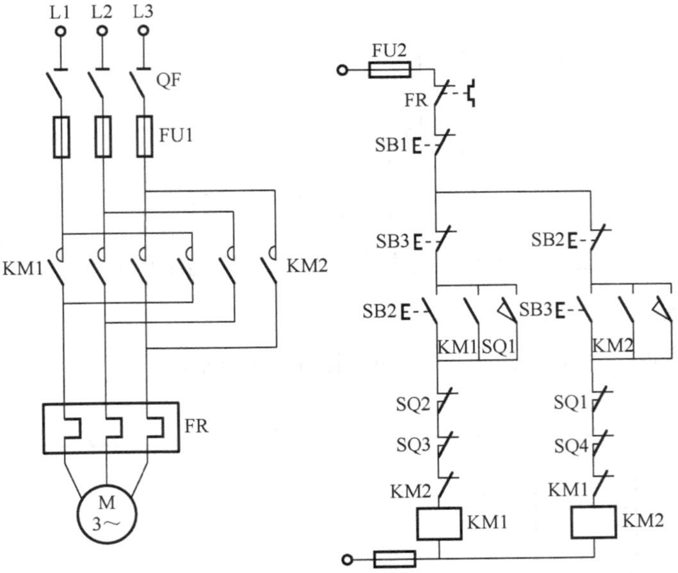

图 1.3.4　工作台自动往返运行继电器-接触器控制电路原理图

2．PLC 控制

（1）分配 I/O 地址

根据工作台自动往返运行的 PLC 控制要求，需要输入设备 7 个，即 3 个控制按钮和 4 个行程开关；输出设备 2 个，即分别控制电动机正转和反转的交流接触器线圈 KM1 和 KM2，其 I/O 地址分配如表 1.3.3 所示。

表 1.3.3　工作台自动往返运行 PLC 控制 I/O 地址分配

输入		输出	
输入继电器	元件	输出继电器	元件
I0.0	按钮 SB1	Q0.0	交流接触器 KM1 线圈
I0.1	按钮 SB2	Q0.1	交流接触器 KM2 线圈
I0.2	按钮 SB3		
I0.3	行程开关 SQ2		
I0.4	行程开关 SQ1		
I0.5	行程开关 SQ3		
I0.6	行程开关 SQ4		

（2）绘制硬件接线图

工作台自动往返运行 PLC 控制电路硬件接线图如图 1.3.5 所示。

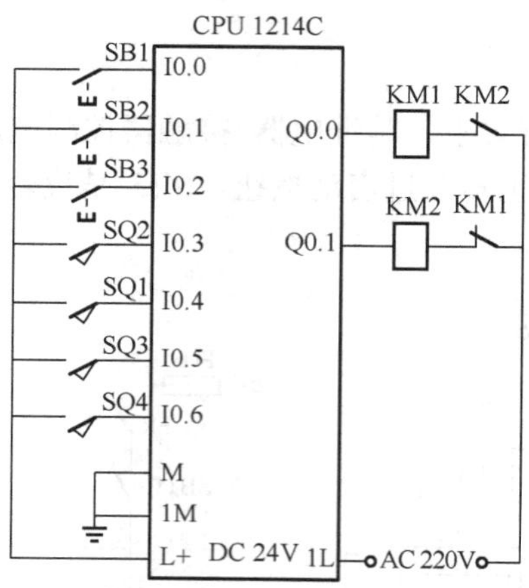

图 1.3.5　工作台自动往返运行 PLC 控制电路硬件接线图

（3）编写程序

工作台自动往返运行的 PLC 控制程序如图 1.3.6 所示。

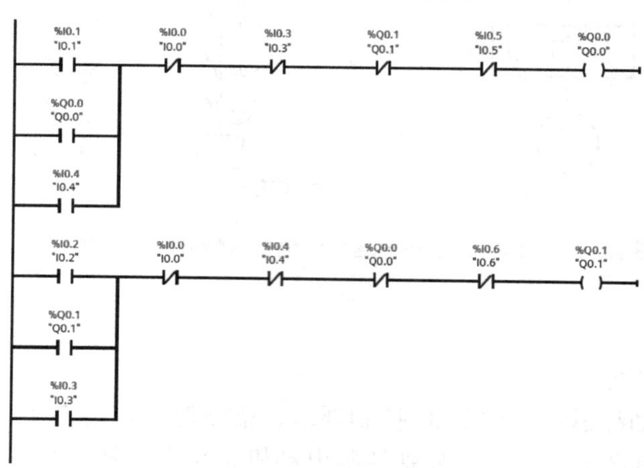

图 1.3.6　工作台自动往返运行的 PLC 控制程序

思考与练习

1．试分析图 1.3.4 中行程开关 SQ3 和 SQ4 的作用。

2．什么是互锁？电路中为什么需要引入互锁？

3．什么是机械互锁？它在电路中起什么作用？

4．什么是电气互锁？它在电路中起什么作用？

5．在如图 1.3.1 所示的电动机正反转控制电路中，为什么需要双重互锁？不要机械互锁可以吗？不要电气互锁可以吗？为什么？

6．某学校大门由电动机拖动，如图 1.3.7 所示。要求如下：

1）长动时在开门或关门到位后能自动停止。

2）能点动开门或关门。

3）开关门过程中能任意停止。

4）有相应保护措施。

试设计其电气控制电路。

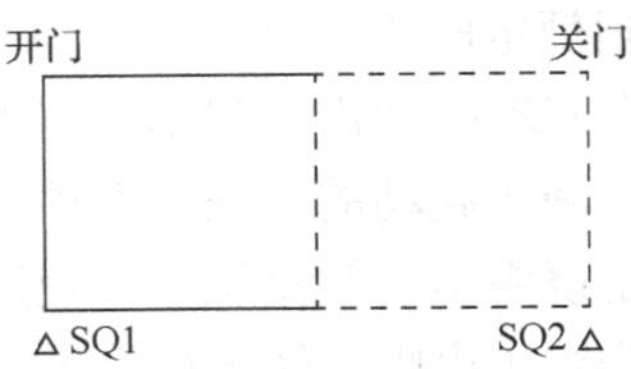

图 1.3.7　电动机拖动学校大门示意图

任务 1.4　三相异步电动机的降压起动运行控制

任务目标

1．能够描述笼形异步电动机和绕线式异步电动机降压起动的原理和方法。

2．能够描述三相异步电动机手动和自动星形/三角形（Y/△）降压起动运行的继电器-接触器控制和 PLC 控制的工作过程。

3．能够利用实训设备完成多种控制电路的安装、调试、编程和仿真等，会判断并排除电路故障。

4．能够综合所学 PLC 相关知识编写简单程序。

任务要求

三相异步电动机降压起动运行的要求：对于△联结的笼形异步电动机，起动时定子绕组接成Y形降压起动，当转速上升到接近额定值时，定子绕组改接为△全压运行。Y/△降压起动运行可分为手动和自动控制，任何时候按下停止按钮系统停止运行。笼形异步电动机还可以采用定子串电阻降压起动和定子串自耦变压器降压起动，绕线式异步电动机采用转子串绕组降压起动和转子串频敏变阻器降压起动。对应以上起动方案，都有手动运行方式和自动运行方式。

1.4.1 知识准备：三相异步电动机手动和自动Y/△降压起动运行控制电路的工作原理

1．三相异步电动机手动Y/△降压起动运行的继电器-接触器控制电路的工作原理

三相异步电动机采用直接起动方式时会产生起动电流，起动电流一般可以达到额定电流的 4～7 倍，电动机功率越大，其额定电流越大，由此产生的起动电流在额定电流基础上放大 4～7 倍后将对电网产生影响，造成瞬时电压降，影响同一电网中的其他工作设备。所以容量小的电动机才允许直接起动，容量较大的异步电动机（一般大于 7.5kW）因起动电流较大，一般采用降压起动方式，即起动时降低加在电动机定子绕组上的电压，起动后恢复到额定电压下运行。因为电枢电流和电压成正比，所以降低电压可以减小起动电流，避免在起动瞬间由于起动电流大而产生过大的电压降，从而避免对电网电压产生影响。

降压起动的方法有多种，笼形异步电动机一般使用定子绕组串电阻（或电抗）、Y/△、定子绕组串自耦变压器和使用软起动器等降压起动方法；绕线转子异步电动机一般使用转子绕组串电阻、转子绕组串频敏变阻等降压起动方法。

Y/△降压起动时，定子绕组首先接成Y降压起动，待转速上升到接近额定转速时，定子绕组的接线由Y换接成△，电动机便进入全电压正常运行状态。按照此方法运行时，定子绕组Y联结状态下起动电压（220V）为△联结状态下直接起动电压（380V）的$1/\sqrt{3}$，起动电流也为△联结直接起动电流的$1/\sqrt{3}$，因此可以算出起动转矩和电动机功率都为△联结直接起动转矩的1/3。据此可以看出，采用Y/△降压起动后，电动机的起动转矩将受到影响，因此这种起动方式一般适用于轻载或者空载的电动机。与其他降压起动相比，△降压起动投资少，线路简单，同时，只能用于正常运转时定子绕组接成△的异步电动机。因功率在 4kW 以上的三相笼形异步电动机均为△联结，故都可以采用Y/△降压起动方法。

三相笼形异步电动机手动Y/△降压起动运行继电器-接触器控制电路的工作原理图如图 1.4.1 所示，其工作过程如下。

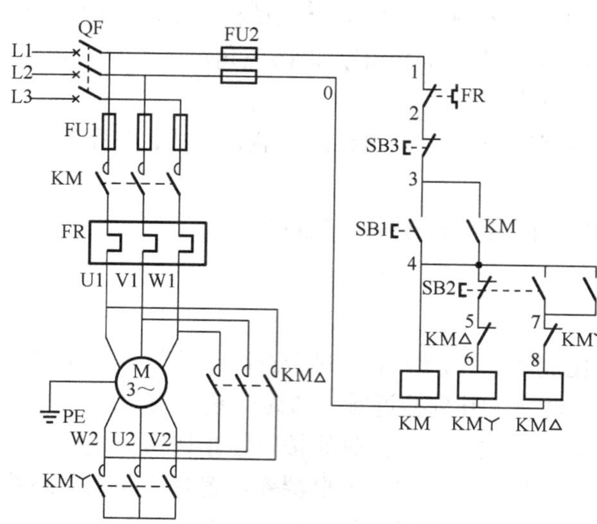

微课：电机星三角启动电路

图 1.4.1 三相笼形异步电动机手动Y/△降压起动运行继电器-接触器控制电路的工作原理图

电动机Y联结起动：合上电源开关 QF，在控制电路中按下启动按钮 SB1，交流接触器 KM 的线圈得电吸合并自锁，同时，KMY的线圈也得电吸合；主电路中 KM 和 KMY的主触点闭合，电动机按Y联结起动运转。

电动机△联结运行：当电动机转速上升到接近额定转速时，在控制电路中按下△运行复合按钮 SB2，其接在（4，5）点间的常闭触点先断开，使得 KMY线圈失电释放，其主触点断开，电动机失电惯性运行；而 KMY的常闭触点恢复闭合，同时复合按钮 SB2 接在（4，7）点间的常开触点闭合，使得 KM△的线圈得电吸合并自锁，主电路中 KM△的主触点闭合，电动机切换为按△联结全压运行。当松开 SB2 时，由于 KM△触点的自锁，电动机连续运转。

为避免电源短路，本电路中的接触器 KMY和 KM△不能同时通电，因而按钮 SB2 采用了复合式结构，以保证动作时，先断开 KMY线圈的通路，再接通 KM△线圈的通路。出于同样的考虑，把 KMY和 KM△的常闭触点串入对方线圈的通路中，实现双重联锁，提高电路的安全性。此外，本控制电路还可以防止工作人员误操作引起的电动机起动顺序错误，如未操作Y联结启动按钮 SB1 而直接按下△联结按钮 SB2，因为 KM 未通电动作，所以电路不会工作。

任何时候按下停止按钮 SB3 或在电动机过热时，电动机将停止运转。此外，当电路出现过载或短路故障时，熔断器烧毁并分断电路，从而保护其他元器件不被烧坏。

2．三相异步电动机自动Y/△降压起动运行的继电器-接触器控制电路的工作原理

前述三相异步电动机手动Y/△降压起动运行继电器-接触器控制电路由起动到全压运行，需要按动两次按钮，不太方便，并且切换时间也不易掌握，需要由操作者根据经验来把握切换时间。为了克服上述缺点，控制现场常采用时间继电器自动切换控制电路，三相异步电动机自动Y/△降压起动运行继电器-接触器控制电路的工作原理图如图 1.4.2 所示，其工作过程如下。

微课：时间原则星三角启动电路

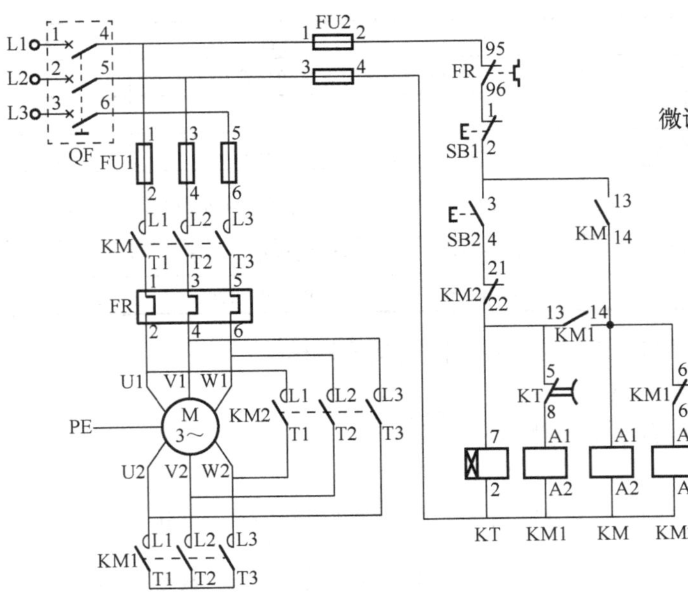

图 1.4.2　三相异步电动机自动Y/△降压起动运行继电器-接触器控制电路的工作原理图

电动机Y联结起动：合上电源开关 QF，按下启动按钮 SB2，时间继电器 KT 的线圈得电吸合并开始计时，交流接触器 KM1 的线圈得电吸合，控制电路中 KM1 常开辅助触点闭合，使交流接触器 KM 的线圈得电吸合并自锁；主电路中 KM 和 KM1 的主触点闭合，电动机按Y联结起动运转。松开 SB2 时，由于 KM 触点的自锁，电动机连续运转。

电动机△联结运行：当设定的时间达到后，KT 延时断开常闭触点断开，使 KM1 的线圈失电释放，其主触点断开，电动机惯性运行；而 KM1 的常开辅助触点恢复断开状态，KM1 的常闭触点恢复闭合状态，从而使 KM2 的线圈得电吸合，主电路中 KM2 的主触点闭合，电动机迅速切换为按△联结全压连续运行。同时，控制回路中的 KM2 常闭触点断开，分断了 KT 和 KM1 线圈。这样减少了能量损耗，同时能延长接触器、继电器的使用寿命。KM1 和 KM2 的常闭触点是为电气互锁而设计的，以确保电动机不同时按Y联结和△联结运行。

停止运行：按下停止按钮 SB1，电动机将停止运行。

1.4.2 任务实施：分别用继电器-接触器和 PLC 控制电路实现三相异步电动机手动、自动起动运行

1. 三相异步电动机手动Y/△降压起动运行的继电器-接触器控制

利用实训设备完成三相异步电动机手动Y/△降压起动运行继电器-接触器控制电路的安装、调试、运行及故障排除（电动机Y联结起动到△联结全压运行由按钮实现切换）。步骤如下：

（1）选择元器件

1）编制器材明细表。该实训任务所需器材如表 1.4.1 所示。

2）清点器材并进行质量检查。

表 1.4.1 三相异步电动机手动Y/△降压起动控制电路器材明细表

符号	名称	型号	规格	数量	备注
QF	低压断路器	DZ108-20/10-F	脱扣器整流电流 0.63～1A	1 只	
FU	螺旋式熔断器	RL1-15	配熔体 3A	5 只	
KM	交流接触器	CJX2-9/380	AC 380V 3A	3 只	
SB	按钮	LAY3-11	一常开一常闭自动复位	3 个	SB1 红色、SB2 黑色、SB3 绿色
FR	热继电器	JRS1D-25	整定电流 0.63～1.2A	1 只	
M	三相异步电动机	DJ24/DJ26	380V 0.45A 120W	1 台	

（2）安装、敷设电路并进行通电检查及故障排除

1）安装、敷设电路。

2）进行通电检查及故障排除。

（3）整理器材

通车成功后，拆除板上导线并将相应工具归位，打扫卫生。

2. 三相异步电动机自动Y/△降压起动运行的继电器-接触器控制

利用实训设备完成三相异步电动机自动Y/△降压起动运行继电器-接触器控制电路的安

装、调试、运行及故障排除（电动机Y联结起动到△联结全压运行的时间为 5s）。步骤如下：

（1）选择元器件

1）编制器材明细表。该实训任务所需器材与手动控制相比，少了 1 个按钮 SB3，增加了 1 只时间继电器 KT。器材明细如表 1.4.2 所示。

表 1.4.2　三相异步电动机自动Y/△降压起动控制器材明细表

符号	名称	型号	规格	数量	备注
QF	低压断路器	DZ108-20/10-F	脱扣器整流电流 0.63～1A	1 只	
FU	螺旋式熔断器	RL1-15	配熔体 3A	5 只	
KM	交流接触器	CJX2-9/380	AC 380V 3A	3 只	
SB	按钮	LAY3-11	一常开一常闭自动复位	2 个	SB1 红色、SB2 绿色
FR	热继电器	JRS1D-25	整定电流 0.63～1.2A	1 只	
KT	时间继电器	ST3PA	AC 380V 3A	1 只	
M	三相异步电动机	DJ24/DJ26	380V 0.45A 120W	1 台	

2）清点器材并进行质量检查。

（2）安装、敷设电路并进行通电检查及故障排除

1）安装、敷设电路。主电路的敷设与手动控制电路相同，不同的是控制电路的敷设。

2）进行通电检查及故障排除。

（3）整理器材

通车成功后，拆除板上导线并将相应工具归位，打扫卫生。

3．三相异步电动机手动Y/△降压起动运行的 PLC 控制

利用实训设备完成三相异步电动机手动Y/△降压起动运行 PLC 控制电路的安装、编程、调试、运行及故障排除（电动机Y联结起动到△联结全压运行由按钮实现切换）。步骤如下：

（1）分配 I/O 地址

根据三相异步电动机手动Y/△降压起动运行的 PLC 控制要求，在不考虑热继电器的过载保护作输入的情况下，需要输入设备 3 个，即Y启动按钮 SB1，△联结控制按钮 SB2 和停止按钮 SB3；输出设备 3 个，即用来控制电动机Y起动和△运行的交流接触器 KM、KMY和 KM△。其 I/O 地址分配如表 1.4.3 所示。

表 1.4.3　三相异步电动机手动Y/△降压起动 PLC 控制 I/O 地址分配

输入		输出	
输入继电器	元件	输出继电器	元件
I0.0	按钮 SB3	Q0.0	交流接触器 KM 线圈
I0.1	按钮 SB1	Q0.1	交流接触器 KMY线圈
I0.2	按钮 SB2	Q0.2	交流接触器 KM△线圈

（2）绘制硬件接线图

三相异步电动机手动Y/△降压起动 PLC 控制电路硬件接线图如图 1.4.3 所示。

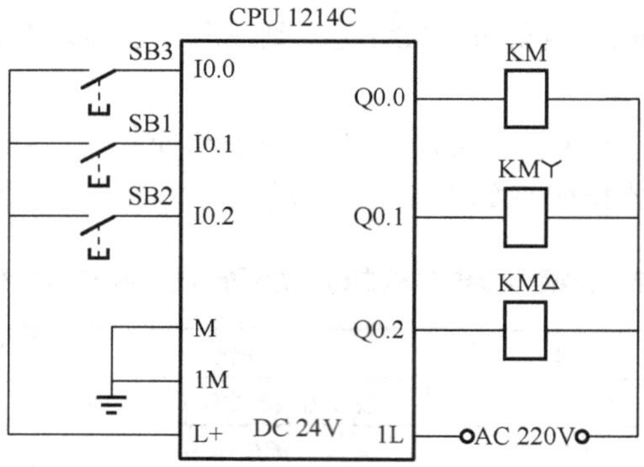

图 1.4.3　三相异步电动机手动丫/△降压起动 PLC 控制电路硬件接线图

（3）编写程序

三相异步电动机手动丫/△降压起动 PLC 控制程序如图 1.4.4 所示。

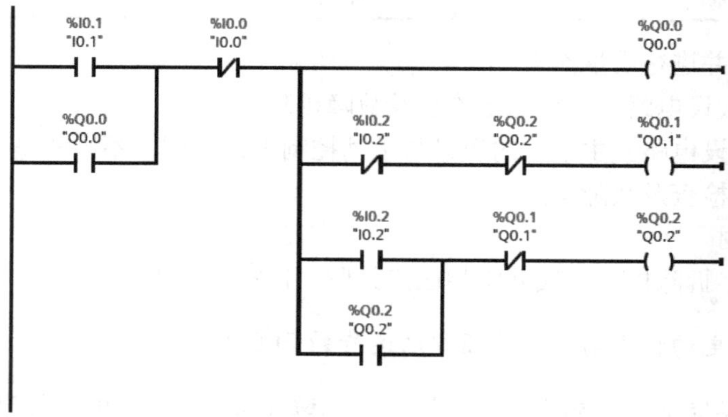

图 1.4.4　三相异步电动机手动丫/△降压起动 PLC 控制程序

（4）调试程序

将程序下载到 CPU 中。首先进行控制电路的调试，在确定程序编写及控制电路连接正确的情况下再接通主电路，然后进行整个系统的联机调试。按下启动按钮 SB1 并松开，观察电动机是否正常运行，并注意电动机的转速。再按下转换按钮 SB2，观察电动机的转速是否有明显变化。按下停止按钮 SB3，观察电动机是否停止旋转。若一致，则说明本任务实现。调试完成后整理器材。

4. 三相异步电动机自动丫/△降压起动运行的 PLC 控制

此控制中会应用到定时器指令，有关定时器指令的相关详细说明请参看项目 2 任务 2.1。利用实训设备完成三相异步电动机自动丫/△降压起动运行 PLC 控制电路的安装、编程调试、运行及故障排除（电动机从丫联结起动到△联结全压运行的时间为 5s）。步骤如下：

（1）分配 I/O 地址

该实训的 I/O 地址分配与手动控制相比，输入设备只需要 3 个，即丫启动按钮 SB1、停止按钮 SB2 和热继电器 FR，△运行的切换是通过定时器编程实现的；输出设备相同。其 I/O 地址分配如表 1.4.4 所示。

表 1.4.4　三相异步电动机自动Y/△降压起动 PLC 控制 I/O 地址分配

输入		输出	
输入继电器	元件	输出继电器	元件
I0.0	按钮 SB1	Q0.0	交流接触器 KM 线圈
I0.1	按钮 SB2	Q0.1	交流接触器 KM1 线圈
I0.2	热继电器 FR	Q0.2	交流接触器 KM2 线圈

（2）绘制硬件接线图

三相异步电动机自动Y/△降压起动运行的 PLC 控制电路硬件接线图（图 1.4.5）与图 1.4.3 相似，只是多使用 1 个输入端子 I0.2，图 1.4.3 未考虑热继电器 FR 端子。

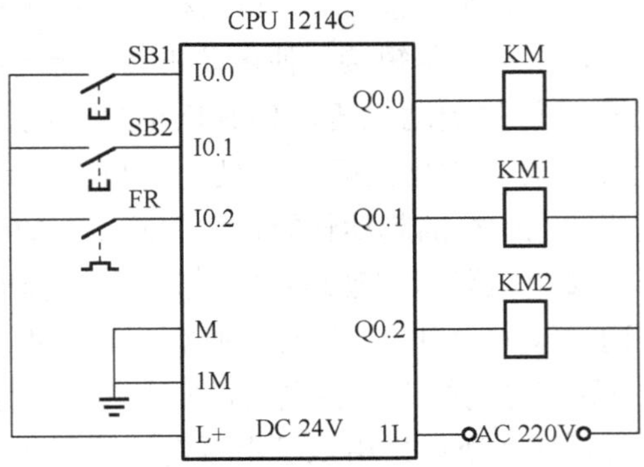

图 1.4.5　三相异步电动机自动Y/△降压起动运行的 PLC 控制电路硬件接线图

（3）编写程序

三相异步电动机自动Y/△降压起动 PLC 控制程序如图 1.4.6 所示。

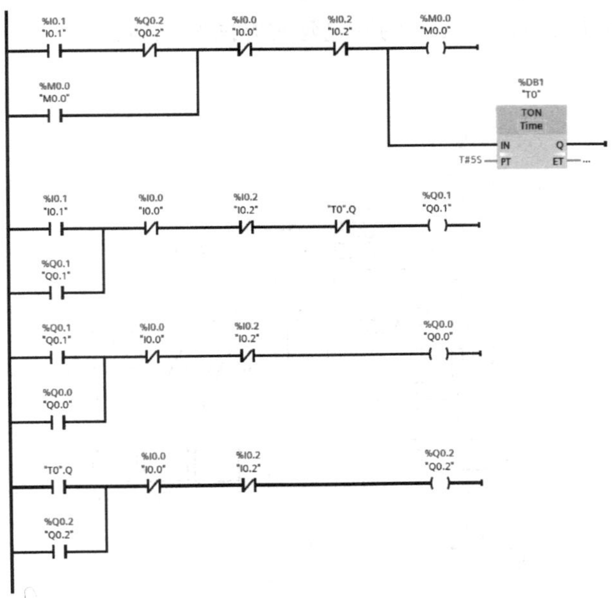

图 1.4.6　三相异步电动机自动Y/△降压起动 PLC 控制程序

（4）调试程序

将程序下载到 CPU 中。首先进行控制电路的调试，在确定程序编写及控制电路连接正确的情况下再接通主电路，然后进行整个系统的联机调试。按下起动按钮 SB2 并松开，观察电动机是否正常运行，并注意电动机转速。延时 5s 后，电动机自动转换为△运行，观察电动机的转速是否有明显变比。按下停止按钮 SB1，观察电动机是否停止旋转。若一致，则说明本任务实现。调试完成后整理器材。

1.4.3 任务拓展：三相笼形异步电动机和三相绕线式异步电动机的降压起动控制

1．三相笼形异步电动机定子串接电阻降压起动运行控制

定子串接电阻降压起动是指电动机起动时，在三相定子绕组中串接电阻，使定子绕组上的电压降低；起动结束后，再将电阻短接，使电动机在额定电压下运行。其优点是：定子绕组串接电阻可以降低电动机的起动电压，使其低于电网电压，从而可以减小起动电流。待电动机的转速接近稳定时，把电阻短接，使电动机在额定电压下平稳地运行。定子串接电阻降压起动，能够使电动机的起动转矩按比例减小，改善电动机的起动性能。同时其缺点也很明显：定子串接电阻降压起动这种方法所用的起动电阻一般采用铸铁电阻，其阻值小、功率大，允许通过较大的电流，因而会损耗一定功率；同时起动转矩因起动电流减小而降低。其适用于中等容量的笼形异步电动机要求起动平稳的场合。需要注意的是，因为起动电阻要消耗一定的功率，所以采用定子串接电阻降压起动方法运行的电动机不宜频繁起动。

（1）继电器-接触器控制

三相笼形异步电动机定子串接电阻降压起动运行的继电器-接触器控制电路如图 1.4.7 所示，由图可看出，SB1 是停止按钮，SB2 是启动按钮，R 为起动电阻，KM1 为电源接触器，KM2 为切除电阻用接触器，KT 为通电延时时间继电器。

微课：电机串电阻降压启动

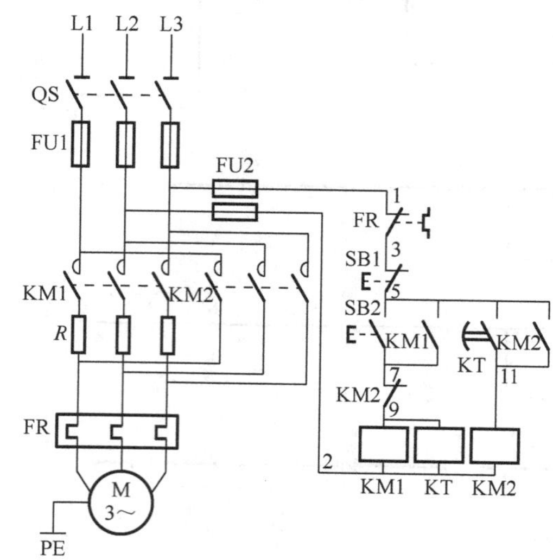

图 1.4.7 三相笼形异步电动机定子串接电阻降压起动运行的继电器-接触器控制电路

其工作原理：当按下 SB2 时，KM1 线圈得电吸合并自锁，KM1 主触点闭合，电动机 M 串接电阻降压起动，同时 KT 线圈得电吸合并开始计时，经延时后 KT 常开触点闭合，KM2 线圈得电吸合，KM2 常闭辅助触点切断 KM1 和 KT 线圈，这样既减少了电能损耗，也延长了 KM1 和时间继电器的使用寿命。KM2 常开辅助触点闭合形成自锁，KM2 主触点闭合，将电阻短路，电动机进入全压运行。按下 SB1 时，电动机停止运行。

这种起动方式不受电动机接线方式的限制，设备简单，因此在中小型生产机械中应用广泛。但由于需要起动电阻，因此会使控制柜的体积增大，电能损耗增大。大容量的电动机往往采用串接电抗器实现降压起动。

（2）PLC 控制

1）分配 I/O 地址。根据三相笼形异步电动机定子串接电阻降压起动运行控制要求，需要输入设备 3 个，即 2 个按钮和 1 个热继电器；输出设备 2 个，即用来控制电动机降压起动和全压运行的交流接触器。其 I/O 地址分配如表 1.4.5 所示。

表 1.4.5　三相笼形异步电动机定子串接电阻降压起动 PLC 控制 I/O 地址分配

输入		输出	
输入继电器	元件	输出继电器	元件
I0.0	热继电器 FR	Q0.1	交流接触器 KM1 线圈
I0.1	按钮 SB1	Q0.2	交流接触器 KM2 线圈
I0.2	按钮 SB		

2）绘制硬件接线图。三相笼形异步电动机定子串接电阻降压起动 PLC 控制电路硬件接线图如图 1.4.8 所示。

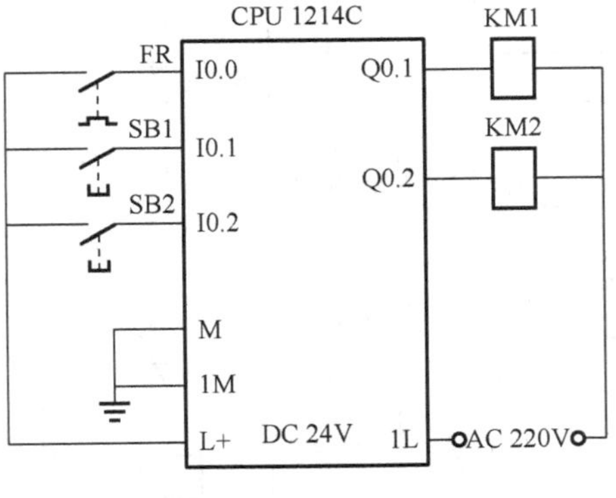

图 1.4.8　三相笼形异步电动机定子串接电阻降压起动 PLC 控制电路硬件接线图

3）编写程序。根据前面的介绍，编程的方法有许多，这里利用转换法进行编程，其 PLC 控制程序如图 1.4.9 所示。

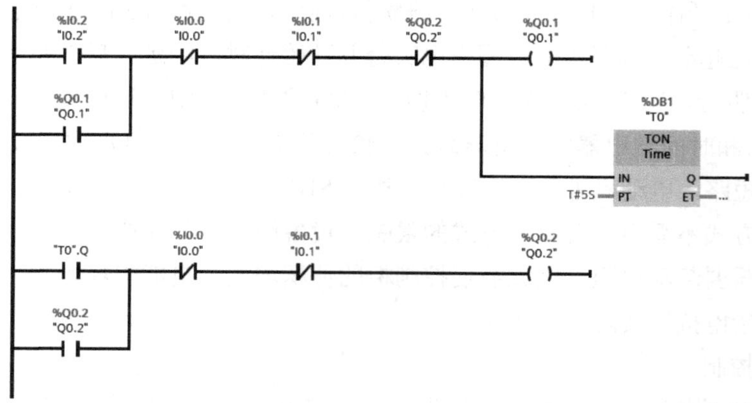

图 1.4.9 三相笼形异步电机定子串接电阻降压起动 PLC 控制程序

2．三相笼形异步电动机定子串接自耦变压器降压起动运行控制

定子串接自耦变压器降压起动是指，电动机起动时利用自耦变压器来降低加在电动机定子绕组上的起动电压，起动结束后，再将自耦变压器脱离，使电动机在额定电压下运行。时间原则三相笼形异步电动机定子串接自耦变压器降压起动运行的继电器-接触器控制电路如图 1.4.10 所示。

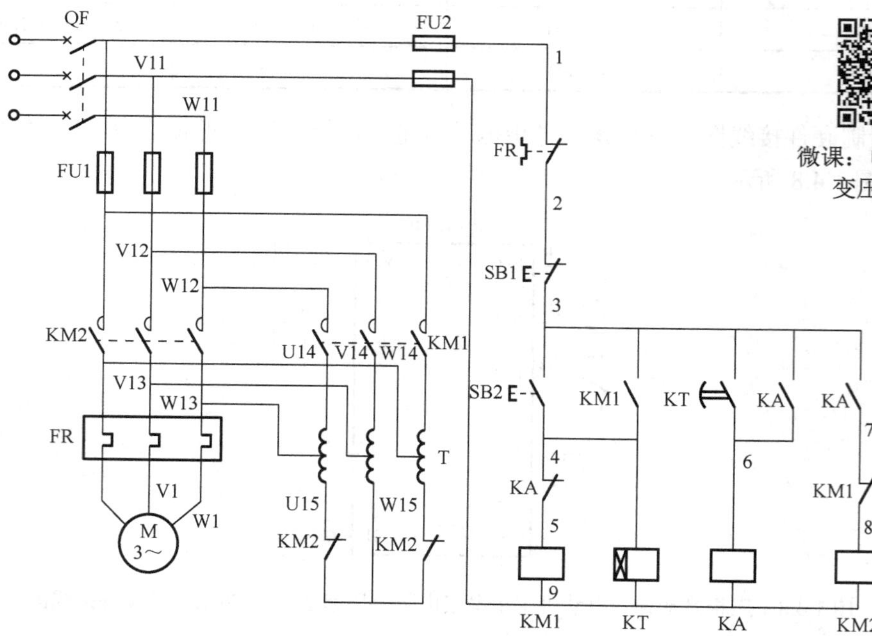

微课：电机串自耦变压器起动

图 1.4.10 时间原则三相笼形异步电动机定子串接自耦变压器降压起动运行的继电器-接触器控制电路

采用定子串接自耦变压器降压起动，电动机的起动电流及起动转矩与其端电压的二次方成比例降低，在起动电流相同的情况下能获得较大的起动转矩。串接自耦变压器降压起动的优点：可以直接人工操作控制，也可以用交流接触器自动控制；可以根据拖动设备的

转矩大小来选择自耦变压器的抽头，以达到平稳起动；经久耐用，维护成本低。其缺点是，人工操作要配置比较贵的自耦变压器箱（自耦补偿器箱），自动控制要配置自耦变压器、交流接触器等起动设备和元件；设备体积大，安装不方便，投资大。这种起动方式适合所有的空载、轻载起动异步电动机使用，在生产实践中得到广泛应用。其工作原理和 PLC 解决方案请读者参照前述案例自行分析。

3．三相绕线式异步电动机转子绕组串接电阻降压起动运行控制

前面介绍的笼形异步电动机的特点是结构简单、价格低、起动转矩小。而在实际生产中，有时要求电动机有较大的起动转矩，而且能够平滑调速，因此常采用三相绕线式异步电动机来满足控制要求。绕线式异步电动机的优点是可以在转子绕组中串接电阻，从而达到减小起动电流、增大起动转矩及平滑调速的目的。

起动时，在转子回路中串入三相起动变阻器，并把起动电阻调到最大值，以减小起动电流，增大起动转矩。随着电动机转速的升高，起动电阻逐级减小。起动结束后，起动电阻减小到零，转子绕组被短接，电动机在额定电压下运行。绕线式三相异步电动机的转子绕组通过集电环与电阻连接。外部串接电阻相当于转子绕组的内阻增加了，减小了转子绕组的感应电流。从某个角度讲，电动机又像是一个变压器，二次电流小，相当于变压器一次绕组的电动机励磁绕组电流就相应减小。根据电动机的特性，转子串接电阻会降低电动机的转速，提高转动力矩，有更好的起动性能。在这种起动方式中，由于电阻是常数，将起动电阻分为几级，在起动过程中逐级切除，故可以获取较平滑的起动过程。三相绕线式异步电动机转子绕组串接电阻降压起动运行的继电器-接触器控制电路如图 1.4.11 和图 1.4.12 所示。

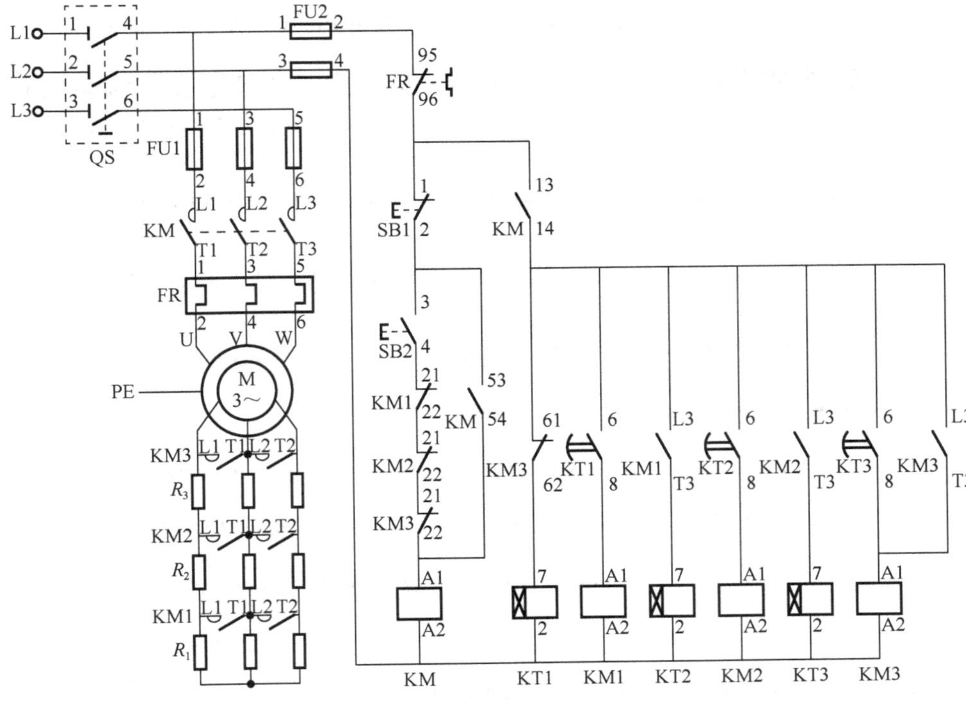

图 1.4.11　三相绕线式异步电动机转子绕组串接电阻降压起动运行的继电器-接触器控制电路

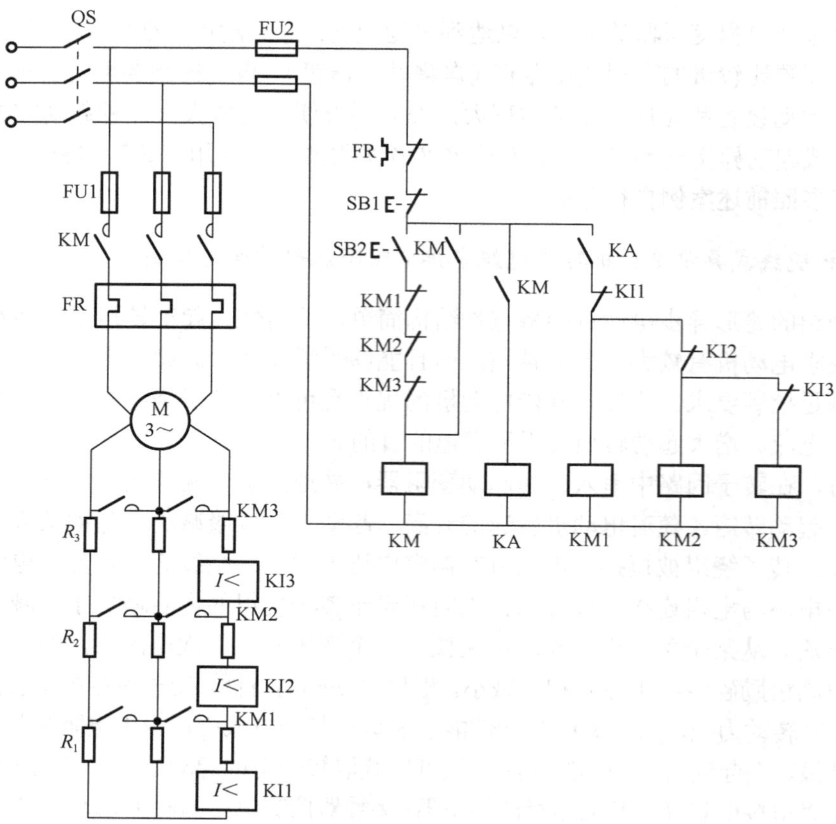

图 1.4.12 三相绕线式异步电动机转子绕组串接电阻降压起动电气原理图

图 1.4.11 所示为时间原则绕线式异步电动机转子串接电阻降压起动电路，其起动过程如下：

合上刀开关QS → 按下启动按钮SB2 → KM线圈得电 →
- → KM辅助触点（53，54）闭合自锁
- → KM主触点闭合，电动机串3级电阻降压起动
- → KM辅助触点（13，14）闭合 → KT1线圈得电开始计时 → KT1（6，8闭合）→ KM1线圈得电 →
  - → KM1主触点闭合，短接电阻R_1，电动机串两级电阻降压起动
  - → KM1（L3，T3）闭合 → KT2线圈得电开始计时 → KT2（6，8闭合）→ KM2线圈得电 →
    - → KM2主触点闭合，短接电阻R_2，电动机串R_3降压起动
    - → KM2（L3，T3）闭合 → KT3线圈得电开始计时 → KT3（6，8闭合）→ KM3线圈得电 →
      - → KM3主触点闭合，短接电阻R_3，电动机全压运行
      - → KM3辅助触点闭合自锁

其停止过程：按下停止按钮 SB1，电动机停止转动。

图 1.4.12 所示为三相绕线式异步电动机转子绕组串接电阻降压起动电气原理图，与时间原则转子串接电阻降压起动主回路相似，绕线式异步电动机转子都串有 3 级电阻用于降压起动，起动时 3 级电阻逐级切除，最后全压运行，该电路采用的是 3 个欠电流继电器来逐级短接电阻。其起动过程如下：

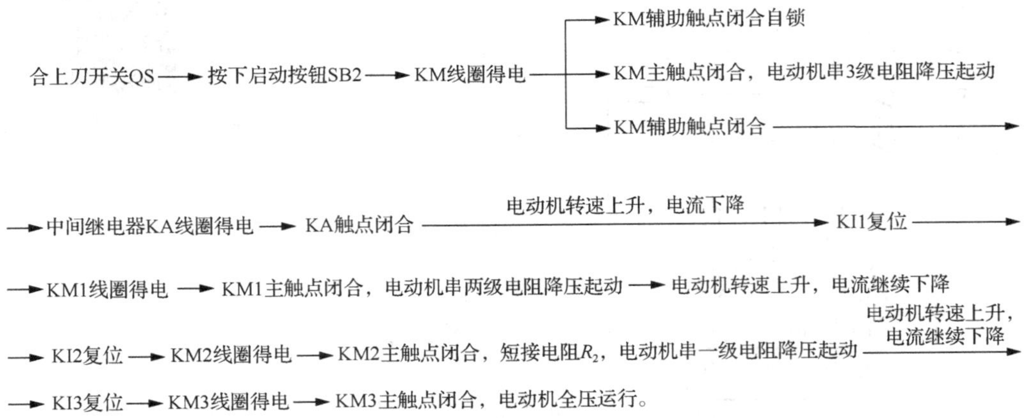

停止过程：按下停止按钮 SB1，电动机停止运行。

电动机采用的 3 个欠电流继电器，当电动机起动时，转子电流大，3 个欠电流继电器动作，常闭触点断开，随着电动机转速增加，电流逐步增大，3 个欠电流继电器逐步复位，但在实际应用过程中，3 个欠电流继电器的电流参数调整存在一定困难。

上述两种降压起动方式的 PLC 解决方案请读者自行分析。

4．三相绕线式异步电动机转子绕组串接频敏变阻器降压起动运行控制

三相绕线式异步电动机转子绕组串接电阻起动使用的电器较多，控制电路复杂，而且起动过程中，随着电阻的切除，电流和转矩会突然增大，会产生一定的电气和机械冲击。要想获得更加平稳的起动特性，必须增加起动级数，这就会使设备复杂化。为了获得较理想的机械特性，常采用转子绕组串接频敏变阻器起动。频敏变阻器是一个铁心损耗很大的三相电抗器，是由铸铁板或钢板叠成的三柱式铁心，在每个铁心上装有一个线圈，线圈的一端与转子绕组相连，另一端做Y联结。

频敏变阻器的等效阻抗的大小与电源频率有关，即 $f_2 = sf_1$，电动机刚起动时，转速较低，转差率高，转子电流的频率较高，相当于在转子回路中串接一个阻抗很大的电抗器，随着转速的升高，转子电流频率逐渐降低，其等效阻抗自动减小，实现了平滑无级起动。

频敏变阻器的起动原理：电动机定子绕组接通电源，电动机开始起动时，由于串接了频敏变阻器，电动机转子转速很低，起动电流很小，故转子频率较高，$f_2 = f_1$，频敏变阻器的铁损很大，随着转速的提升，转子电流频率逐渐降低，电感的阻抗随之减小。这就相当于起动过程中电阻的无级切除。当转速上升到接近稳定值时，频敏变阻器被短接，起动过程结束。

转子绕组串接电阻或频敏变阻器虽然起动性能好，可以重载起动，但因为只适用于价格高昂、结构复杂的绕线式三相异步电动机，所以只是在起动控制、速度控制要求高的各种升降机、输送机、行车等行业使用。三相绕线式异步电动机转子绕组串接频敏变阻器降压起动运行的继电器-接触器控制电路如图 1.4.13 所示。请读者自行分析其工作原理和 PLC 解决方案。

微课：转子串频敏变阻器起动

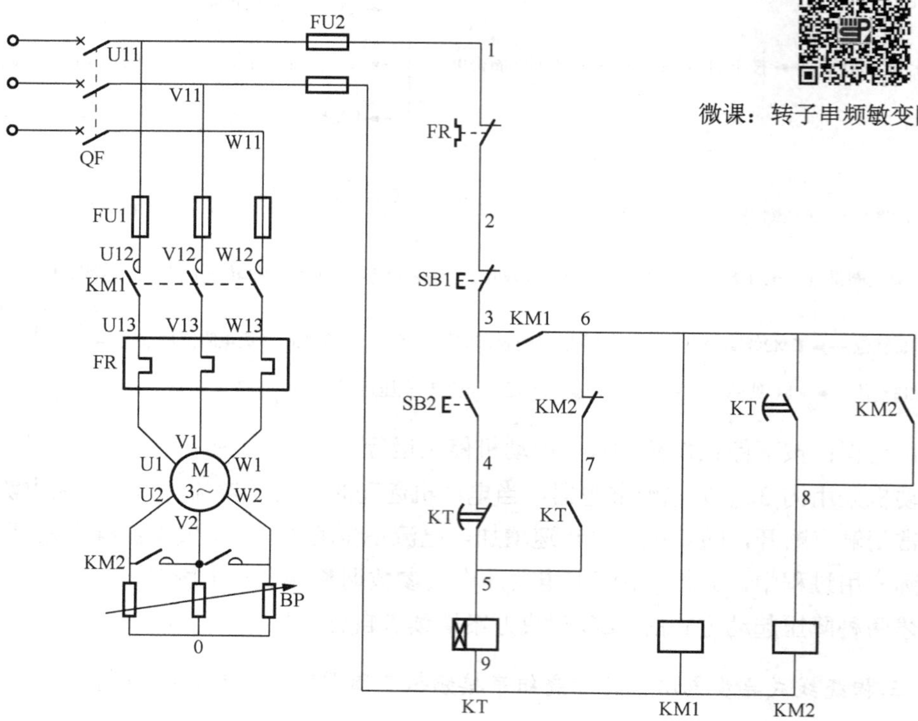

图 1.4.13　三相绕线式异步电动机转子绕组串接频敏变阻器降压起动运行的继电器-接触器控制电路

思考与练习

1．试分析图 1.4.10，进行 I/O 地址分配并设计 PLC 控制程序。

2．试分析图 1.4.11，进行 I/O 地址分配并设计 PLC 控制程序。

3．试分析图 1.4.12，进行 I/O 地址分配并设计 PLC 控制程序。

4．试分析图 1.4.13，进行 I/O 地址分配并设计 PLC 控制程序。

5．过电流继电器和欠电流继电器的动作原理有何不同？

6．在电流原则绕线式异步电动机串接电阻降压起动电路中，如果改用过电流继电器能完成起动要求吗？如果能，试设计控制电路。

任务 1.5　三相异步电动机的调速运行控制

任务目标

1．能够描述三相双速异步电动机变极调速运行的继电器-接触器控制和 PLC 控制的工作过程。

2．掌握双速电动机变极调速的原理及接线方式。

3．能够利用实训设备完成三相双速异步电动机变极调速运行两种控制电路的安装、调试、运行，能够判断并排除电路故障。

任务要求

三相异步电动机调速运行的要求：当按下启动按钮时，双速电动机以△联结或单丫联结做低速连续运转；经延时后，自动切换为以双联结做高速运行。

1.5.1　知识准备：三相双速异步电动机变极调速运行控制电路的工作原理和双速电动机的接线方式

1．三相双速异步电动机变极调速运行的继电器-接触器控制电路的工作原理

三相双速异步电动机变极调速运行的继电器-接触器控制电路原理图如图 1.5.1 所示。其工作过程是：当合上电源开关 QF，按下启动按钮 SB2 时，KM1、KA 和 KT 的线圈同时得电，KM1 的线圈吸合使主电路中 KM1 的主触点闭合，电动机以△联结做低速运转；中间继电器 KA 的线圈吸合形成自锁，确保 KM1 的线圈保持吸合，从而使电动机连续运转；通电时间继电器 KT 开始计时。当 KT 设置的延时时间到达时，其连接在 KM1 线圈线路中（4，5）点间的常闭触点断开，使 KM1 线圈失电释放；而连接在 KM3 线圈线路中（4，9）点间的常开触点闭合，使 KM2 和 KM3 线圈同时得电吸合，从而使电动机自动切换为以双丫联结做高速运行。当按下停止按钮 SB1 或电动机过载时，电路中所有继电器或接触器的线圈失电释放，系统停止运行。

微课：三相双速异步电动机变极调速

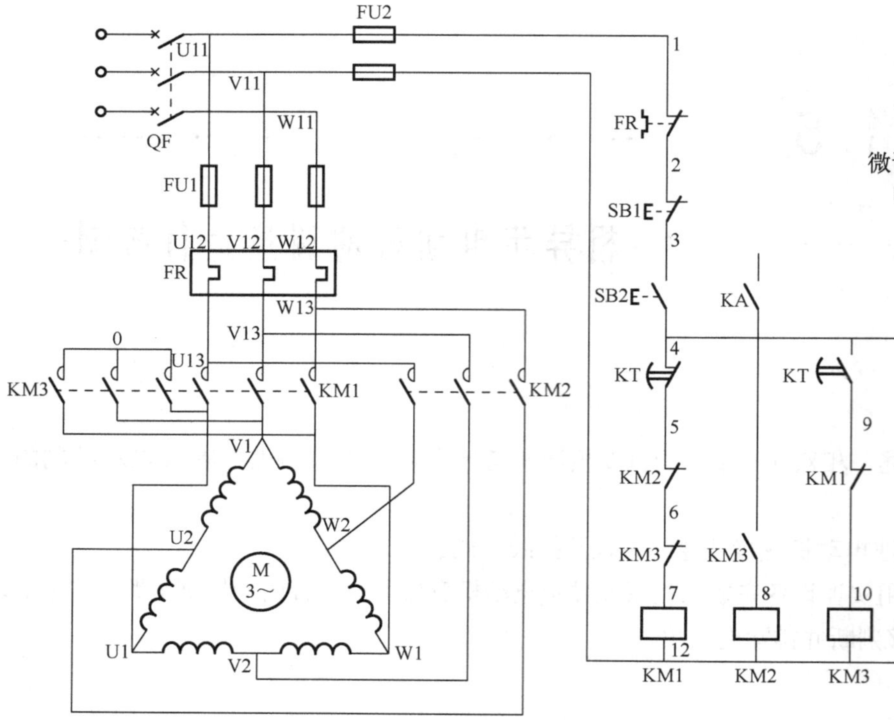

图 1.5.1　三相双速异步电动机变极调速运行的继电器–接触器控制电路原理图

2．双速电动机的接线方式

由电动机原理可知，异步电动机的转速表达式为

$$n = n_0(1-s) = \frac{60f}{p}(1-s)$$

可见，电动机的转速 n 与电源频率 f、转差率 s 及定子绕组的磁极对数 p 有关。本任务主要介绍通过改变磁极对数 p 的方法来实现电动机变极调速的基本控制电路。多速电动机就是通过改变电动机定子绕组的接线方式而得到不同的磁极对数，从而达到不同速度的。双速、三速电动机是变极调速中最常用的两种形式。双速电动机定子绕组的连接方式常用的有两种：一种是绕组从△联结改成双Y联结，即将图 1.5.2（a）所示的联结方式转换成图 1.5.2（c）所示的联结方式；另一种是绕组从单Y改成双Y，即将图 1.5.2（b）所示的联结方式转换成图 1.5.2（c）所示的联结方式。这两种接法都能使电动机产生的磁极对数减少一半，从而使电动机的转速提高一倍。

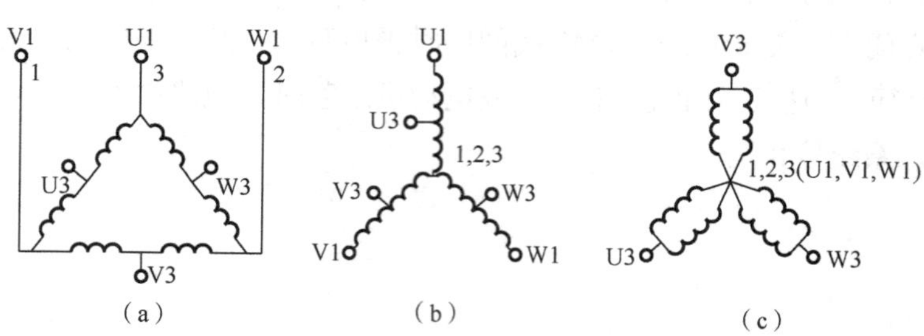

图 1.5.2　双速电动机定子绕组接线示意图

1.5.2　任务实施：分别用继电器-接触器和 PLC 控制电路实现三相双速异步电动机变极调速运行

1. 三相双速异步电动机变极调速运行的继电器-接触器控制

利用实训设备完成三相双速异步电动机变极调速运行继电器-接触器控制电路的安装、调试、运行及故障排除。步骤如下：

（1）选择元器件

1）编制器材明细表。该实训任务所需器材如表 1.5.1 所示。

表 1.5.1　双速异步电动机变极调速继电器-接触器控制器材明细表

符号	名称	型号	规格	数量	备注
QF	低压断路器	DZ108-20/10-F	脱扣器整流电流 0.63～1A	1 只	
FU	螺旋式熔断器	RL1-15	配熔体 3A	5 只	
KM	交流接触器	CJX2-9/380	AC 380V 3A	3 只	
SB	按钮	LAY3-11	一常开一常闭自动复位	2 个	SB1 红色 SB2 绿色
FR	热继电器	JRS1D-25	整定电流 0.63～1.2A	1 只	
KA	中间继电器	JZ7-22	AC 380V 5A	1 只	
KT	时间继电器	ST3PA-B	AC 380V 5A	1 只	
M	三相异步电动机	DJ24/DJ26	380V（YY/△）	1 台	

2）清点器材并进行质量检查。

（2）安装、敷设电路并进行通电检查及故障排除。

1）安装、敷设电路。

2）进行通电检查及故障排除。

（3）整理器材

通车成功后，拆除板上导线并将相应工具归位，打扫卫生。

2. 三相双速异步电动机变极调速运行的 PLC 控制

利用实训设备完成三相双速异步电动机变极调速运行 PLC 控制电路的安装、编程、调试、运行及故障排除。步骤如下：

（1）分配 I/O 地址

根据三相双速异步电动机变极调速运行的 PLC 控制要求，需要输入设备 3 个，即 2 个按钮和 1 个热继电器；需要输出设备 3 个，即用来控制电动机运行的交流接触器。其 I/O 地址分配如表 1.5.2 所示。

表 1.5.2　双速异步电动机变极调速运行 PLC 控制 I/O 地址分配

输入		输出	
输入继电器	元件	输出继电器	元件
I0.2	按钮 SB1	Q0.1	交流接触器 KM1 线圈
I0.1	按钮 SB2	Q0.2	交流接触器 KM2 线圈
I0.0	热继电器 FR	Q0.3	交流接触器 KM3 线圈

（2）绘制硬件接线图

三相双速异步电动机变极调速运行的 PLC 控制电路硬件接线图如图 1.5.3 所示。

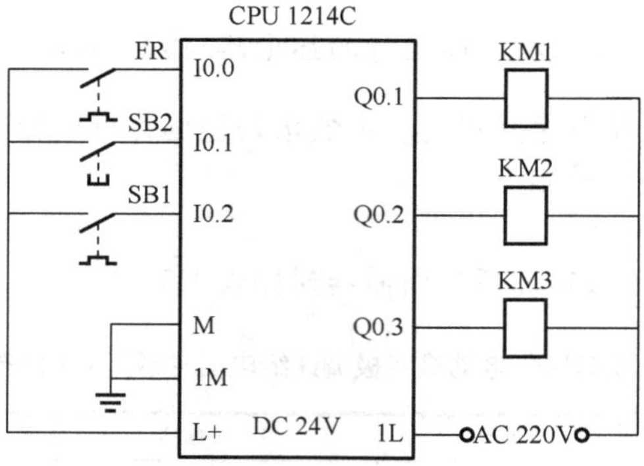

图 1.5.3　三相双速异步电动机变极调速运行的 PLC 控制电路硬件接线图

（3）编写程序

三相双速异步电动机变极调速运行的 PLC 控制程序如图 1.5.4 所示。

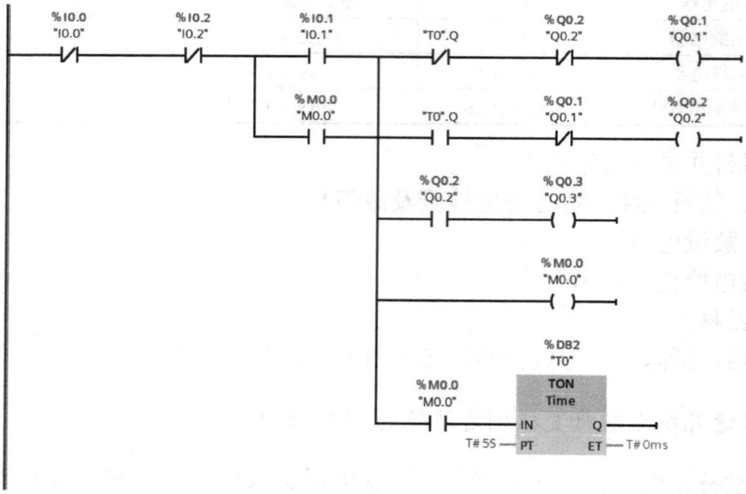

图 1.5.4　三相双速异步电动机变极调速运行的 PLC 控制程序

（4）调试程序

将程序下载到 CPU 中。首先进行控制电路的调试，在确定程序编写及控制电路连接正确的情况下再接通主电路，然后进行整个系统的联机调试。按下低速启动按钮 SB1 并松开，观察电动机是否正常运行，并注意电动机的转速。再按下高速按钮 SB2，观察电动机的转速是否有明显变化。按下停止按钮 SB1，观察电动机是否停止旋转。若一致，则说明本任务实现。调试完成后整理器材。

1.5.3 知识拓展：直流电动机控制电路和顺序起动、逆序停止电路

1．直流电动机控制电路

直流电动机具有良好的起动、制动及调速性能，易实现自动控制。虽然直流电动机有多种励磁方式，但其控制电路基本相同。图 1.5.5 所示为直流电动机正反转、调速及制动的控制电路。

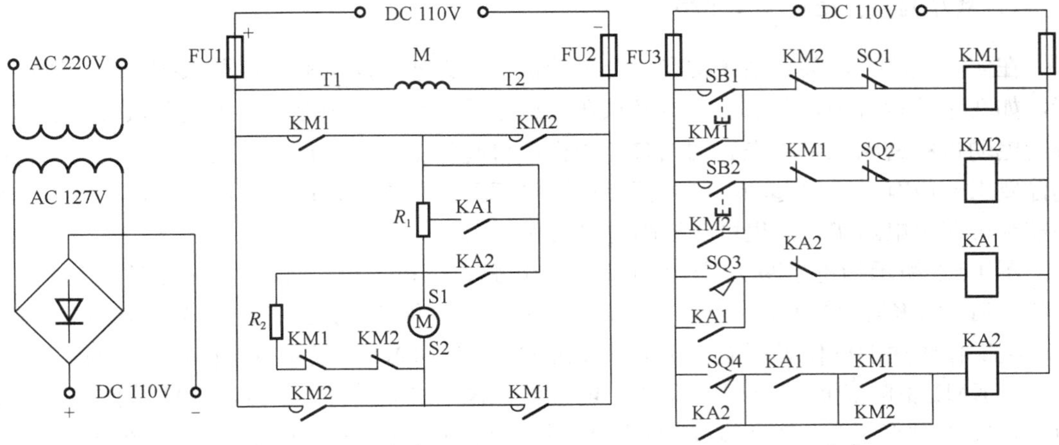

图 1.5.5　直流电动机正反转、调速及制动控制电路

（1）电路组成

1）直流电源部分。如图 1.5.5（a）所示，它由一个 AC 220V/127V 的降压变压器和一个桥式全波整流器组成，将 220V 的交流电变成 110V 的直流电提供给直流电动机。

2）主电路部分。如图 1.5.5（b）所示，它主要由励磁绕组 T1-T2、电枢绕组 S1-S2 及调速电阻 R_1（可调绕线式电阻）和制动电阻 R_2 组成。该电动机为并励式直流电动机，当接通 AC 220V 电源时，励磁绕组 T1-T2 就接在 DC 110V 电源上，当 KM1 主触点闭合时（其辅助常闭触点断开），电流从电源的正极经左边的 KM1 主触点、R_1、电枢绕组 S2 及右边的 KM1 主触点回电源负极，此时电动机正转。由于 R_1 与电枢绕组 S1-S2 串联，故电动机低速正转运行。当 KA1 常开触点闭合时，R_1 只有一部分与电枢绕组 S1-S2 串联，此时电动机中速运行；当 KA2 常开触点闭合时，R_1 被短接，此时电动机高速运行。当 KM1 主触点断开时，KM1 辅助常闭触点闭合，此时电枢绕组 S1-S2 与 R_2 构成制动回路，将电枢绕组 S1-S2 的能量在 R_2 上消耗。当左边 KM2 主触点闭合时（其辅助常闭触点断开），电流从电源的正极经左边的 KM2 主触点、电枢绕组 S2-S1、R_1 及右边的 KM2 主触点回电源负极，此时电动机反转。

3）控制电路部分。如图 1.5.5（c）所示，通过控制电路的动作来控制直流电动机的正反转、调速及制动。

（2）工作过程

电路通电后，按下启动按钮，电枢回路附加电阻器起动；电动机运转后，通过 SQ3 使

KA1 工作，电枢回路的电阻减小，电动机加速运转；再通过 SQ4 使 KA2 工作，电动机再次加速。此控制电路通过改变 R_1 阻值达到电动机调速的目的。电动机转向的改变是通过 KM1、KM2 工作后流入电枢电流的极性不同而改变的。若想停机，则通过 SQ1、SQ2 动作，使 KM1 和 KM2 的线圈失电释放，其主触点断开，使电动机电枢脱离电源，脱离电源的电动机电枢与附加电阻 R_2 串接起来形成制动回路。

其 PLC 控制梯形图各位读者可尝试自行设计。

2．顺序起动、逆序停止电路

在实际生产中，某一系统常有多台电动机，而某些电动机的起停要求按一定的顺序进行，如在空调设备中，要求压缩机必须在风机之后起动；铣床上起动主电动机后才能起动进给电动机；磨床上要求先起动油泵电动机，再起动主轴电动机。总之，对几台电动机的起停要求一般有：正序起动，同时停止；正序起动，正序停止；正序起动，逆序停止。顺序控制可在主电路实现，也可在控制电路实现。

图 1.5.6 所示为主电路实现顺序起动控制电路，分析可得，M2 电动机必须在 M1 电动机起动后，即 KM1 常开主触点闭合后才能起动。但这种起动方式存在一些弊端，如不知道电动机操作顺序的操作者可能会先按下按钮 SB2，这时 KM2 线圈得电自锁，主触点闭合，但由于 KM1 主触点断开，M2 电动机不能旋转，这时如果再按下 SB1，KM1 线圈得电并自锁，KM1 主触点闭合，就会造成 M1 和 M2 同时起动。同时这个电路还存在另外一个弊端，就是如果 KM1 的主触点出现“氧化”“熔焊”等故障，必然会影响电动机 M2 的运行，所以这种电路的可靠性很差，因此顺序起动时一般采用控制回路实现顺序起动。

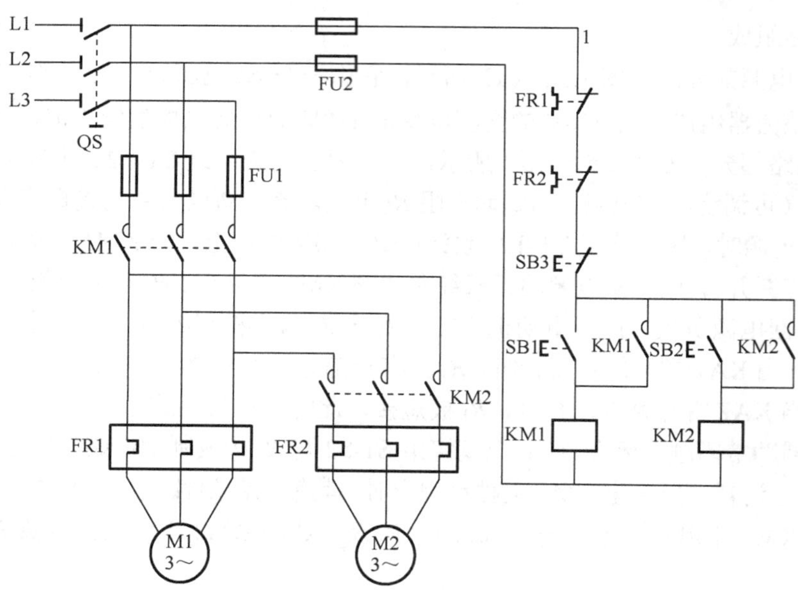

图 1.5.6　主电路实现顺序起动控制电路

图 1.5.7（a）所示为要求顺序起动的两台电动机，电路的特点是电动机 M1 和 M2 的主电路并联后接在三相电源上。

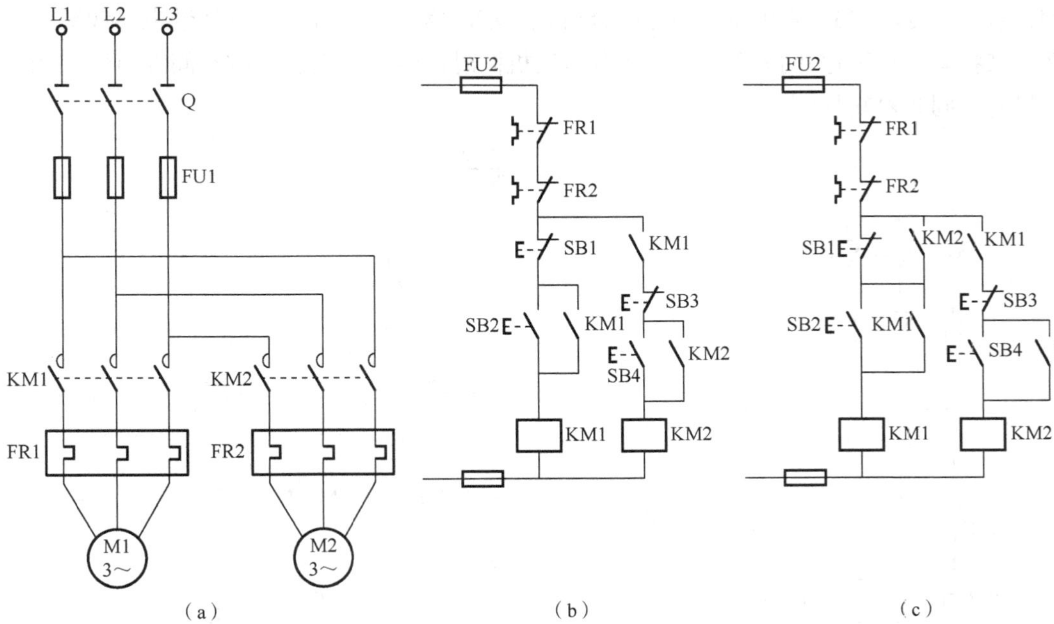

图 1.5.7　控制回路中实现两台电动机顺序控制电路图

图 1.5.7（b）所示为主电路中的两台电动机顺序起动的控制电路，控制过程如下：按下启动按钮 SB2，接触器 KM1 线圈得电，KM1 主触点闭合，电动机 M1 起动运转，同时 KM1 辅助常开触点闭合，实现 KM1 线圈的自锁，保证 KM1 线圈在松开 SB2 后继续得电；串接在 KM2 线圈回路中的 KM1 常开触点闭合，为 KM2 线圈得电做准备。显然，接触器 KM1 线圈不得电，KM2 线圈不能得电，即电动机 M1 先起动，只有 M1 起动后 M2 才能起动。待 M1 起动后按下启动按钮 SB4，接触器 KM2 线圈得电，主触点闭合，M2 电动机起动运转，同时 KM2 辅助常开触点闭合自锁，保证 KM2 线圈在按钮松开后继续得电。按下 SB3，接触器 KM2 线圈失电，其主触点断开，M2 停转，M1 可继续运转。如果先按下 SB1，则由于 KM1 线圈失电而使其所有常开触点打开，所以两台电动机 M1 和 M2 相继停转。可见，这两台电动机的控制方式属于正序起动，可逆序停转，也可正序起动，同时停转的顺序控制。

图 1.5.7（c）所示控制回路在图 1.5.7（b）控制电路的基础上将接触器 KM2 的常开辅助触点并联在停止按钮 SB1 的两端，起动过程仍和图 1.5.7（b）一样，停止时即便先按下 SB1，由于 KM2 线圈仍得电，电动机 M1 也不会停转，只有按下 SB3，电动机 M2 先停转，这时再按下 SB1，M1 才能停转，由此实现正序起动、逆序停转的顺序控制。

在许多顺序控制电路中，要求两电动机的起动有一定的时间间隔，这时往往在控制回路中利用时间继电器来满足按时间顺序起动的要求，其控制电路如图 1.5.8 所示。控制过程如下：按下启动按钮 SB2，接触器 KM1 线圈得电，KM1 主触点闭合，电动机 M1 起动运转，KM1 辅助常开触点闭合自锁，同时时间继电器 KT 线圈得电开始计时，计时时间到，时间继电器 KT 延时闭合常开触点闭合，接触器 KM2 线圈得电，KM2 主触点闭合，电动机 M2 起动运转，KM2 常开辅助触点闭合自锁，辅助常闭触点打开，时间继电器线圈失电恢复原来状态。按下停止按钮 SB1，两台电动机同时停转，从而实现按时间继电器控制的顺序起动，同时停转控制。

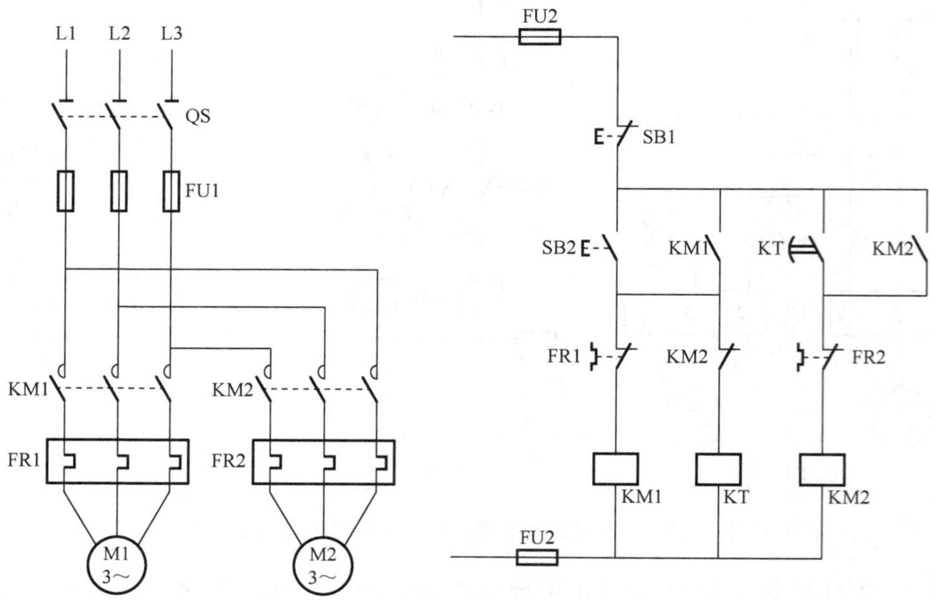

图 1.5.8　时间原则顺序控制电气原理图

顺序起停各电路图的 PLC 控制梯形图各位读者可自行设计。

思考与练习

1. 简述什么是时间原则控制，什么是按速度原则控制。
2. 双速电动机高速运行时通常需要先低速起动后再进入高速运行，为什么？
3. 试设计一种采用旋转开关实现双速电动机控制的电路。
4. 根据三相异步电动机转速公式说明有哪些调速的方法，并列举各自的优缺点。
5. 三相异步电动机的变极调速为什么只适用于笼形异步电动机？

任务 1.6　三相异步电动机的制动运行控制

任务目标

1. 能够描述三相异步电动机反接制动运行的继电器-接触器控制和 PLC 控制的工作过程。

2．能够利用实训设备完成三相异步电动机反接制动运行两种控制电路的安装、调试和运行等，能够判断并排除电路故障。

3．能够分析速度继电器在反接制动控制电路中的关键作用。

任务要求

三相异步电动机制动运行的要求：当按下制动按钮时，对以电动机为原动机的机械设备实施迅速停车或准确定位。

1.6.1　知识准备：三相异步电动机反接制动运行控制电路的工作原理

三相异步电动机反接制动运行的继电器-接触器控制电路的工作原理介绍如下。

在生产过程或日常生活中，当以电动机为原动机的机械设备需准确定位或遇紧急情况需迅速停止时，必须对电动机进行制动，使其转速迅速下降，从而缩短辅助工作时间，提高生产效率或降低危险。制动可分为机械制动和电气制动，机械制动一般为电磁铁操纵抱闸制动；电气制动是电动机产生一个和转子转动方向相反的电磁转矩，常用的电气制动有反接制动和能耗制动。下面以反接制动为例进行介绍。

反接制动是改变三相异步电动机定子绕组中三相电源的相序，使定子绕组产生相反方向的旋转磁场，从而产生制动转矩的一种制动方法。反接制动时，定子绕组电流很大，为防止绕组过热和减小制动冲击，一般应在电动机的定子电路中串入反接制动电阻。此外，为防止停机时造成反向起动，需要在电动机转速接近零时，及时切断反相序电源，而这是由速度继电器来完成的。

三相异步电动机反接制动运行的继电器-接触器控制电路原理图如图 1.6.1 所示，其工作过程如下：当合上电源开关 QF，按下启动按钮 SB2 时，KM1 的线圈得电吸合并自锁，主电路中，KM1 的主触点闭合，电动机连续运转，并带动速度继电器 KS 的转子运转，当电动机的转速达到 120r/min 时，控制电路中速度继电器 KS 的常开触点动作并闭合。但由于制动按钮 SB1 和 KM1 的常闭触点均处于断开状态，故 KM2 的线圈不能得电，电动机保持正常运转。当需要准确定位或紧急停止时，按下制动复合按钮 SB1，KM1 的线圈首先失电释放，电动机脱离电源，同时 KM2 的线圈得电吸合并自锁，其主电路中的主触点闭合，给电动机反向通电，产生反向力矩，加速了电动机的停止，即实现反接制动。当转速接近零（一般为 100r/min）时，控制电路中的速度继电器 KS 的常开触点恢复断开状态，KM2 线圈失电释放，分断主电路中电动机的电源，制动结束，从而保证电动机不会出现反向运转。

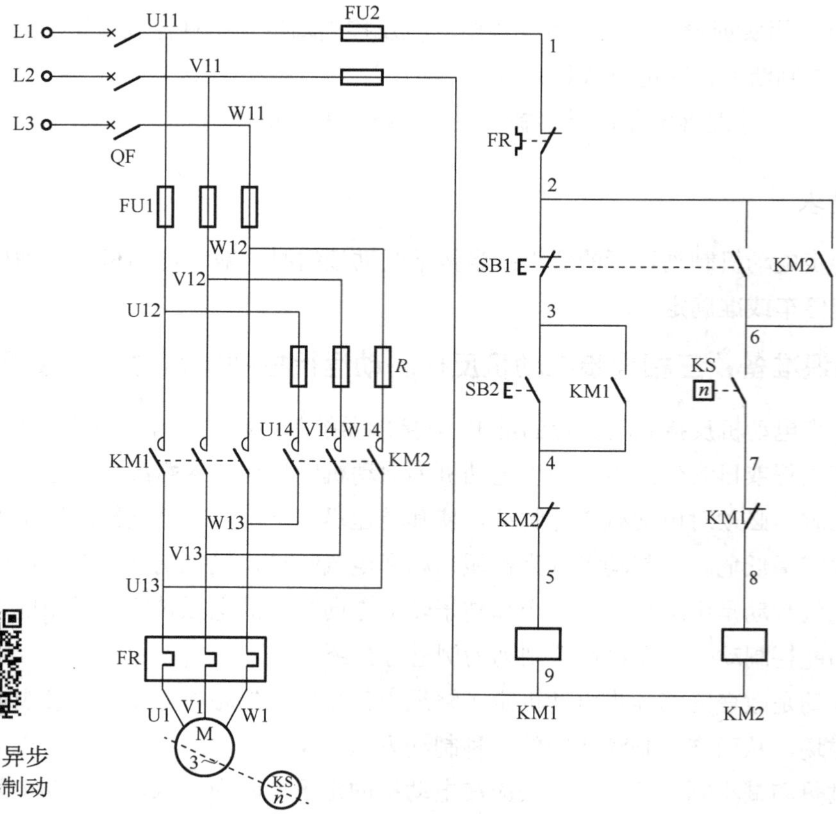

微课：三相异步电动机反接制动

图 1.6.1　三相异步电动机反接制动运行的继电器-接触器控制电路原理图

1.6.2　任务实施：分别用继电器-接触器和 PLC 控制电路实现三相异步电动机的反接制动运行

1．三相异步电动机反接制动运行的继电器-接触器控制

利用实训设备完成三相异步电动机反接制动运行继电器-接触器控制电路的安装、调试、运行及故障排除。步骤如下：

（1）选择元器件

1）编制器材明细表。该实训任务所需器材如表 1.6.1 所示。

表 1.6.1　三相异步电动机反接制动控制器材明细表

符号	名称	型号	规格	数量	备注
QF	低压断路器	DZ108-20/10-F	脱扣器整流电流 0.63～1A	1 只	
FU	螺旋式熔断器	RL1-15	配熔体 3A	5 只	
KM	交流接触器	CJX2-9/380	AC 380V 3A	2 只	
SB	按钮	LAY3-11	一常开一常闭自动复位	2 个	SB1 红色 SB2 绿色
FR	热继电器	JRS1D-25	整定电流 0.63～1.2A	1 只	
KS	速度继电器	JSZ0-1	AC 380V 2A	1 只	
M	三相异步电动机	DJ24/DJ26	380V 0.45A 120W	1 台	

2）清点器材并进行质量检查。

（2）安装、敷设电路并进行通电检查及故障排除

1）安装、敷设电路。

2）进行通电检查及故障排除。

（3）整理器材

通车成功后，拆除板上导线并将相应工具归位，打扫卫生。

2．三相异步电动机反接制动运行的 PLC 控制

利用实训设备完成三相异步电动机反接制动运行 PLC 控制电路的安装、编程、调试、运行及故障排除。步骤如下：

（1）分配 I/O 地址

根据三相异步电动机反接制动运行的 PLC 控制要求，需要输入设备 4 个，即 2 个按钮、1 个速度继电器和 1 个热继电器；需要输出设备 2 个，即用来控制电动机运行的交流接触器。其 I/O 地址分配如表 1.6.2 所示。

表 1.6.2　三相异步电动机反接制动 PLC 控制 I/O 地址分配

输入		输出	
输入继电器	元件	输出继电器	元件
I0.0	按钮 SB1	Q0.0	交流接触器 KM1 线圈
I0.1	按钮 SB2	Q0.1	交流接触器 KM2 线圈
I0.2	速度继电器		
I0.3	热继电器 FR		

（2）绘制硬件接线图

三相异步电动机反接制动运行的 PLC 控制电路硬件接线图如图 1.6.2 所示。

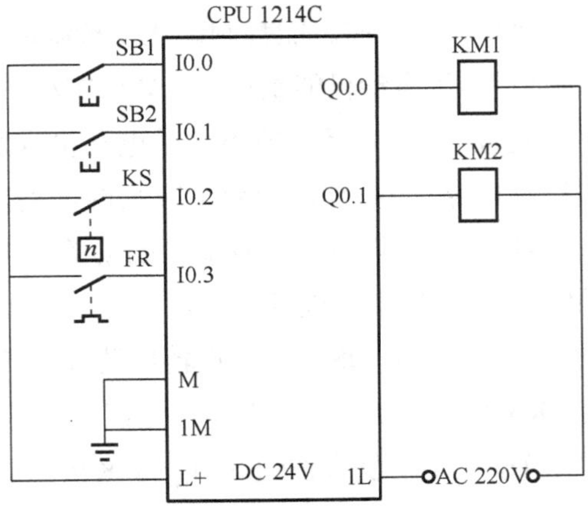

图 1.6.2　三相异步电动机反接制动运行的 PLC 控制电路硬件接线图

（3）编写程序

三相异步电动机反接制动运行的 PLC 控制程序如图 1.6.3 所示。

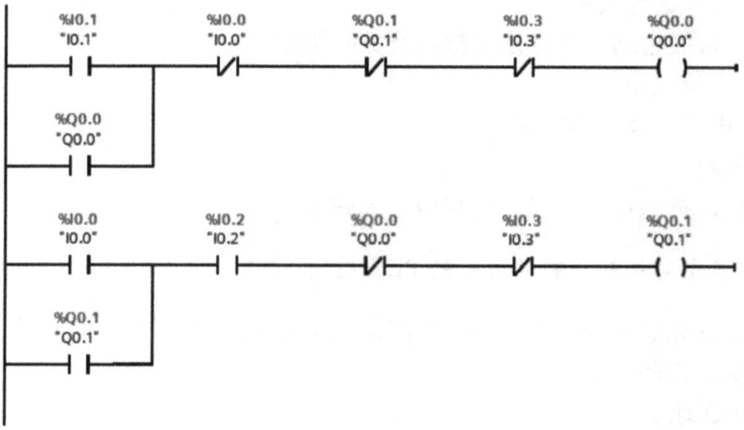

图 1.6.3　三相异步电机反接制动运行的 PLC 程序

（4）调试程序

将程序下载到 CPU 中。首先进行控制电路的调试，在确定程序编写及控制电路连接正确的情况下再接通主电路，然后进行整个系统的联机调试。按下启动按钮 SB1 并松开，观察电动机是否正常运行。再按下反接制动按钮 SB2，观察电动机是否停止旋转，并记录停机时间，将模拟速度继电器按钮按下，再观察一次电动机停机时间，两者若明显不同，则说明本任务实现。调试完成后整理器材。

1.6.3　知识拓展：三相异步电动机的能耗制动控制和电磁抱闸制动控制

1．三相异步电动机的能耗制动控制

能耗制动是指电动机脱离三相交流电源后，给定子绕组加一直流电源，以产生静止磁场，起阻止旋转的作用，达到制动的目的。能耗制动比反接制动所消耗的能量小，制动电流也小得多。因此，能耗制动适用于电动机能量较大，要求制动平稳和制动频繁的场合，但能耗制动需要直流电源整流装置。10kW 以下的小容量电动机且对制动要求不高的场合常采用半波整流能耗制动的控制电路；10kW 以上容量较大的电动机多采用有变压器全波整流能耗制动的控制电路。三相异步电动机可逆运行能耗制动的继电器-接触器控制电路原理图如图 1.6.4 所示，它采用半波整流来实现能耗制动。

其工作原理如下：当闭合电源开关 QS，按下正转启动按钮 SB2 时，KM1 线圈得电吸合，其辅助触点闭合自锁，KM1 主触点闭合，电动机连续正转；按下反转启动按钮 SB3，其起动过程类似正转起动。当按下制动复合按钮 SB1 时，KM1 线圈先失电释放，主触点断开，分断三相交流电源，与此同时，交流接触器 KM3 的线圈和时间继电器 KT 得电，KM3 辅助常开触点吸合并自锁，使 KM3 和 KT 持续得电，KM3 主触点闭合，将经过二极管 V4 整流后的直流电通入电动机定子绕组，使电动机制动，经延时后 KT 常闭触点断开，KM3 线圈失电释放，其主触点断开，制动结束。该电路的 PLC 控制请读者自行分析。

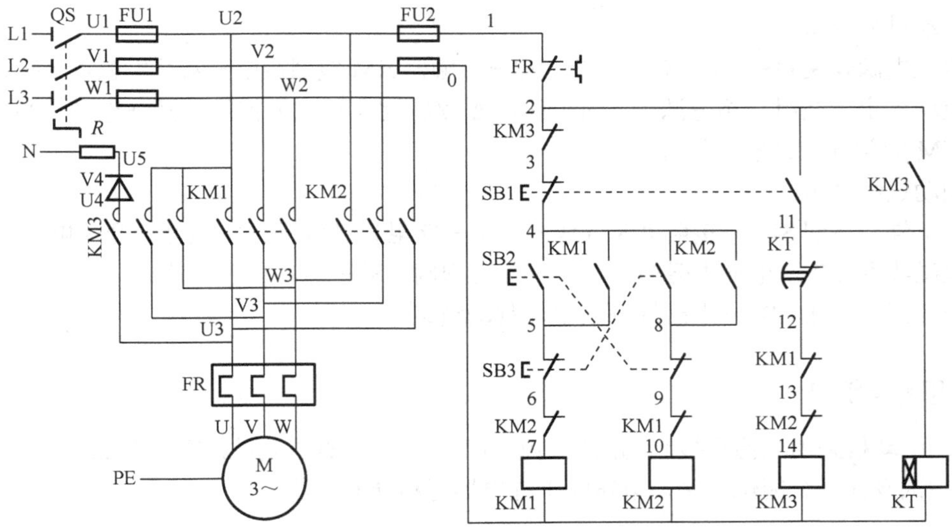

图 1.6.4　三相异步电动机可逆运行能耗制动的继电器-接触器控制电路原理图

2．三相异步电动机的电磁抱闸制动控制

机械制动是指利用机械装置使电动机断开电源后迅速停转的方法，常用的有电磁抱闸制动和电磁离合器制动。三相异步电动机的电磁抱闸制动控制装置由电磁操作机构和弹簧力机械抱闸机构组成。图 1.6.5 所示为断电制动型电磁抱闸控制电路。其工作原理如下：合上电源开关 QS，按下启动按钮 SB2 后，接触器 KM 线圈得电吸合并自锁，主触点闭合，电磁线圈 YB 得电，动铁心吸合，使制动器的闸瓦和闸轮分开，电动机 M 连续运转。停车时，按下停止按钮 SB1 后，接触器 KM 线圈失电释放，主触点断开，使电动机和电磁线圈 YB 同时失电，动铁心与静铁心分开，在弹簧拉力的作用下闸瓦紧紧抱住闸轮，从而使电动机迅速停转。电磁抱闸制动适用于各种传动机构的制动且多用于起重电动机的制动。

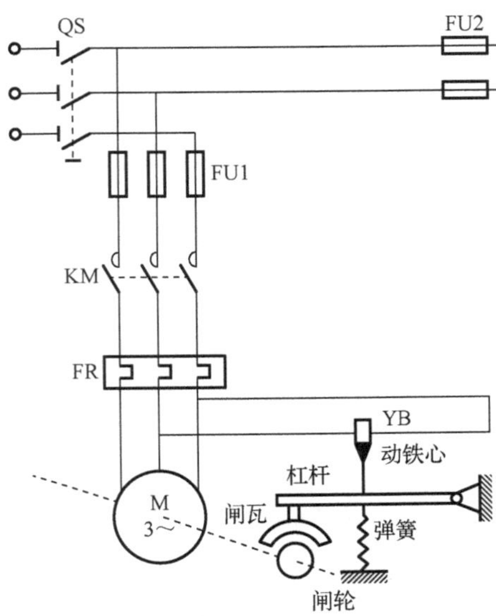

图 1.6.5　断电制动型电磁抱闸控制电路

起动过程分析：

合上电源开关 QS→按下启动按钮 SB2→接触器 KM 线圈得电→常开主触点 KM 闭合→接通电动机定子绕组三相电源；此时电磁线圈 YB 通电→电磁抱闸松开→电动机转动，接触器 KM 的常开辅助触点闭合自锁。

制动过程分析：

按下停止按钮 SB1→接触器 KM 线圈失电→接触器 KM 常开主触点断开→电动机 M 断电；电磁线圈 YB 断电→电磁抱闸动作→实现抱闸制动→电动机迅速停车。

松开停止按钮 SB1→电磁抱闸断电，制动结束。

思考与练习

1．电动机采用电源反接制动的控制电路，应采用什么原则控制？为什么？

2．试设计一个闪烁电路，电路输出继电器每秒通断一次。

项目 2 PLC 功能指令及其应用

>>>>

◎ 项目导读

PLC 功能指令是指用于编写 PLC 程序的指令集合，这些指令可以实现各种控制逻辑和功能。PLC 功能指令不仅能够实现基本的逻辑控制、算术运算和数值处理、数据传输和存储，还可以实现定时和计时功能及高级控制功能。

本项目通过 4 个任务，对定时器指令、比较操作指令、移动操作指令、计数器指令、移位指令等常用功能指令进行介绍。

◎ 学习目标

知识目标

- 掌握比较操作指令、定时器指令的功能及用法。
- 掌握移动操作指令、移位指令的功能及用法。
- 掌握计数器指令、数学运算指令、转换操作指令的功能及用法。

能力目标

- 能使用博途软件完成项目编程。
- 能灵活运用常用功能指令。

素养目标

- 培养一丝不苟的工作态度和善于分析问题、解决问题的能力。
- 培养勤于思考、善于总结、勇于探索的科学精神。

任务 2.1 指示灯间隙点亮运行控制

任务目标

1．能够描述指示灯间隙控制电路的工作原理。

2．掌握比较操作指令的应用方法。

3．能够基于比较操作指令完成间隙控制电路程序设计。

4．掌握 TIA 博途软件的使用和程序调试方法。

任务要求

指示灯间隙点亮运行要求：当按下启动按钮后，0～5s，1、2、3 指示灯亮（其余熄灭）；5～10s，4、5、6 指示灯亮（其余熄灭）；10～15s，1、3、5 指示灯亮（其余熄灭）；15～20s，2、4、6 指示灯亮（其余熄灭），电路自动运行依次循环。当按下停止按钮，所有灯熄灭，电路停止运行。

2.1.1 知识准备：比较操作指令和定时器指令

微课：比较操作指令

1．比较操作指令

比较操作指令用于比较两个相同类型数据的大小，其实质是关系运算，包括“==”（等于）、“<>”（不等于）、“>”（大于）、“<”（小于）、“>=”（大于等于）和“<=”（小于等于）。比较的数据类型包括 SInt、Int、DInt、USInt、UInt、UDInt、Real、LReal、String、Char、Time、Date、DTL 和常数。比较结果是逻辑值 TRUE 或 FALSE。若 LAD 触点的比较结果为 TRUE，则该触点会被激活，有能流流过；若 LAD 触点的比较结果为 FALSE，则该触点不会被激活，没有能流流过。比较操作指令的符号如图 2.1.1 所示。

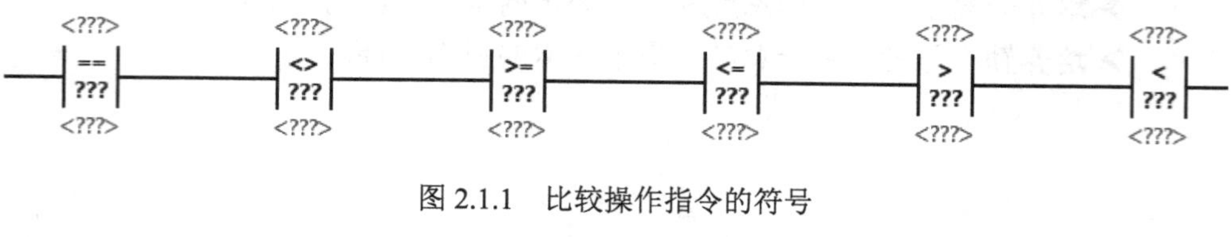

图 2.1.1　比较操作指令的符号

2．定时器指令

定时器指令是在 PLC 程序设计中非常常见的一种指令，S7-1200 系列 PLC 的定时器的指令格式及使用方式都不同于 S7-200 系列 PLC。S7-1200 系列 PLC 采用的是 IEC 标准的定时器指令，用户程序中可以使用的定时器数仅受 CPU 存储器容量限制，每个定时器均使用 16B 的 IEC_TIMER 数据类型的 DB 结构来存储功能框或线圈指令顶部指定的定时器数据。

S7-1200 系列 PLC 的定时器种类有脉冲型定时器、接通延时定时器、断开延时定时器及保持型接通延时定时器。

（1）脉冲型定时器

脉冲型定时器的指令标识为 TP，该指令用于生成具有预设宽度时间的脉冲，定时器指令的 IN 引脚用于启用定时器，PT 引脚用于输入定时器的设定值，*Q* 表示定时器的输出状态，ET 表示定时器的当前值。图 2.1.2 和图 2.1.3 所示为脉冲型定时器指令的指令格式及定时器指令执行时的时序图。

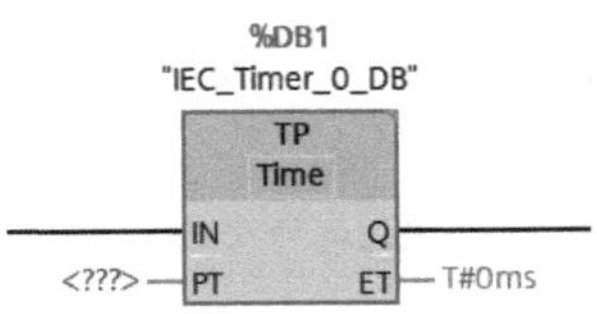

图 2.1.2　脉冲型定时器指令格式

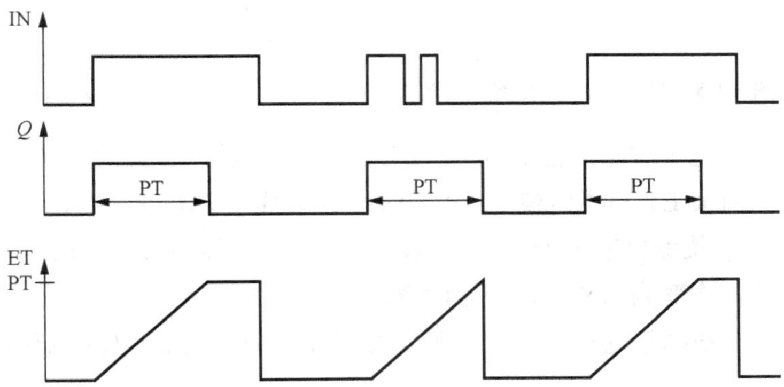

图 2.1.3　脉冲型定时器指令执行时的时序图

使用 TP 指令可以将输出 *Q* 置位为预设的一段时间，当定时器使能端的状态从 OFF 变为 ON 时，可启动该定时器指令，定时器开始计时。无论后续使能端的状态如何变化，都将输出 *Q* 置位由 PT 指定的一段时间。若定时器正在计时，即使检测到使能端的状态从 OFF 变为 ON，输出 *Q* 的信号状态也不会受到影响。

根据脉冲型定时器的时序图分析图 2.1.4 所示程序的执行过程。

微课：定时器指令

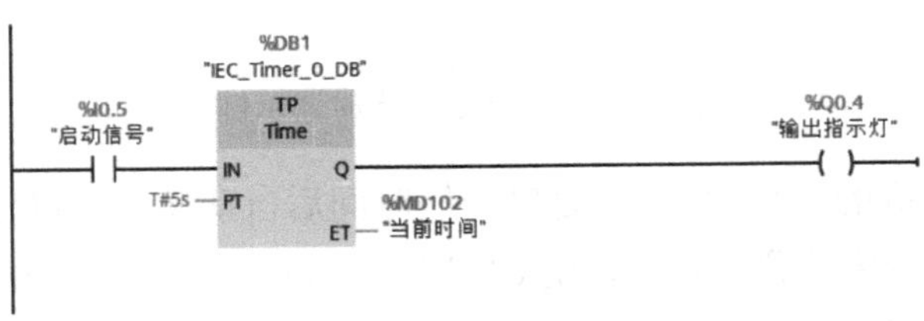

图 2.1.4　脉冲型定时器示例

当 I0.5 接通为 ON 时，Q0.4 的状态为 ON，5s 后，Q0.4 的状态变为 OFF，在这 5s 内，不管 I0.5 的状态如何变化，Q0.4 的状态始终保持为 ON。

（2）接通延时定时器

接通延时定时器的指令标识符为 TON，接通延时定时器输出端 *Q* 在预设的延时时间过后，输出状态为 ON，指令中的引脚定义与 TP 定时器指令的引脚定义一致。图 2.1.5 和图 2.1.6 所示为接通延时定时器的指令格式及执行时的时序图。

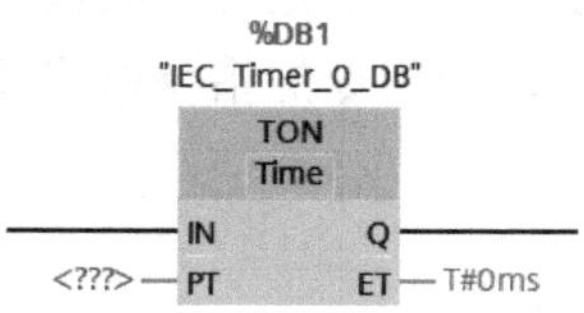

图 2.1.5　接通延时定时器指令格式

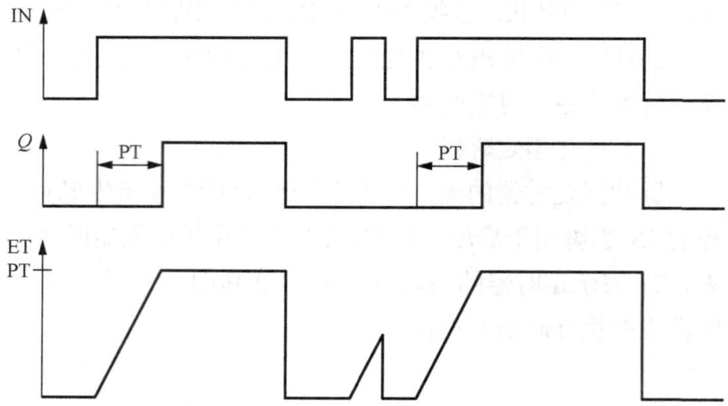

图 2.1.6　接通延时定时器执行时的时序图

当定时器的使能端为“1”时，启动该指令。定时器指令启动后开始计时。在定时器的当前值 ET 与设定值 PT 相等时，输出端 Q 输出为 ON。只要使能端的状态仍为 ON，输出端 Q 就保持输出为 ON。若使能端的信号状态变为 OFF，则输出端 Q 输出为 OFF。在使能端再次变为 ON 时，该定时器功能将再次启动。

根据接通延时定时器的执行时序图分析图 2.1.7 所示程序的执行过程。

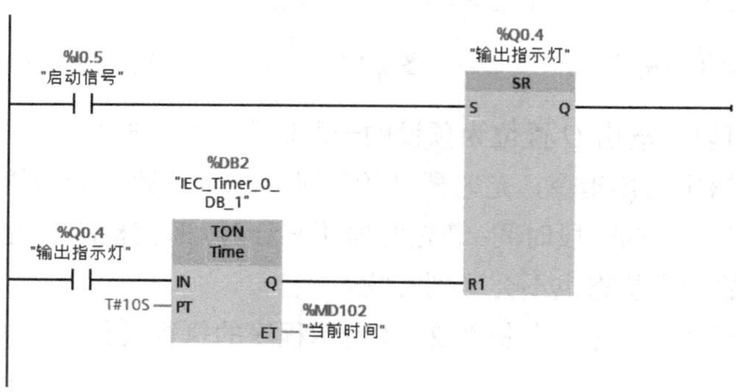

图 2.1.7　接通延时定时器示例

该段程序主要完成的是启动输出，延时一段时间后自动断开的过程：当 I0.5 接通为 ON 时，执行复位优先指令中的置位功能，使 Q0.4 输出为 ON，当 Q0.4 输出为 ON 时，启动接通延时定时器 TON，使该定时器工作进行延时，延时 10s 后，定时器的输出端 Q 输出为 ON，此时复位优先指令中的复位端信号为 ON，执行复位功能，Q0.4 输出为 ON。

（3）断开延时定时器

断开延时定时器的指令标识符为 TOF，断开延时定时器输出 Q 在预设的延时时间过后，重置为 OFF。指令中的引脚定义与 TP、TON 定时器指令的引脚定义一致。图 2.1.8 所示为断开延时定时器的指令格式及执行时序图。

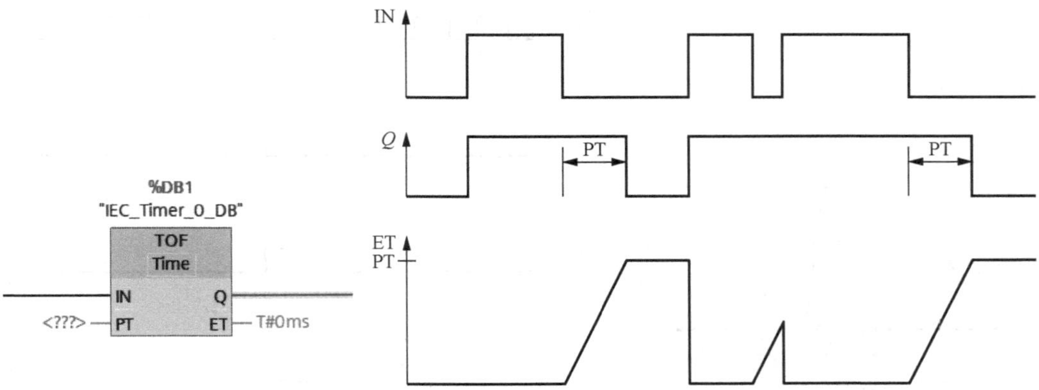

（a）指令格式　　　　（b）时序图

图 2.1.8　断开延时定时器指令格式及时序图

当定时器的使能端为 ON 时，将输出端 Q 置位为 ON。当使能端的状态变回 OFF 时，定时器开始计时。只要 ET 的值小于 PT 的值，输出端 Q 就保持置位。当 ET 的值等于 PT 的值时，复位输出端 Q。如果使能端的信号状态在 ET 的值小于 PT 值时变为 ON，则复位定时器，输出端 Q 的信号状态仍为 ON。

根据断开延时定时器的时序图分析图 2.1.9 所示程序的执行过程。

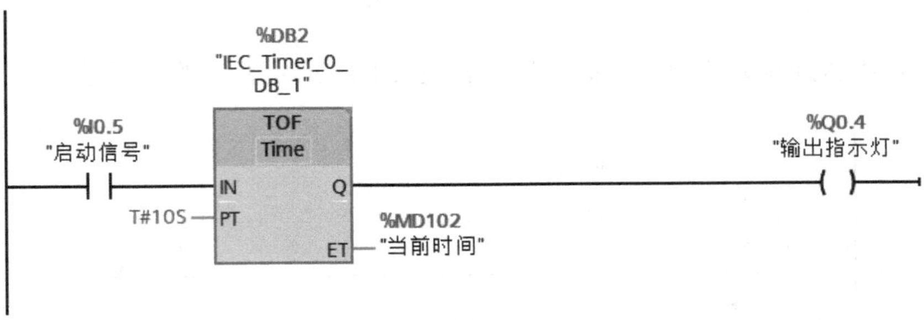

图 2.1.9　断开延时定时器示例

根据对 TOF 定时器的执行过程的分析可以看出，该程序表示的是一个断开延时的过程：当 I0.5 为 ON 时，Q0.4 输出为 ON；当 I0.5 变为 OFF 时，Q0.4 保持输出 10s 后自动断开为 OFF。

（4）保持型接通延时定时器

保持型接通延时定时器的标识符为 TONR，保持型接通延时定时器的功能与接通延时定时器的功能基本一致，区别在于保持型接通延时定时器在其输入端的状态变为 OFF 时，定时器的当前值不清零，而接通延时定时器在定时器输入端的状态变为 OFF 时，定时器的当前值会自动清零。图 2.1.10 所示为保持型接通延时定时器的指令格式及时序图。

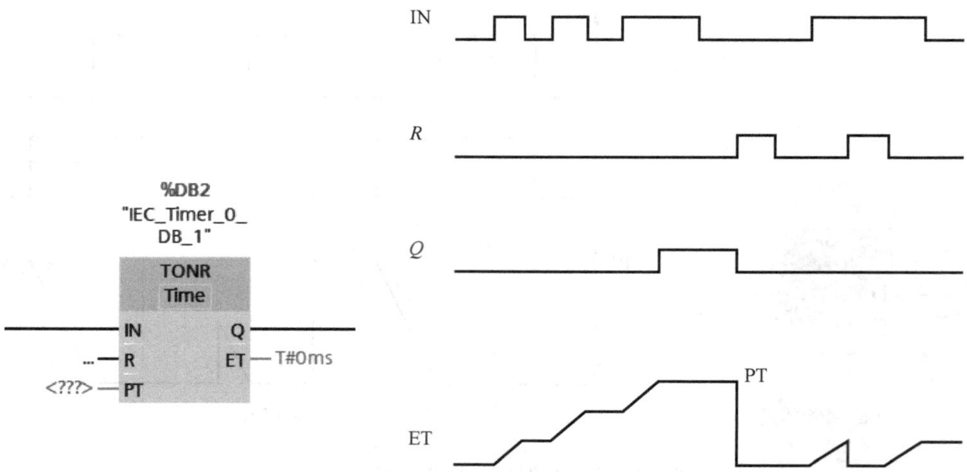

（a）指令格式　　（b）时序图

图 2.1.10　保持型接通延时定时器指令格式及时序图

当定时器使能端为 ON 时，启动定时器。只要定时器的使能端保持为 ON，则记录运行时间。如果使能端变为 OFF，则指令暂停计时。如果使能端变回为 ON，则继续记录运行时间。如果定时器的当前值 ET 等于设定值 PT，并且指令的使能端为 ON，则定时器输出端的状态为“1”。若定时器的复位端为 ON，则定时器的当前值清零，输出端的状态变为 OFF。

根据保持型接通延时定时器的时序图分析图 2.1.11 所示程序的执行过程。

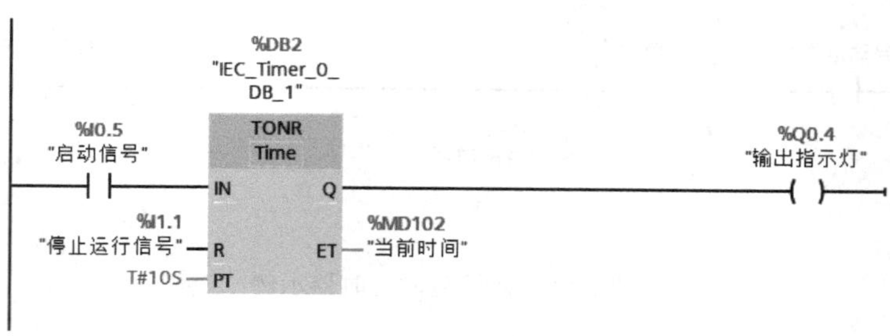

图 2.1.11　保持型接通延时定时器示例

当 I0.5 接通为 ON 时，定时器 TONR 开始执行延时功能，若在定时器的延时时间未到达 10s 时，I0.5 变为 OFF，则定时器的当前值保持不变，当 I0.5 再次变为 ON 时，定时器在原基础上继续累加计时。当定时器的延时时间到达 10s 时，Q0.4 输出为 ON，在任何时候，只要 I1.1 的状态为 ON，该定时器的当前值都会被清零，输出 Q0.4 复位。

2.1.2　任务实施：实现指示灯间隙点亮的 PLC 控制电路的编程、调试、运行及故障排除

利用实训设备完成指示灯间隙点亮的 PLC 控制电路的编程、调试、运行及故障排除。步骤如下：

1．分配 I/O 地址

通过任务要求，分析电路逻辑关系，将任务进行分解。本任务中输出灯共 6 只，发光设定为每次 3 只同时亮，先依次亮灯，再间隙亮灯，为了保证输出控制唯一不重复，可根据输出确定时间段，其控制要求如表 2.1.1 所示。

表 2.1.1　指示灯间隙运行控制要求

时间段	控制输出
0～5s、10～15s	灯 1、灯 3
5～10s、15～20s	灯 4、灯 6
0～5s、15～20s	灯 2
5～10s、10～15s	灯 5

根据电路特点，考虑采用定时器、比较器指令完成程序的设计，电路的 I/O 地址分配如表 2.1.2 所示。

表 2.1.2　指示灯间隙点亮的 PLC 控制电路 I/O 地址分配

输入		输出	
输入继电器	元件	输出继电器	元件
I0.1	启动	Q0.1	灯 1
I0.2	停止	Q0.2	灯 2
		Q0.3	灯 3
		Q0.4	灯 4
		Q0.5	灯 5
		Q0.6	灯 6

2．绘制硬件接线图

根据控制要求及 I/O 地址分配表，绘制指示灯间隙点亮的 PLC 控制电路硬件接线图，如图 2.1.12 所示。

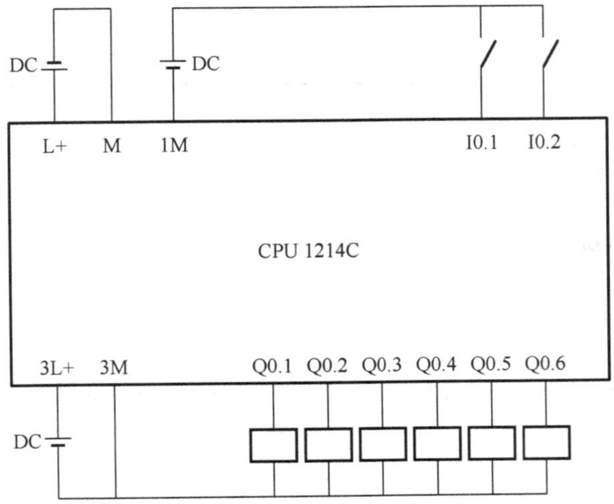

图 2.1.12　指示灯间隙点亮的 PLC 控制电路硬件接线图

3．创建工程项目及硬件组态

（1）创建工程项目

双击桌面上的图标，打开博途编程软件，在 Portal 视图中选择“创建新项目”选项，输入项目名称“指示灯间隙点亮运行控制”，选择项目保存路径，然后单击“创建”按钮，完成项目的创建。

（2）硬件组态

在项目视图的项目树窗口中双击“添加新设备”图标，添加设备名称为 PLC_1 的设备 CPU 1214C。

4．编辑变量表

指示灯间隙点亮的 PLC 控制变量表如图 2.1.13 所示。

PLC 变量

	名称	变量表	数据类型	地址
1	启动	默认变量表	Bool	%I0.1
2	启动标志	默认变量表	Bool	%M0.0
3	计时器	默认变量表	Time	%MD10
4	灯1	默认变量表	Bool	%Q0.1
5	灯3	默认变量表	Bool	%Q0.3
6	灯4	默认变量表	Bool	%Q0.4
7	灯6	默认变量表	Bool	%Q0.6
8	灯2	默认变量表	Bool	%Q0.2
9	灯5	默认变量表	Bool	%Q0.5
10	循环标志	默认变量表	Bool	%M0.1
11	停止	默认变量表	Bool	%I0.2

图 2.1.13　指示灯间隙点亮的 PLC 控制变量表

5．编写程序

根据要求，指示灯间隙点亮的 PLC 控制程序如图 2.1.14 所示。

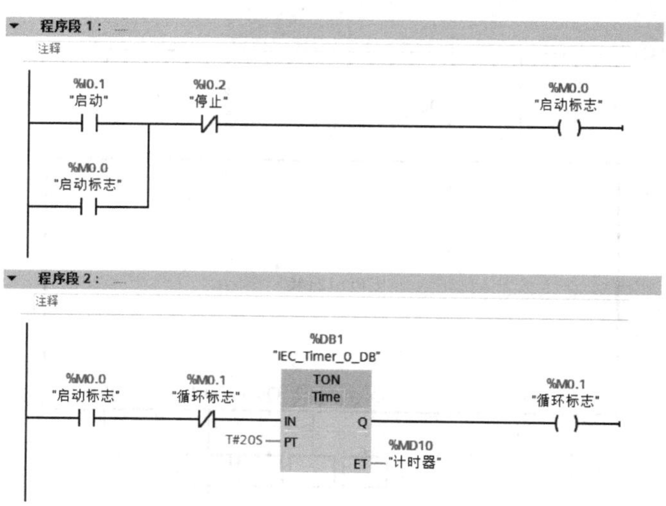

图 2.1.14　指示灯间隙点亮的 PLC 控制程序

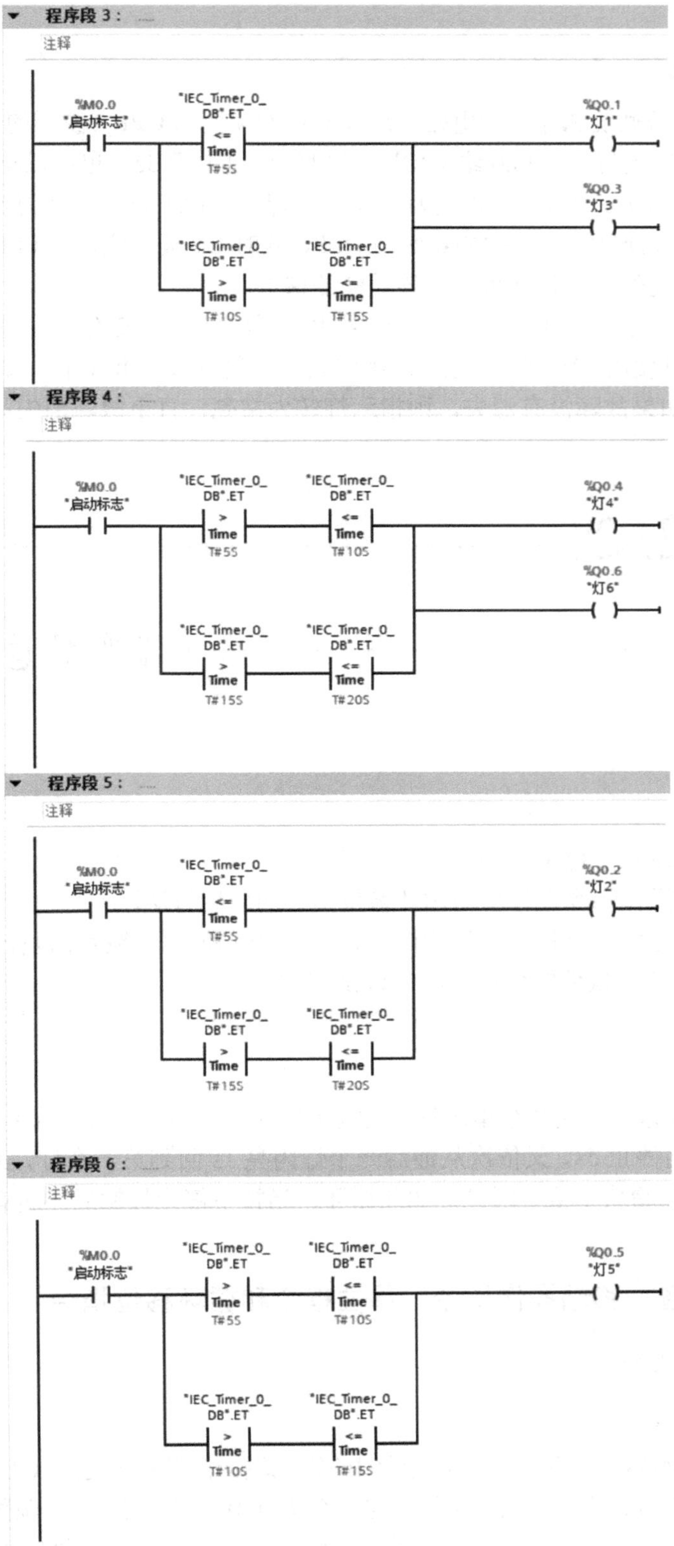

程序段 3：
注释
%M0.0
"启动标志"
"IEC_Timer_0_DB".ET
<=
Time
T#5S
%Q0.1
"灯1"
%Q0.3
"灯3"
"IEC_Timer_0_DB".ET
>
Time
T#10S
"IEC_Timer_0_DB".ET
<=
Time
T#15S
程序段 4：
注释
%M0.0
"启动标志"
"IEC_Timer_0_DB".ET
>
Time
T#5S
"IEC_Timer_0_DB".ET
<=
Time
T#10S
%Q0.4
"灯4"
%Q0.6
"灯6"
"IEC_Timer_0_DB".ET
>
Time
T#15S
"IEC_Timer_0_DB".ET
<=
Time
T#20S
程序段 5：
注释
%M0.0
"启动标志"
"IEC_Timer_0_DB".ET
<=
Time
T#5S
%Q0.2
"灯2"
"IEC_Timer_0_DB".ET
>
Time
T#15S
"IEC_Timer_0_DB".ET
<=
Time
T#20S
程序段 6：
注释
%M0.0
"启动标志"
"IEC_Timer_0_DB".ET
>
Time
T#5S
"IEC_Timer_0_DB".ET
<=
Time
T#10S
%Q0.5
"灯5"
"IEC_Timer_0_DB".ET
>
Time
T#10S
"IEC_Timer_0_DB".ET
<=
Time
T#15S

图 2.1.14（续）

思考与练习

1．设计下降沿触发脉冲定时电路，在 I0.0 由 ON 变为 OFF（波形的下降沿）时，Q0.1 输出一个宽度为 3s 的脉冲，I0.0 维持 OFF 的时间可以大于 3s，也可以小于 3s。

2．在按下按钮 I0.0 后，Q0.0 变为 ON 并自保持，I0.1 输入 3 个脉冲后（用加计数器 C1 计数），T37 开始定时，5s 后 Q0.0 变为 OFF，同时 C1 被复位，在 PLC 刚开始执行用户程序时，C1 也被复位。试设计可实现该功能的梯形图。

3．设计故障信息显示电路。若故障信号 I0.0 为 ON，则使 Q0.0 控制的指示灯以 1Hz 的频率闪烁（可以使用 SM0.5 的触点）。操作人员按复位按钮 I0.1 后，如果故障已经消失，则指示灯熄灭；如果故障没有消失，则指示灯转为常亮，直至故障消失。

任务 2. 2 流水灯运行控制

任务目标

1．能够描述流水灯控制电路的工作原理。
2．掌握移动操作指令、移位与循环移位指令的应用方法。
3．能够灵活运用移位与循环移位指令完成流水灯控制电路程序设计。
4．掌握 TIA 博途软件的使用和程序调试方法。

任务要求

流水灯运行要求：设置 8 个指示灯，当按下启动按钮后，指示灯从 1 至 8 依次闪亮 1s，最后一个灯闪亮后停止 5s，又依次从最后一个灯闪亮 1s 回到第一个灯，第一个灯闪亮结束停止 5s，然后又开始从 1 至 8 闪亮，如此循环，当按下停止按钮后，所有灯熄灭，电路停止运行。

2.2.1 知识准备：移动操作指令、移位指令和循环移位指令

微课：移动操作指令

1．移动操作指令

（1）移动值指令

移动值指令 MOVE（图 2.2.1）用于将 IN 输入端的源数据传送给 OUT1 输出的目的地址，并且转换为 OUT1 允许的数据类型（与是否进行 IEC 检查有关），源数据保持不变。IN 和 OUT1 的数据类型可以是位字符串、整数、浮点数、定时器、日期时间、Char、WChar、Struct、Array、IEC 定时器/计数器数据类型、PLC 数据类型。此外，IN 还可以是常数。

用于 S7-1200 CPU 的不同数据类型之间的数据传送可查阅 MOVE 指令的在线帮助。如果输入 IN 数据类型的位长度超出输出 OUT1 数据类型的位长度，则源值的高位会丢失。如果输入 IN 数据类型的位长度小于输出 OUT1 数据类型的位长度，则目标值的高位会被改写为“0”。

MOVE 指令允许有多个输出，单击“OUT1”前面的图标，将会增加一个输出，增加的输出的名称为 OUT2，以后增加的输出的编号按顺序排列。右击某个输出的短线，在弹出的快捷菜单中执行“删除”命令，将会删除该输出参数。删除后自动调整剩下的输出的编号。

（2）交换指令

IN 和 OUT 为数据类型 Word 时，交换指令 SWAP 交换输入 IN 的高、低字节后，保存到 OUT 指定的地址。IN 和 OUT 为数据类型 DWord 时，交换 4B 中数据的顺序，交换后保存到 OUT 指定的地址（图 2.2.2）。

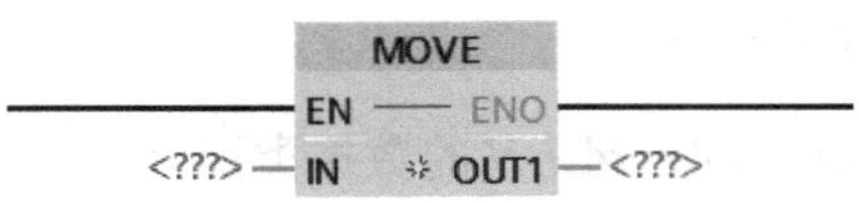

图 2.2.1　移动值指令

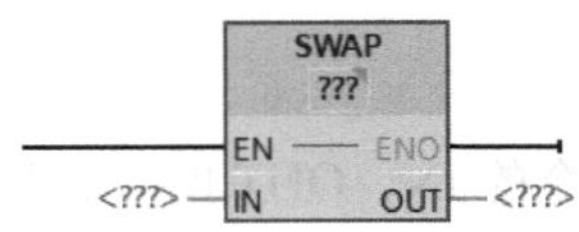

图 2.2.2　交换指令

（3）填充块指令

在图 2.2.3 中，当 EN 接通时，填充块指令 FILL_BLK 将 IN 中的数据填充到 OUT 指定的数据块地址中。

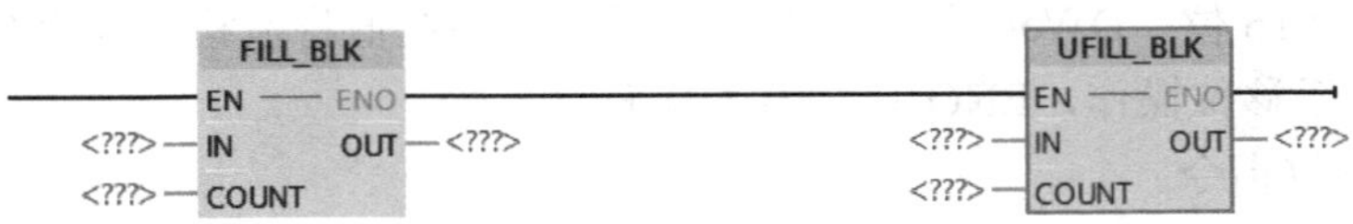

图 2.2.3　填充块指令与不可中断的存储区填充指令

不可中断的存储区填充指令 UFILL_BLK 与 FILL_BLK 指令的功能相同，其区别在于前者的填充操作不会被操作系统的其他任务打断。

（4）块移动指令

在图 2.2.4 中，当 EN 接通时，块移动指令 MOVE_BLK 将源区域 IN 中的数据值复制给目标区域 OUT 指定的数据块地址中。COUNT 为要传送的数组元素的个数，复制操作按地址增大的方向进行。源区域和目标区域的数据类型应相同。IN 和 OUT 是待复制的源区域和目标区域中的首个元素，并不要求是数组的第一个元素。

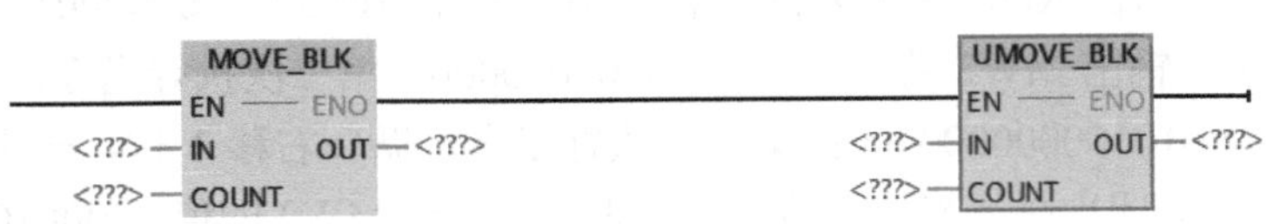

图 2.2.4　块移动指令与不可中断的存储区移动指令

不可中断的存储区移动指令 UMOVE_BLK 与 MOVE_BLK 指令（图 2.2.4）的功能基本相同，其区别在于前者的复制操作不会被操作系统的其他任务打断。

2．移位指令与循环移位指令

（1）移位指令

微课：移位与循环移位指令

移位指令包括左移（SHL）指令和右移（SHR）指令，用于将输入单元 IN 的值左移或右移 *N* 位，移位的结果保存到 OUT 单元中。对于无符号数，移位后空出位填 0。对于有符号数，左移后空出位填 0；右移后空出位为符号位，正数的符号位为 0，负数的符号位为 1。移位指令的数据类型包括 SInt、Int、DInt、USInt、UInt、UDInt、Word、DWord、Byte。移位指令的符号如图 2.2.5 所示。

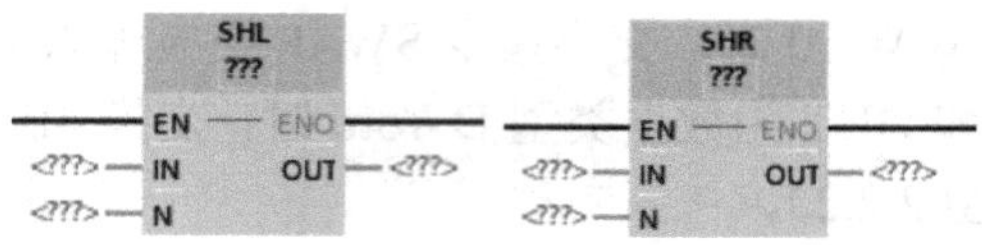

图 2.2.5　左移指令和右移指令

移位指令的 IN、OUT 的数据类型为 Byte、Word、DWord，*N* 的数据类型为 UInt。

以 Word 数据类型的 SHL 指令为例，输入 MW0 为 1110001010101101；第一次执行指令，左移 1 位，输出 MW2 的值为 1100010101011010；第二次执行指令，左移 1 位，输出 MW2 的值为 1000101010110100；第三次执行指令，左移 1 位，输出 MW2 的值为 0001010101101000；第四次执行指令，左移 1 位，输出 MW2 的值为 0010101011010000。

如果 *N* 为 0，则不进行移位，并将 IN 值分配给 OUT；如果 *N* 超过目标值中的位数（Byte 为 8 位，Word 为 16 位，DWord 为 32 位），则所有原始位值将被移出并用 0 代替（将 0 分配给 OUT）。对于移位操作，ENO 总是为 TRUE。

（2）循环移位指令

循环移位指令包括循环左移（ROL）指令和循环右移（ROR）指令，用于将参数 IN 的位序列循环左移或右移，结果分配给 OUT。*N* 表示要循环移位的位数。循环移位指令的数据类型包括 Word、DWord、Byte。循环移位指令的符号如图 2.2.6 所示。

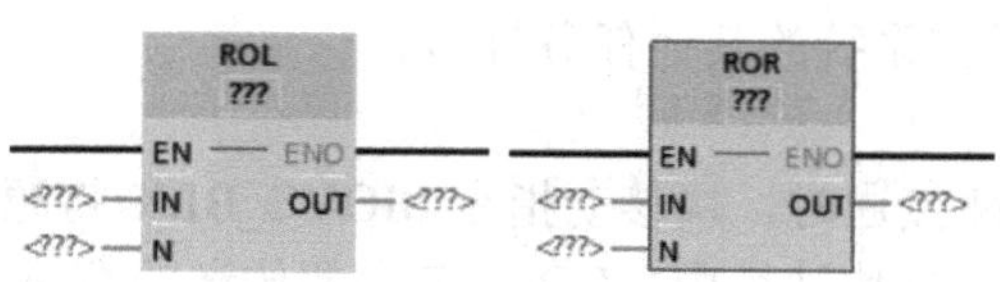

图 2.2.6　左循环移位指令和右循环移位指令

以 Word 数据类型的 ROR 指令为例，输入 MW0 为 0100000000000001；第一次执行指令，循环右移 1 位，输出 MW2 的值为 101000000000000；第二次执行指令，循环右移 1 位，输出 MW2 的值为 010100000000000；第三次执行指令，循环右移 1 位，输出 MW2 的值为 001010000000000；第四次执行指令，循环右移 1 位，输出 MW2 的值为 0001010000000000。

如果 *N* 为 0，则不进行循环移位，并将 IN 值分配给 OUT，从目标值一侧循环移出的位将循环移到目标值的另一侧，因此原始位值不会丢失；如果 *N* 超过目标值中的位数（Byte 为 8 位，Word 为 16 位，DWord 为 32 位），则进行循环移位，执行循环移位指令之后，ENO 始终为 TRUE。

2.2.2　任务实施：用移动操作指令、移位指令和循环移位指令实现流水灯运行

利用实训设备完成流水灯的运行控制。步骤如下：

1．分配 I/O 地址

在此电路中，考虑指示灯依次闪亮，电路适合采用移位指令进行设计，又因为涉及时间的控制，所以可同时采用时间继电器。程序的过程大致分为 4 步：启动、左移闪亮并延时、右移闪亮并延时、停止。

根据任务要求，流水灯运行的 PLC 控制电路的 I/O 地址分配如表 2.2.1 所示。

表 2.2.1　流水灯运行的 PLC 控制电路 I/O 地址分配

输入		输出	
输入继电器	元件	输出继电器	元件
I0.0	启动	QB0	流水灯
I0.1	停止	Q0.0	灯 1
		Q0.1	灯 2
		Q0.2	灯 3
		Q0.3	灯 4
		Q0.4	灯 5
		Q0.5	灯 6
		Q0.6	灯 7
		Q0.7	灯 8

2．绘制硬件接线图

根据控制要求及 I/O 地址分配表，绘制流水灯运行的 PLC 控制电路硬件接线图，如图 2.2.7 所示。

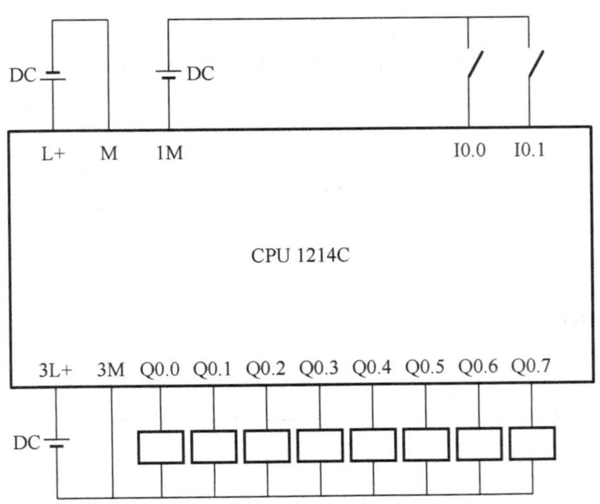

图 2.2.7　流水灯运行的 PLC 控制电路硬件接线图

3．创建工程项目及硬件组态

（1）创建工程项目

双击桌面上的图标，打开博途编程软件，在 Portal 视图中选择“创建新项目”选项，输入项目名称“流水灯控制”，选择项目保存路径，然后单击“创建”按钮，完成项目的创建。

（2）硬件组态

在项目视图的项目树窗口中双击“添加新设备”图标，添加设备名称为 PLC_1 的设备 CPU 1214C。

4．编辑变量表

流水灯运行的 PLC 控制变量表如图 2.2.8 所示。

流水灯控制（移位指令） ▸ PLC_1 [CPU 1214C DC/DC/DC] ▸ PLC 变量 ▸ 流水灯 [12]

流水灯

	名称	数据类型	地址	保持	可从...	从 H...	在 H...
1	启动	Bool	%I0.0	☐	☑	☑	☑
2	停止	Bool	%I0.1	☐	☑	☑	☑
3	流水灯	Byte	%QB0	☐	☑	☑	☑
4	灯1	Bool	%Q0.0	☐	☑	☑	☑
5	灯2	Bool	%Q0.1	☐	☑	☑	☑
6	灯3	Bool	%Q0.2	☐	☑	☑	☑
7	灯4	Bool	%Q0.3	☐	☑	☑	☑
8	灯5	Bool	%Q0.4	☐	☑	☑	☑
9	灯6	Bool	%Q0.5	☐	☑	☑	☑
10	灯7	Bool	%Q0.6	☐	☑	☑	☑
11	灯8	Bool	%Q0.7	☐	☑	☑	☑
12	左移循环	Bool	%M0.0	☐	☑	☑	☑

图 2.2.8　流水灯运行的 PLC 控制变量表

5．编写程序

根据要求，流水灯运行的 PLC 控制程序如图 2.2.9 所示。

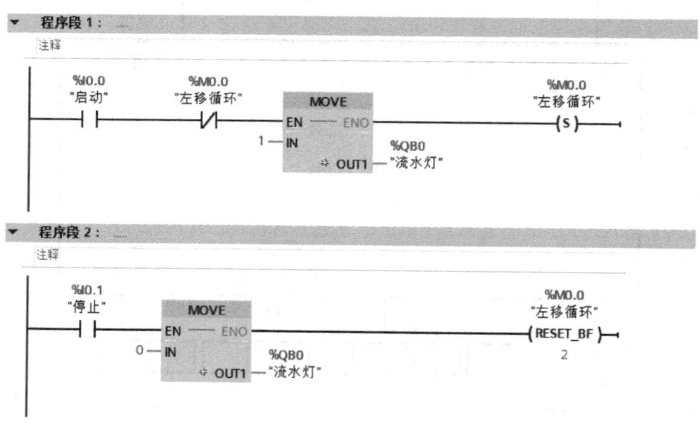

图 2.2.9　流水灯运行的 PLC 控制程序

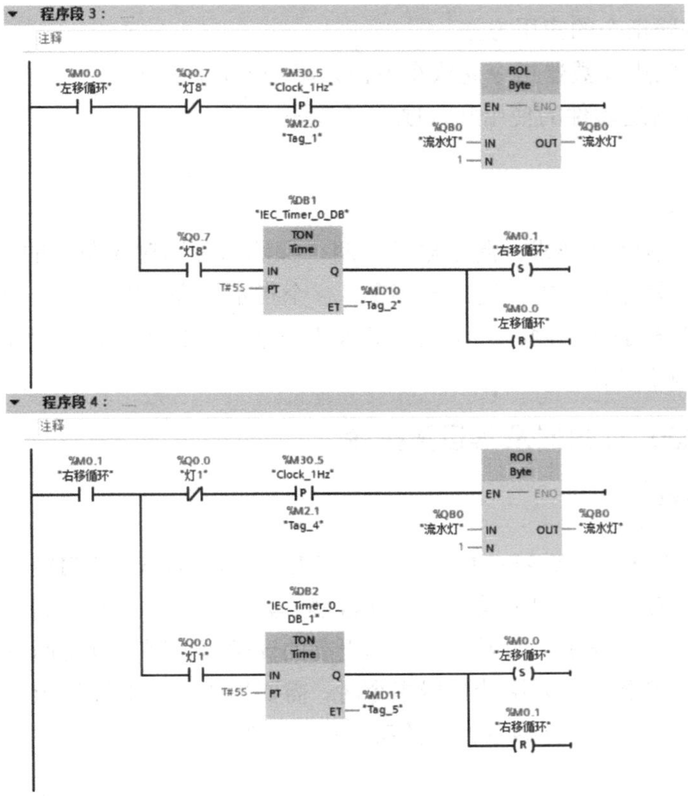

图 2.2.9（续）

思考与练习

1．10 个输入点 I0.0～I1.1 分别对应十进制数按键 0～9，按下某个按键时，将该按键对应的二进制数用 Q0.0～Q0.3 显示出来，Q0.0 为最低位。试设计可实现该功能的程序。

2．用 I0.0 控制接在 QB0 上的 8 个彩灯移位，每 2s 左移 1 位。用 I0.1 控制左移或右移，首次扫描时将彩灯的初始值设置为 16#0E（仅 Q0.1～Q0.3 为 ON），设计出梯形图程序。

任务 2.3　车辆出入库控制系统设计

任务目标

1．能够描述车辆出入库控制系统的工作原理。

2．掌握计数器指令的应用方法。

3．能够灵活应用计数器指令完成车辆出入库控制程序设计。

4．掌握 TIA 博途软件的使用和程序调试方法。

任务要求

车辆出入库控制系统要求：起动电路，两个探测器分别对应车库的出口和入口，4 个指示灯分别对应 4 辆车的状态，进入一辆车，一个指示灯亮；出去一辆车，一个指示灯灭。一个指示灯代表车辆进入抬闸，一个指示灯代表车辆出口抬闸，灯不亮不抬闸，当 4 个指示灯全亮，入口闸不动作。

2.3.1 知识准备：计数器及其运算指令

1．计数器介绍

S7-1200 PLC 有 3 种计数器：加计数器（CTU）、减计数器（CTD）和加减计数器（CTUD）。它们都属于软件计数器，其最大计数速率受其所在组织块执行速率的限制，如果需要速率更高的计数器，则可以使用 CPU 内置的高速计数器。在调用计数器指令时，需要生成用于保存计数器数据的背景数据块。3 种计数器指令的符号如图 2.3.1 所示。

微课：计数器指令

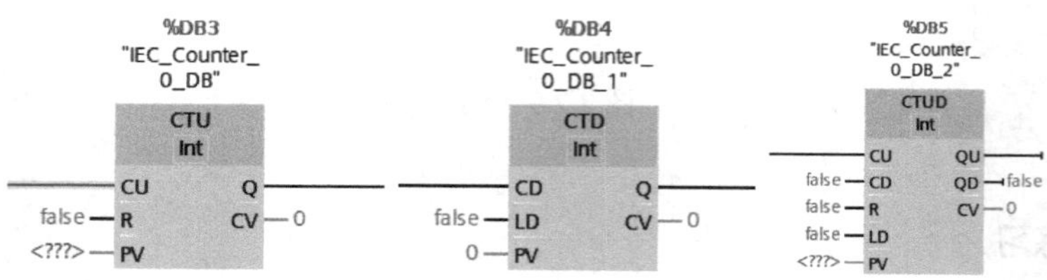

图 2.3.1 计数器指令

CU 和 CD 分别是加计数和减计数，当 CU 或 CD 从“0”变为“1”时，当前计数值 CV 加 1 或减 1。当复位参数 *R* 为“1”时，计数器被复位，CV 被清零，计数器的 *Q* 输出变为“0”。LD 为“1”时，将预置计数值 PV 装载到计数器中作为当前计数值。计数器指令的参数、数据类型及说明如表 2.3.1 所示。

表 2.3.1 计数器指令的参数、数据类型及说明

参数	数据类型	说明
CU, CD	Bool	加计数或减计数，按加或减 1 计数
R (CTU, CTUD)	Bool	将计数值重置为零
LD (CTD, CTUD)	Bool	预设值的装载控制
PV	SInt, Int, DInt, USInt, UInt, UDInt	预设计数值
Q, QU	Bool	CV≥PV 时为 TRUE
QD	Bool	CV≤0 时为 TRUE
CV	SInt, Int, DInt, USInt, UInt, UDInt	当前计数值

计数值的数值范围取决于所选的数据类型，如果计数值是无符号整型数据，则可以减计数到零或加计数到范围限值；如果计数值是有符号整型数据，则可以减计数到负整数限值或加计数到正整数限值。

用户程序中可以使用以下数据类型：

1）对于 SInt 或 USInt 数据类型，计数器指令占用 3B。

2）对于 Int 或 UInt 数据类型，计数器指令占用 6B。

3）对于 DInt 或 UDInt 数据类型，计数器指令占用 12B。

2．加计数器指令

加计数器指令如图 2.3.2 所示。当 CU 从“0”变为“1”时，加计数器会使 CV 加 1，直到 CV 达到指定的数据类型取值范围的上限值，此后 CU 变化，CV 不再增加。如果 CV 大于等于 PV，则加计数器的 *Q* 输出为“1”。如果 *R* 从“0”变为“1”，则 CV 复位为“0”。在第一次执行程序时，CV 被清零。

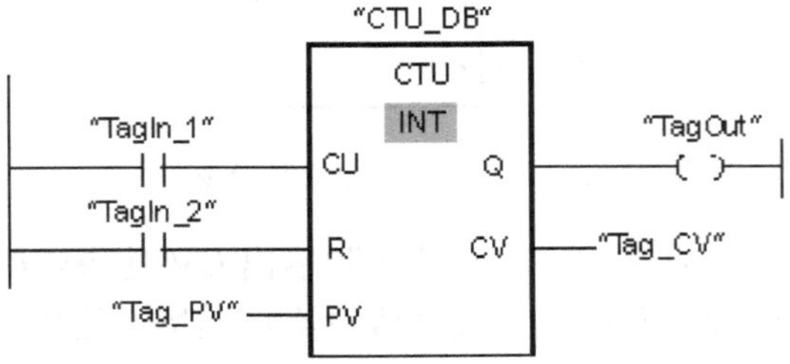

图 2.3.2　加计数器指令

3．减计数器指令

减计数器指令如图 2.3.3 所示。如果输入 CD 的信号状态从“0”变为“1”（信号上升沿），则执行该指令，同时输出 CV 的当前计数器值减 1。每检测到一个信号上升沿，计数器值就会递减 1，直到达到指定数据类型的下限为止。达到下限时，输入 CD 的信号状态将不再影响该指令。

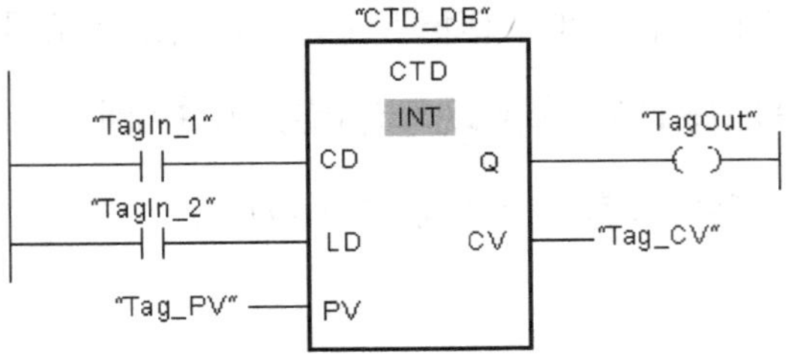

图 2.3.3　减计数器指令

可以查询 *Q* 输出中的计数器状态。如果当前计数器值小于等于“0”，则 *Q* 输出的信号状态将置位为“1”。在其他任何情况下，输出 *Q* 的信号状态都为“0”。

输入 LD 的信号状态变为“1”时，将输出 CV 的值设置为参数 PV 的值。只要输入 LD 的信号状态仍为“1”，输入 CD 的信号状态就不会影响该指令。

4．加减计数器指令

加减计数器指令如图 2.3.4 所示。如果输入 CU 的信号状态从“0”变为“1”（信号上升沿），则当前计数器值加 1 并存储在输出 CV 中。如果输入 CD 的信号状态从“0”变为“1”（信号上升沿），则输出 CV 的计数器值减 1。如果在一个程序周期内，输入 CU 和 CD 都出现信号上升沿，则输出 CV 的当前计数器值保持不变。

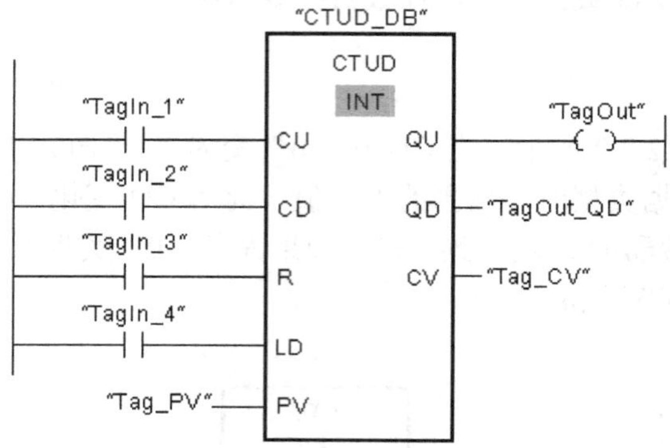

图 2.3.4　加减计数器指令

计数器值可以一直递增或递减，直到其达到输出 CV 处指定数据类型的上限或下限。达到上限后，即使出现信号上升沿，计数器值也不再递增。达到指定数据类型的下限后，计数器值便不再递减。

输入 LD 的信号状态变为“1”时，将输出 CV 的计数器值置位为参数 PV 的值。只要输入 LD 的信号状态仍为“1”，输入 CU 和 CD 的信号状态就不会影响该指令。

当输入 *R* 的信号状态变为“1”时，将计数器值置位为“0”。只要输入 *R* 的信号状态仍为“1”，输入 CU、CD 和 LD 信号状态的改变就不会影响加减计数指令。

可以在 QU 输出中查询加计数器的状态。如果当前计数器值大于等于参数 PV 的值，则将输出 QU 的信号状态置位为“1”。在其他任何情况下，输出 QU 的信号状态都为“0”。

可以在 QD 输出中查询减计数器的状态。如果当前计数器值小于等于“0”，则 QD 输出的信号状态将置位为“1”。在其他任何情况下，输出 QD 的信号状态都为“0”。

2.3.2　任务实施：用加减计数器实现车辆出入库控制

用加减计数器设计车辆出入库控制系统。步骤如下：

1．分配 I/O 地址

根据任务要求，车库停车总数为 4 辆，因为车辆随时进出，对应的是一个不断变化的数据，所以考虑采用加减计数器不断采集车辆进出情况，车辆入库、出库抬杆状态延时 1s，并由 4 个指示灯显示车辆出入库状态，因为车辆出入库控制系统处于长期通电工作的状态，不允许频繁断电操作，所以设计为上电运行，可停止操作。

根据任务要求，车辆出入库的 PLC 控制电路的 I/O 地址分配如表 2.3.2 所示。

表 2.3.2　车辆出入库的 PLC 控制电路的 I/O 地址分配

输入		输出	
输入继电器	元件	输出继电器	元件
I0.1	入库探测器	Q0.1	车位 1
I0.2	出库探测器	Q0.2	车位 2
I1.1	启动	Q0.3	车位 3
I1.2	停止	Q0.4	车位 4
		Q0.5	入库闸
		Q0.6	出库闸

2．绘制硬件接线图

根据控制要求及 I/O 地址分配表，绘制车辆出入库的 PLC 控制电路硬件接线图，如图 2.3.5 所示。

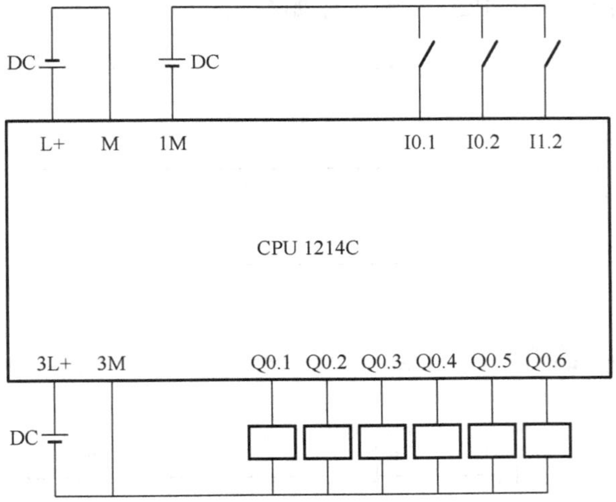

图 2.3.5　车辆出入库的 PLC 控制电路硬件接线图

3．创建工程项目及硬件组态

（1）创建工程项目

双击桌面上的图标，打开博途编程软件，在 Portal 视图中选择“创建新项目”选项，输入项目名称“车辆出入库”，选择项目保存路径，然后单击“创建”按钮，完成项目的创建。

（2）硬件组态

在项目视图的项目树窗口中双击“添加新设备”图标，添加设备名称为 PLC_1 的设备 CPU 1214C。

4．编辑变量表

车辆出入库的 PLC 控制变量表如图 2.3.6 所示。

车辆出入库 ▸ PLC_1 [CPU 1214C DC/DC/DC] ▸ PLC 变量 ▸ 车辆出入库 [10]

车辆出入库

	名称	数据类型	地址	保持	可从 ...	从 H...	在 H...
1	入库探测器	Bool	%I0.1	☐	☑	☑	☑
2	出库探测器	Bool	%I0.2	☐	☑	☑	☑
3	启动	Bool	%I1.1	☐	☑	☑	☑
4	停止	Bool	%I1.2	☐	☑	☑	☑
5	车位1	Bool	%Q0.1	☐	☑	☑	☑
6	车位2	Bool	%Q0.2	☐	☑	☑	☑
7	车位3	Bool	%Q0.3	☐	☑	☑	☑
8	车位4	Bool	%Q0.4	☐	☑	☑	☑
9	入库闸	Bool	%Q0.5	☐	☑	☑	☑
10	出库闸	Bool	%Q0.6	☐	☑	☑	☑

图 2.3.6　车辆出入库的 PLC 控制变量表

5．编写程序

根据要求，车辆出入库的 PLC 控制程序如图 2.3.7 所示。

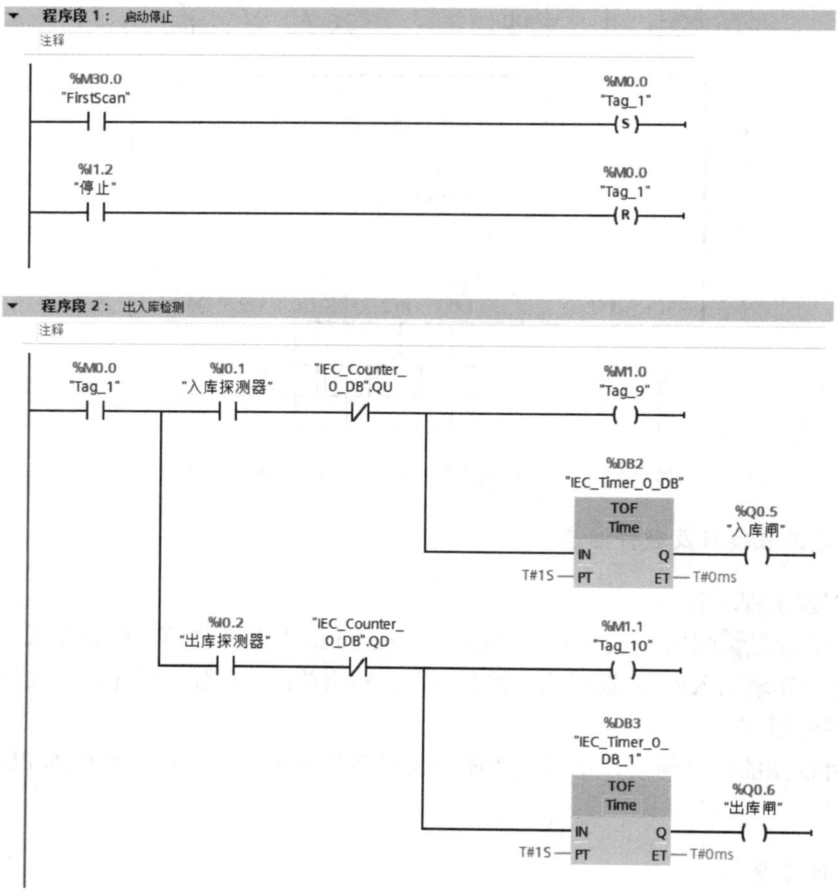

图 2.3.7　车辆出入库的 PLC 控制程序

▼ **程序段 3：** 车辆计数控制

注释

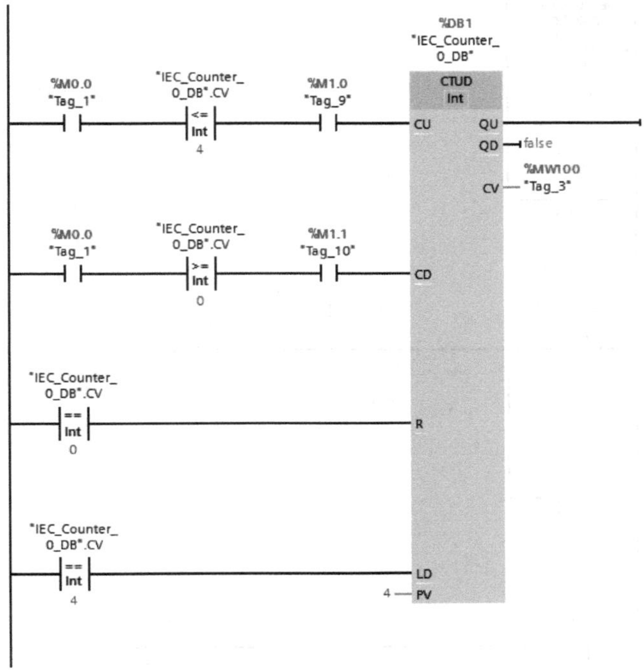

▼ **程序段 4：** 入出库状态显示

注释

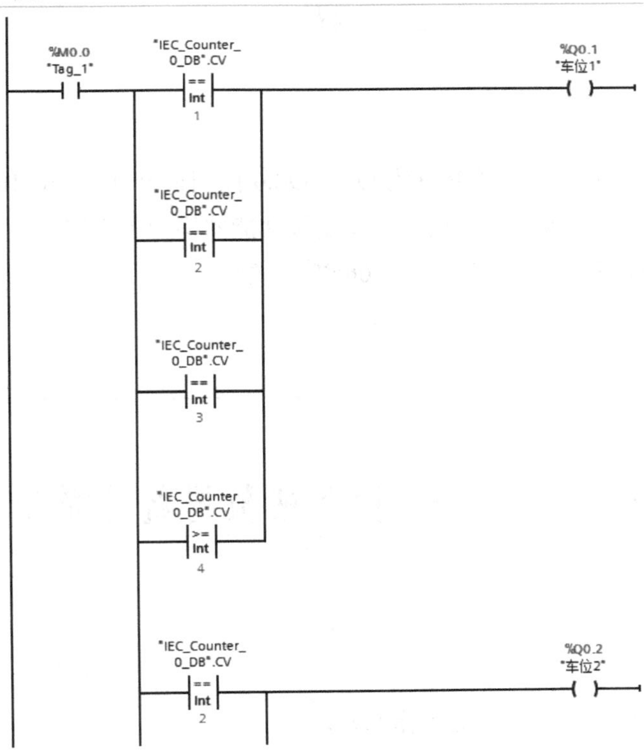

图 2.3.7（续）

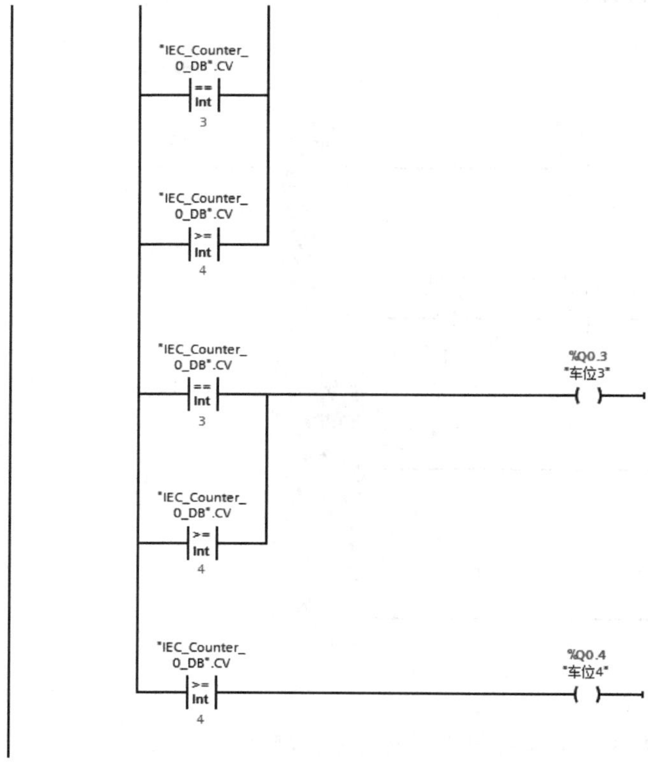

图 2.3.7（续）

思考与练习

1．料箱盛料过少时，低限位开关 I0.0 为 ON，Q0.0 控制报警灯闪动，10s 后自动停止报警，按复位按钮 I0.1 也停止报警。试设计可实现该功能的梯形图程序。

2．设计控制路灯的程序：20:00 时开灯，06:00 时关灯。

任务 2.4 投票站数据统计系统设计

任务目标

1．能够描述投票站数据统计系统的工作原理。

2．掌握数学运算指令、转换操作指令的应用方法。

3．能够灵活运用数学运算指令完成投票站数据统计控制电路程序设计。

4．掌握 TIA 博途软件的使用和程序调试方法。

任务要求

投票站数据统计系统要求：系统有 A、B、C 共 3 种选票，3 个按钮分别代表 A、B、C，每个人只能选择一个按钮按下，投票站收集总的投票人数和 A、B、C 各投票的百分数，方便确定投票最多的一个选项。

2.4.1　知识准备：数学运算指令和转换操作指令

微课：数学运算指令

1．数学运算指令

（1）基本数学运算指令

基本数学运算指令的梯形图及描述如表 2.4.1 所示，IN1、IN2 的数据类型可为 SInt、Int、DInt、USInt、UInt、UDInt、Real、LReal，OUT 的数据类型可为 SInt、Int、DInt、USInt、UInt、UDInt、Real、LReal，IN1、IN2 和 OUT 的数据类型应该相同。

表 2.4.1　基本数学运算指令的梯形图及描述

梯形图	描述	梯形图	描述
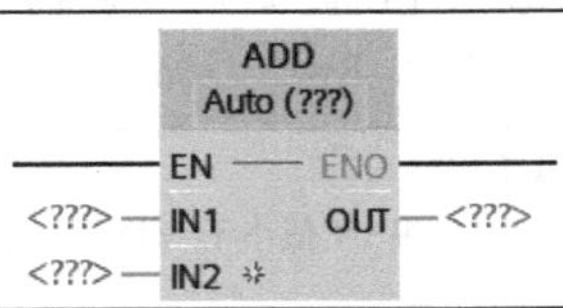	ADD：加法 （IN1+IN2=OUT）	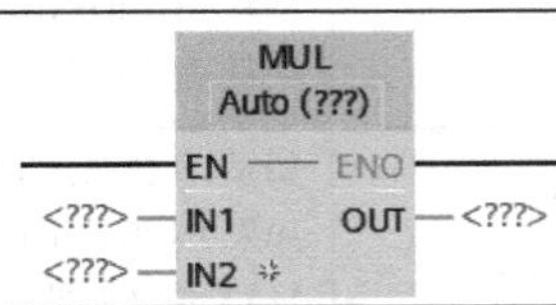	MUL：乘法 （IN1×IN2=OUT）
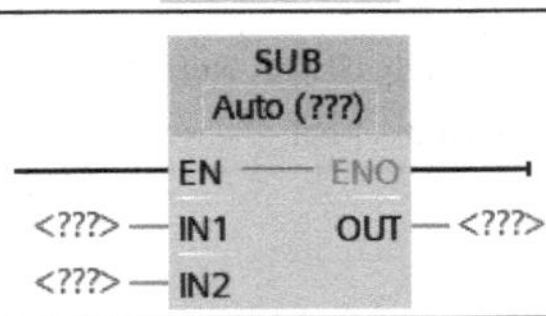	SUB：减法 （IN1−IN2=OUT）	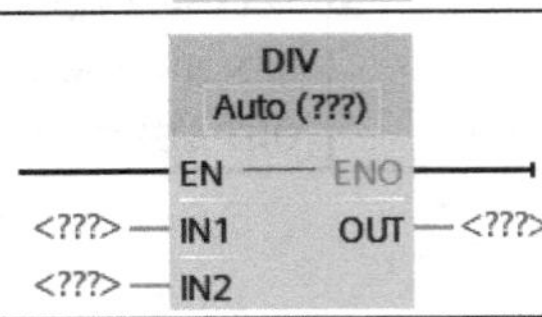	DIV：除法 （IN1/IN2=OUT）

（2）其他数学运算指令

数学运算指令还有求模（MOD）指令、取反（NEG）指令、加 1（INC）指令、减 1（DEC）指令、绝对值（ABS）指令、求最大值（MAX）指令、求最小值（MIN）指令和参数范围内（LIMIT）指令，其梯形图及描述如表 2.4.2 所示。

表 2.4.2　其他数学运算指令的梯形图及描述

梯形图	描述
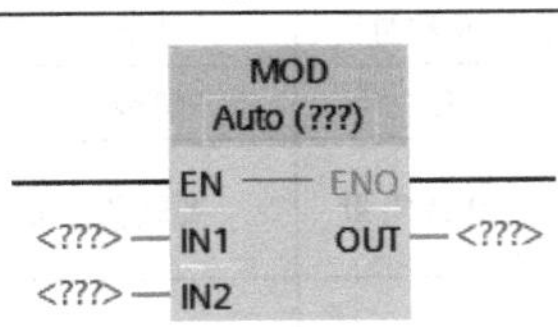	MOD 指令用于计算 IN1 除以 IN2 的模。 IN1 和 IN2 的数据类型：Int、DInt、USInt、UInt、UDInt、Constant。 OUT 的数据类型：Int、DInt、USInt、UInt、UDInt

续表

梯形图	描述
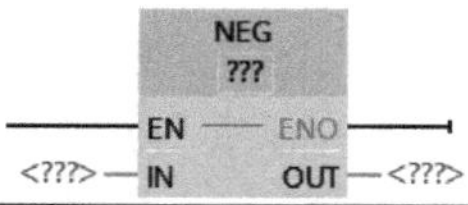	NEG 指令可将参数 IN 的算术符号取反并将结果存储在 OUT 中。 IN 的数据类型：SInt、Int、DInt、Real、LReal、Constant。 OUT 的数据类型：SInt、Int、DInt、Real、LReal
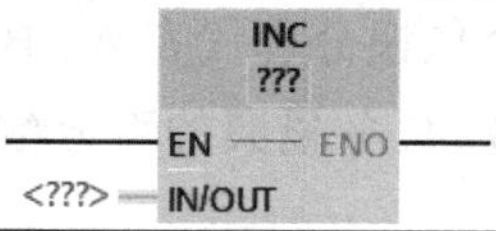	INC 指令用于递增有符号或无符号整数值。 运算：IN/OUT+1=IN/OUT。 IN/OUT 的数据类型：SInt、Int、DInt、USInt、UInt、UDInt
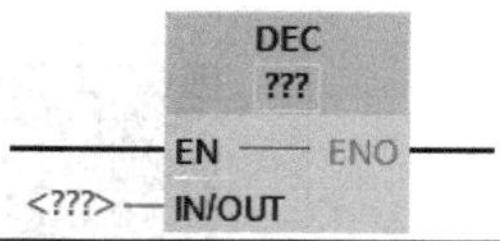	DEC 指令用于递减有符号或无符号整数值。 运算：IN/OUT-1=IN/OUT。 IN/OUT 的数据类型：SInt、Int、DInt、USInt、UInt、UDInt
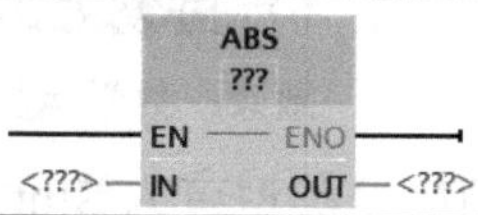	ABS 指令用于对参数 IN 的有符号整数或实数求绝对值并将结果存储在 OUT 中。 IN/OUT 的数据类型：SInt、Int、DInt、Real、LReal
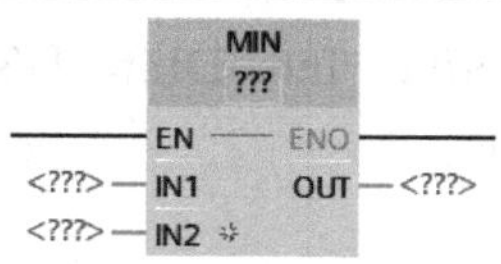	MIN 指令用于比较两个参数 IN1 和 IN2 的大小，并将最小（较小）值分配给 OUT。 IN1、IN2 的数据类型：SInt、Int、DInt、USInt、UInt、UDInt、Real、Constant。 OUT 的数据类型：SInt、Int、DInt、USInt、UInt、UDInt、Real
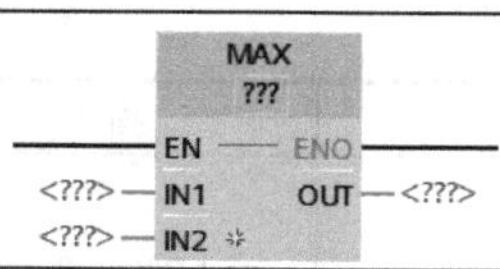	MAX 指令用于比较两个参数 IN1 和 IN2 的大小，并将最大（较大）值分配给 OUT。 IN1、IN2 的数据类型：SInt、Int、DInt、USInt、UInt、UDInt、Real、Constant。 OUT 的数据类型：SInt、Int、DInt、USInt、UInt、UDInt、Real
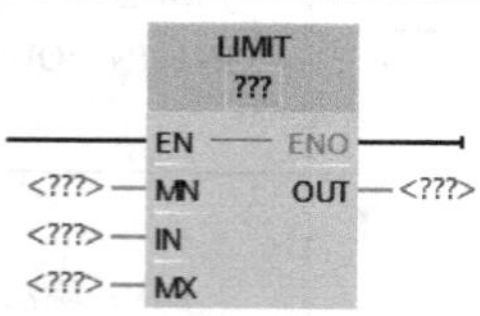	如果 IN 值在指定的范围内，则将 IN 值存储在 OUT 中。 如果 IN 值超出指定的范围，则 OUT 值为 MIN 值（如果 IN 值小于 MIN 值）或 MAX 值（如果 IN 值大于 MAX 值）。 MIN、IN 和 MAX 的数据类型：SInt、Int、DInt、USInt、UInt、UDInt、Real、Constant。 OUT 的数据类型：SInt、Int、DInt、USInt、UInt、UDInt、Real

2．转换操作指令

（1）转换值指令（CONVERT）

转换值指令将读取参数 IN 的内容，并根据指令框中选择的数据类型对其进行转换。转换值将在 OUT 输出处输出。转换值指令的参数如表 2.4.3 所示。

微课：转换操作指令

表 2.4.3 转换值指令的参数

参数	声明	数据类型	存储区	说明
EN	Input	Bool	I、Q、M、D、L 或常量	使能输入
ENO	Output	Bool	I、Q、M、D、L	使能输出
IN	Input	位字符串、整数、浮点数、Char、WChar、BCD16、BCD32	I、Q、M、D、L、P 或常量	要转换的值
OUT	Output	位字符串、整数、浮点数、Char、WChar、BCD16、BCD32	I、Q、M、D、L、P	转换结果

（2）取整指令（ROUND）

取整指令将输入 IN 的值“四舍五入”取整为最接近的整数。该指令将输入 IN 的值解释为浮点数，并转换为一个 DINT 数据类型的整数。如果输入值恰好是在一个偶数和一个奇数之间，则选择偶数。指令结果被发送到输出 OUT，可供查询。取整指令的参数如表 2.4.4 所示。

表 2.4.4　取整指令的参数

参数	声明	数据类型	存储区	说明
EN	Input	Bool	I、Q、M、D、L 或常量	使能输入
ENO	Output	Bool	I、Q、M、D、L	使能输出
IN	Input	浮点数	I、Q、M、D、L、P 或常量	要取整的输入值
OUT	Output	整数、浮点数	I、Q、M、D、L、P	取整的结果

2.4.2　任务实施：用数学运算指令和转换操作指令实现投票站数据统计

用数学运算指令和转换操作指令设计投票站数据统计系统。步骤如下：

1．分配 I/O 地址

根据任务要求，投票站中分别设置 3 个投票按钮作为输入，方便投票人进行投票，设置一个启动按钮，方便设备的启动与复位。统计数据包括总投票人数、A 投票百分数、B 投票百分数、C 投票百分数，4 组数据作为输出，可通过 HMI 屏进行显示。本任务主要进行程序的编写，不对 HMI 屏的组态和设置进行讲解。

根据任务要求，电路的 I/O 地址分配如表 2.4.5 所示。

表 2.4.5　I/O 地址分配

输入		输出	
输入继电器	元件	输出继电器	元件
I0.0	启动复位	Q0.0	A 投票指示灯
I0.1	A 票按钮	Q0.1	B 投票指示灯
I0.2	B 票按钮	Q0.2	C 投票指示灯
I0.3	C 票按钮		

2．绘制硬件接线图

根据控制要求及 I/O 地址分配表，绘制投票站数据统计的 PLC 控制电路硬件接线图，如图 2.4.1 所示。

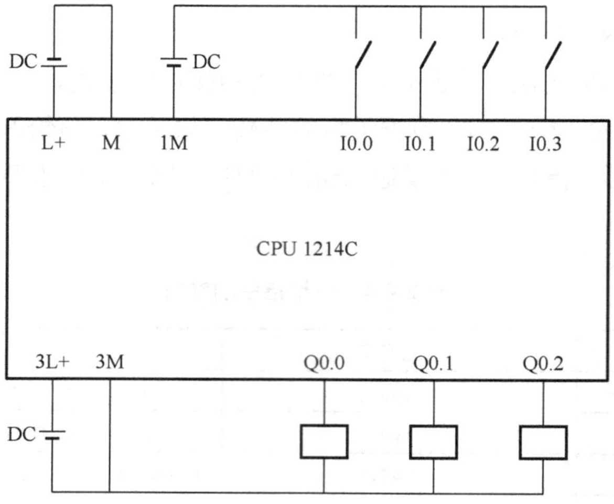

图 2.4.1　投票站数据统计的 PLC 控制电路硬件接线图

3．创建工程项目及硬件组态

（1）创建工程项目

双击桌面上的图标，打开博途编程软件，在 Portal 视图中选择“创建新项目”选项，输入项目名称“投票站选票统计”，选择项目保存路径，然后单击“创建”按钮，完成项目的创建。

（2）硬件组态

在项目视图的项目树窗口中双击“添加新设备”图标，添加设备名称为 PLC_1 的设备 CPU 1214C。

4．编辑变量表

投票站数据统计的 PLC 控制变量表如图 2.4.2 所示。

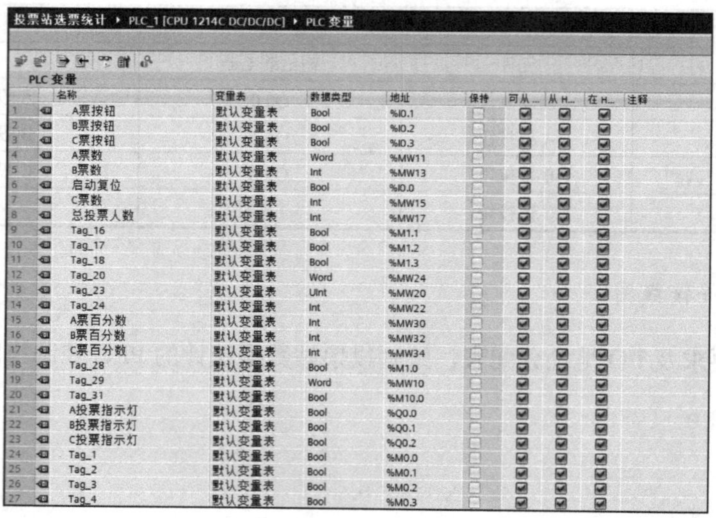
投票站选票统计 ▸ PLC_1 [CPU 1214C DC/DC/DC] ▸ PLC 变量

PLC 变量

	名称	变量表	数据类型	地址	保持	可从 ...	从 H...	在 H...	注释
1	A票按钮	默认变量表	Bool	%I0.1	☐	☑	☑	☑	
2	B票按钮	默认变量表	Bool	%I0.2	☐	☑	☑	☑	
3	C票按钮	默认变量表	Bool	%I0.3	☐	☑	☑	☑	
4	A票数	默认变量表	Word	%MW11	☐	☑	☑	☑	
5	B票数	默认变量表	Int	%MW13	☐	☑	☑	☑	
6	启动复位	默认变量表	Bool	%I0.0	☐	☑	☑	☑	
7	C票数	默认变量表	Int	%MW15	☐	☑	☑	☑	
8	总投票人数	默认变量表	Int	%MW17	☐	☑	☑	☑	
9	Tag_16	默认变量表	Bool	%M1.1	☐	☑	☑	☑	
10	Tag_17	默认变量表	Bool	%M1.2	☐	☑	☑	☑	
11	Tag_18	默认变量表	Bool	%M1.3	☐	☑	☑	☑	
12	Tag_20	默认变量表	Word	%MW24	☐	☑	☑	☑	
13	Tag_23	默认变量表	UInt	%MW20	☐	☑	☑	☑	
14	Tag_24	默认变量表	Int	%MW22	☐	☑	☑	☑	
15	A票百分数	默认变量表	Int	%MW30	☐	☑	☑	☑	
16	B票百分数	默认变量表	Int	%MW32	☐	☑	☑	☑	
17	C票百分数	默认变量表	Int	%MW34	☐	☑	☑	☑	
18	Tag_28	默认变量表	Bool	%M1.0	☐	☑	☑	☑	
19	Tag_29	默认变量表	Word	%MW10	☐	☑	☑	☑	
20	Tag_31	默认变量表	Bool	%M10.0	☐	☑	☑	☑	
21	A投票指示灯	默认变量表	Bool	%Q0.0	☐	☑	☑	☑	
22	B投票指示灯	默认变量表	Bool	%Q0.1	☐	☑	☑	☑	
23	C投票指示灯	默认变量表	Bool	%Q0.2	☐	☑	☑	☑	
24	Tag_1	默认变量表	Bool	%M0.0	☐	☑	☑	☑	
25	Tag_2	默认变量表	Bool	%M0.1	☐	☑	☑	☑	
26	Tag_3	默认变量表	Bool	%M0.2	☐	☑	☑	☑	
27	Tag_4	默认变量表	Bool	%M0.3	☐	☑	☑	☑	

图 2.4.2　投票站数据统计的 PLC 控制变量表

5. 编写程序

投票站数据统计的 PLC 控制程序如图 2.4.3 所示。

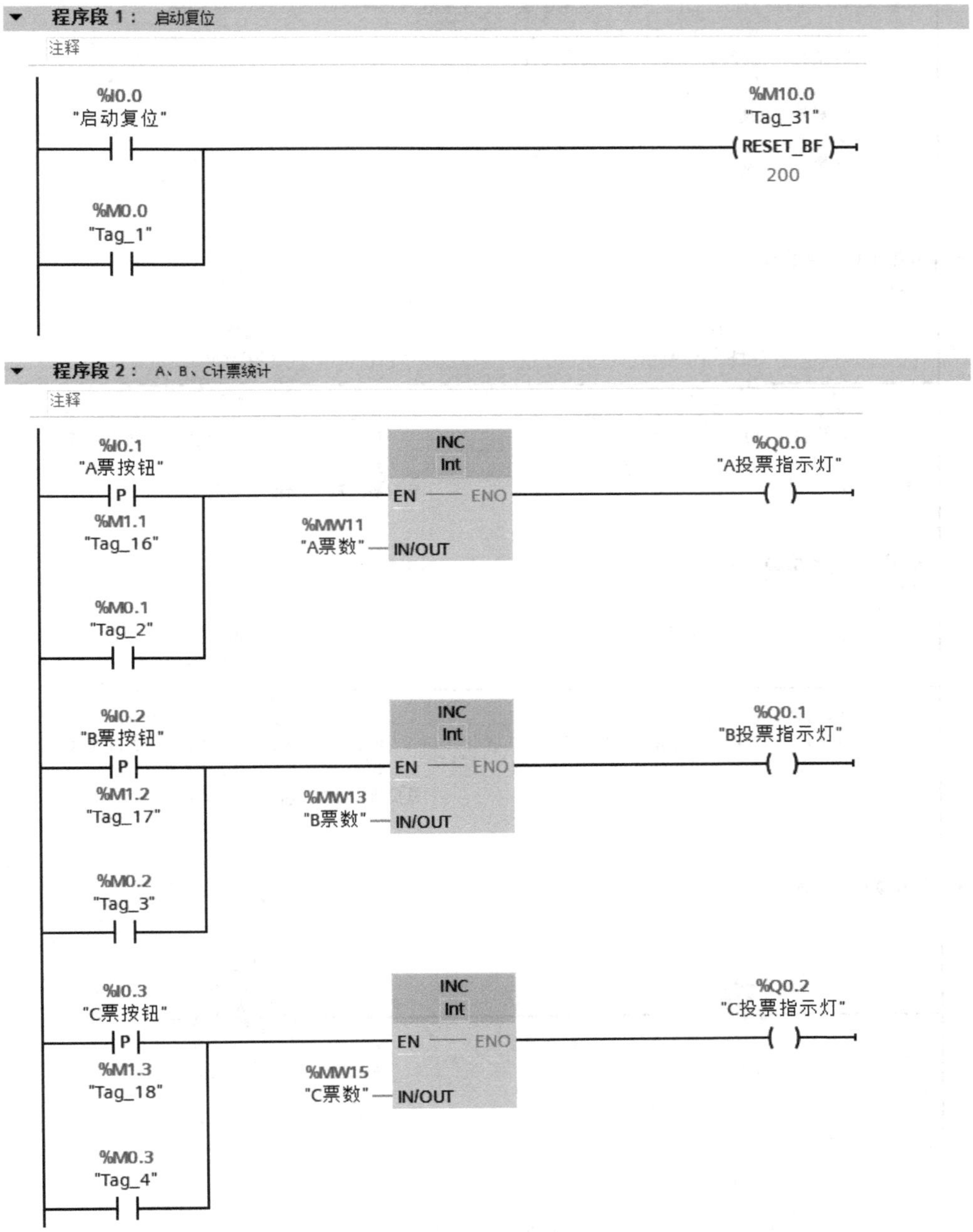

图 2.4.3　投票站数据统计的 PLC 控制程序

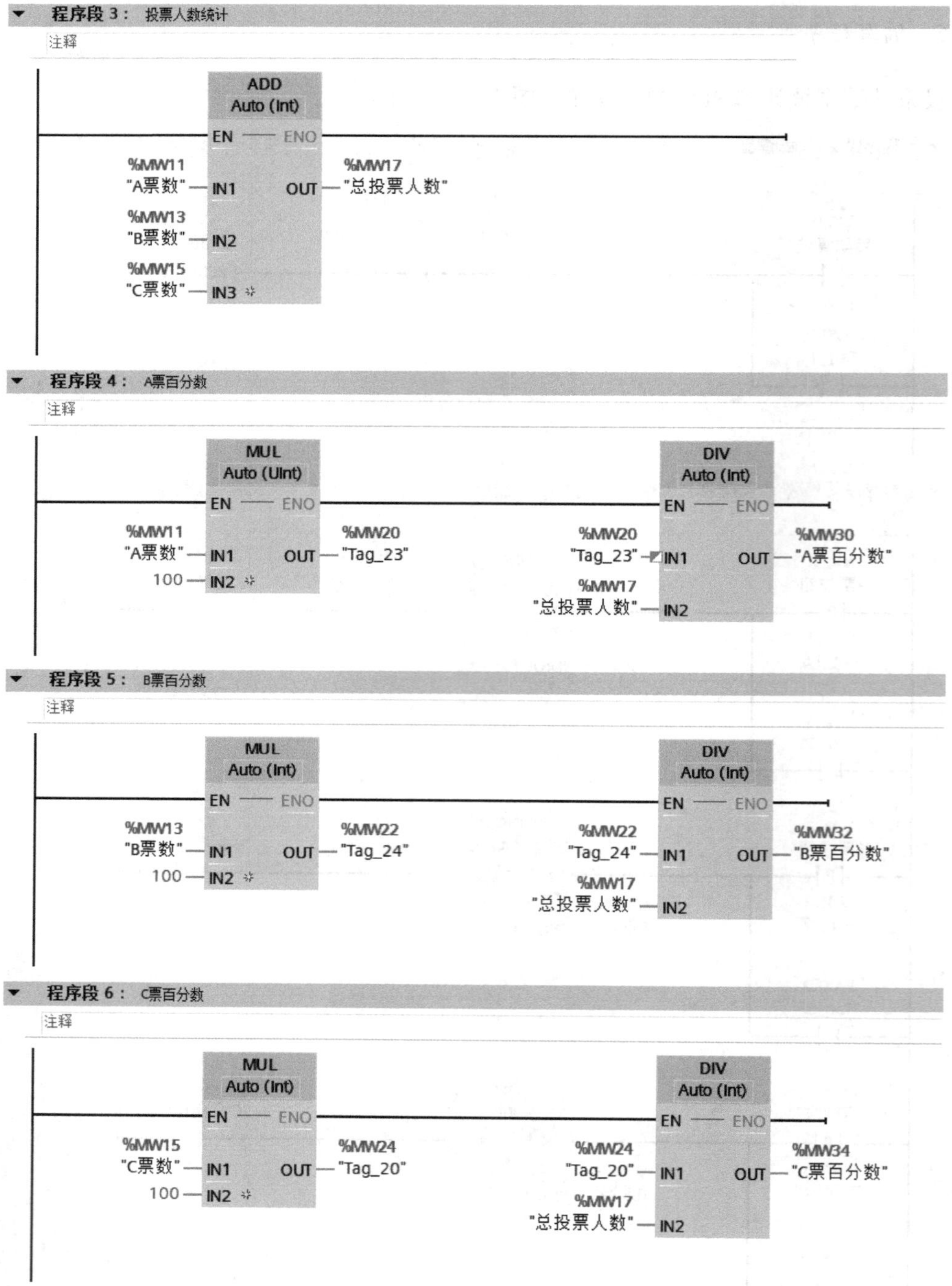

图 2.4.3（续）

6．从监控表中读取数值

从图 2.4.4 所示的监控表中读取数值。

投票站选票统计 ▸ PLC_1 [CPU 1214C DC/DC/DC] ▸ 监控与强制表 ▸ 监控表_1

	i	名称	地址	显示格式	监视值	修改值		注释
1		"A票数"	%MW11	带符号十进制	1			
2		"B票数"	%MW13	带符号十进制	3			
3		"C票数"	%MW15	带符号十进制	1			
4		"总投票人数"	%MW17	带符号十进制	5			
5		"A票百分数"	%MW30	带符号十进制	20			
6		"B票百分数"	%MW32	带符号十进制	60			
7		"C票百分数"	%MW34	带符号十进制	20			

图 2.4.4　监控表

思考与练习

1．半径值（<100 的整数）存储在 MW10 中，取圆周率为 3.1416。试编写程序，用浮点数运算指令计算圆周长，运算结果“四舍五入”转换为整数后，存放在 MW20 中。

2．试设计求圆面积的程序。用该程序计算直径为 1000mm 圆的面积，并将运算结果存放在 MD10 中。

项目3 顺序控制系统的编程及应用

>>>>

◎ 项目导读

顺序控制系统是一种按照规定的顺序依次完成各种操作的控制系统。它是工业生产和日常生活中应用十分广泛的一种控制系统，主要用于自动化机器操作和制造过程控制。在机电一体化领域，顺序控制被广泛应用于各种设备和生产线上。

本项目主要介绍顺序控制设计方法、顺序功能图的结构及绘制方法，顺序功能图的编程方法等基础知识和技能。

◎ 学习目标

知识目标

- 了解常见顺序控制系统的工作过程。
- 熟悉顺序功能图的结构。
- 熟悉顺序功能图的编程方法。

能力目标

- 能根据顺序控制系统的工作过程绘制其顺序功能图。
- 能根据顺序功能图编写 PLC 控制程序。

素养目标

- 了解我国在制造业所取得的成绩，树立民族自豪感、自信心，激发爱国情怀。
- 培养灵活解决问题的思维方式和创新实践的工程意识。
- 养成严谨、认真、细致、乐于探索的职业习惯。

任务 3.1

折弯机系统控制

任务目标

1．能够描述折弯机系统的工作过程。

2．掌握顺序功能图的五要素。

3．能够基于顺序控制设计方法，绘制单序列顺序功能图并编写程序。

4．能够利用实训设备完成折弯机系统的电路安装、编程、调试和运行等，并能够判断并排除电路故障。

任务要求

本任务要求使用 S7-1200 PLC 实现折弯机系统的控制。图 3.1.1 所示为折弯机系统将板材折成 U 形的工作示意图。活塞由液压系统驱动，具体控制要求如下：

系统供电后，按下启动按钮 SB2，起动液压泵。当液压缸活塞处于原位 SQ1 处时，按下活塞下行按钮 SB3，活塞快速下行（电磁阀 YV1、YV2 得电），当遇到快转换慢转换检测传感器 SQ2 时，活塞慢行（仅电磁阀 YV1 得电），在压到工件后活塞继续下行，当压力达到设定值时，压力继电器 KP 动作，停止下行（电磁阀 YV1 失电），保压 3s 后，电磁阀 YV3 得电，活塞开始返回，当到达 SQ1 时返回停止。无论何时按下液压泵停止按钮 SB1，折弯机即停止工作。控制系统还要求有液压泵电动机工作指示、活塞下行指示、保压及返回指示。

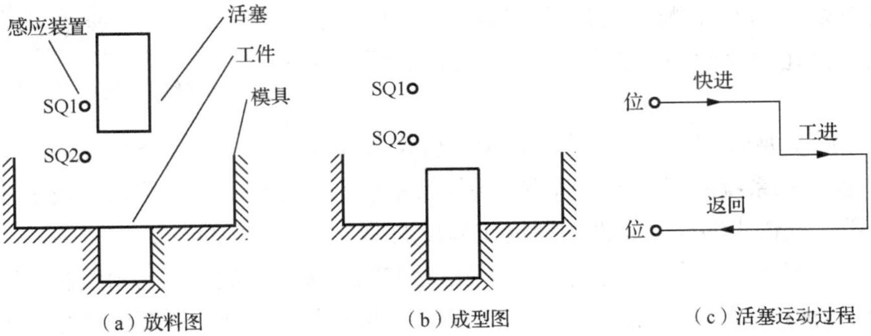

图 3.1.1　折弯机系统工作示意图

3.1.1 知识准备：顺序控制与顺序功能图

1．顺序控制设计法与顺序功能图

顺序控制是指按照生产工艺预先规定的顺序，各个执行机构自动地、有序地进行操作，在工业生产和日常生活中应用十分广泛，如搬运机械手的运动控制、包装生产线的控制、交通信号灯的控制等。顺序控制设计法是一种先进的设计方法，很容易被初学者接受，对于有经验的工程师，采用该设计方法通常可以提高设计的效率。此外，利用顺序控制设计法设计的程序，其调试、修改和阅读也很方便。

顺序功能图是 PLC 的国际标准 IEC 61131-3 位居第一的编程语言，有的 PLC 为用户提供了顺序功能图语言，如 S7-300/400/1500 的 S7-Graph 语言，在编程软件中生成顺序功能图后便完成了编程工作。

现在还有相当多的 PLC（包括 S7-1200）没有配备顺序功能图语言，但是可以用顺序功能图来描述系统的功能，根据它来设计梯形图程序。

（1）顺序控制设计法

1）顺序控制设计法的基本思想。将系统的一个周期划分为若干个顺序相连的阶段，这些阶段称为步（step），并用编程元件（如位存储器 M）来代表各步。步是根据输出量的状态变化来划分的，在任何一步内，各输出量的“1”“0”状态不变，但是相邻两步输出量的总状态是不同的，步的这种划分方法使代表各步的编程元件的状态与各输出量的状态之间有着极为简单的逻辑关系。

微课：顺序控制设计法

2）步的转换。系统不能总停在一步内工作，从当前步进入下一步称为步的转换，这种转换的信号称为转换条件。转换条件可以是外部输入信号，也可以是 PLC 内部信号或若干个信号的逻辑组合。顺序控制设计法用转换条件控制代表各步的编程元件，让它们按一定的顺序变化，然后用代表各步的元件控制 PLC 的各输出位。

（2）顺序功能图的基本元件

顺序功能图是描述控制系统的控制过程、功能和特性的一种图形，也是设计 PLC 的顺序控制程序的有力工具。顺序功能图并不涉及所描述的控制功能的具体技术，它是一种通用的技术语言。

微课：顺序功能图构成要素

顺序功能图主要由步、有向连线、转换、转换条件和动作（或命令）组成。

1）步。步表示系统的某一工作状态，用矩形框表示，方框中可以用数字表示该步的编号，也可以用代表该步的编程元件的地址作为步的编号（如 M0.0）。

2）初始步与活动步。与系统的初始状态相对应的步称为初始步，初始状态一般是系统等待启动命令的相对静止的状态。初始步用双线方框来表示，每一个顺序功能图至少应该有一个初始步。

当系统正处于某一步所在的阶段时，称该步为活动步。步处于活动状态时，执行相应的非存储型动作；处于不活动状态时，则停止执行相应的非存储型动作。

3）与步对应的动作或命令。与步对应的动作或命令在每一步内把状态为 ON 的输出位表示出来。可以将一个控制系统划分为被控系统和施控系统。对于被控系统，在某一步要完成某些“动作”（action）；对于施控系统，在某一步则要向被控系统发出某些“命令”（command）。

为了方便，下面将命令或动作统称为动作，并用矩形框中的文字或符号来表示动作，该矩形框与它所在的步对应的方框用水平短线相连。在每一步内只标出状态为 ON 的输出位，一般用输出类指令（如输出、置位、复位等）。步相当于这些指令的子母线，这些动作命令平时不被执行，只有当对应的步被激活时才被执行。

根据需要，指令与对象的动作响应之间可能有多种情况，如有的动作仅在指令激活的时间内响应，指令结束后动作终止（点动动作）；而有的动作在发出指令后就一直继续（存储型动作），除非再发出停止或撤销指令，这就需要用不同的符号来进行修饰。动作的修饰词如表 3.1.1 所示。

表 3.1.1　动作的修饰词

修饰词	动作类型	说明
N	非存储型	当步变为不活动步时动作终止
S	置位（存储）	当步变为不活动步时动作继续，直到动作被复位
R	复位	被修饰词 S、SD、SL 或 DS 启动的动作被终止
L	时间限制	步变为活动步时动作被启动，直到步变为不活动步或设定时间到
D	时间延迟	步变为活动步时延迟定时器被启动，如果延迟之后步仍然是活动的，动作被启动和继续，直到步变为不活动步
P	脉冲	当步变为活动步，动作被启动并且只执行一次
SD	存储与时间延迟	在时间延迟之后动作被启动，一直到动作被复位
DS	延迟与存储	在延迟之后如果步仍然是活动的，则动作被启动直到被复位
SL	存储与时间限制	步变为活动步时动作被启动，一直到设定的时间到或动作被复位

如果某一步有几个动作，可以用图 3.1.2 中的两种画法表示，但并不隐含这些动作之间的任何顺序。应清楚地表明动作是存储型的还是非存储型的。

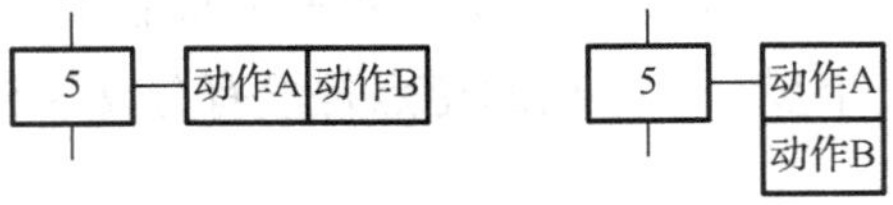

（a）　　（b）

图 3.1.2　动作的两种画法

4）有向连线。在顺序功能图中，随着时间的推移和转换条件的实现，将会发生步的活动状态的进展，这种进展按有向连线规定的路线和方向进行。在画顺序功能图时，将代表各步的方框按它们称为活动步的先后次序顺序排列，并用有向连线将它们连接起来。步的活动状态的进展方向是从上到下、从左至右，在这两个方向有向连线上的箭头可以省略。如果不是上述的方向，则应在有向连线上用箭头注明进展方向。

5）转换。转换用有向连线上与有向连线垂直的短画线来表示，转换将相邻的两步分隔开。步的活动状态的进展是由转换的实现来完成的，并与控制过程的发展相对应。

转换实现的条件：该转换所有的前级步都是活动步且相应的转换条件得到满足。

转换实现后的结果：该转换的后续步变为活动步，前级步变为不活动步。

6）转换条件。使系统由当前步进入下一步的信号称为转换条件。转换条件可以是外部的输入信号，如按钮、指令开关、限位开关的接通或断开等；也可以是 PLC 内部产生的信号，如定时器、计数器输出位的常开触点的接通等；还可以是若干个信号的与、或、非逻辑组合。

转换条件可以用文字语言、布尔代数表达式或图形符号标注在表示转换的短线的旁边，使用得最多的是布尔代数表达式。

在顺序功能图中，只有当某一步的前级步是活动步时，该步才有可能变为活动步。如果用没有断电保持功能的编程元件代表各步，进入 RUN 工作方式时，它们均处于“0”状态，必须在开机时将初始步预置为活动步，否则因顺序功能图中没有活动步，系统将无法工作。

绘制顺序功能图时应注意以下几点：

① 两个步绝对不能直接相连，必须用一个转换将它们分隔开。

② 两个转换也不能直接相连，必须用一个步将它们分隔开。

③ 初始步描述的是系统等待启动命令的初始状态，通常在这一步里没有任何动作。但是初始步是必不可少的，如果没有该步，则无法表示初始状态，系统也无法返回停止状态。

④ 自动控制系统应能多次重复执行同一工艺过程，因此在顺序功能图中一般应有由步和有向连线组成的闭环，即在完成一次工艺过程的全部操作之后，应从最后一步返回初始步，系统停留在初始状态（单周期操作），在连续循环工作方式下，系统应从最后一步返回下一工作周期开始运行的第一步。

（3）单序列顺序功能图的结构形式

顺序功能图主要有单序列、选择序列、并行序列 3 种基本结构。

单序列由一系列相继激活的步组成，每一步的后面仅有一个转换，每一个转换后面只有一个步。单序列的特点是没有分支和合并，如图 3.1.3 所示。

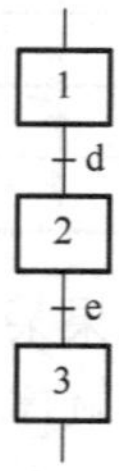

图 3.1.3 单序列顺序功能图结构形式

2．*顺序功能图的编程方法*

（1）顺序功能图转换实现的基本规则

1）转换实现的条件。在顺序功能图中，步的活动状态的进展是由转换的实现来完成的。转换实现必须同时满足两个条件：

① 该转换所有的前级步都是活动步。

② 相应的转换条件得到满足。

这两个条件是缺一不可的，如果取消了第一个条件，假设因为误操作按了启动按钮，那么在任何情况下都将使以启动按钮作为转换条件的后续步变为活动步，造成设备的误动作，甚至导致出现重大事故。

2）转换实现时应完成的操作。转换实现时应完成以下两个操作：

① 使该转换所有的后续步都变为活动步。

② 使该转换所有的前级步都变为不活动步。

以上规则可用于任意结构中的转换。需要注意的是，在单序列和选择序列中，一个转换仅有一个前级步和一个后续步。在并行序列的分支处，转换有几个后续步，在转换实现时应同时将它们对应的编程元件置位。在并行序列的合并处，转换有几个前级步，它们均为活动步时才有可能实现转换，在转换实现时应将它们对应的编程元件全部复位。

转换实现的基本规则是根据顺序功能图设计梯形图的基础，它适用于顺序功能图中的各种基本结构。

3）顺序控制设计法的本质。顺序控制设计法是用输入量 I 控制代表各步的编程元件（如 M），再用它们控制输出量 Q（图 3.1.4）。步是根据输出量 Q 的状态划分的，M 与 Q 之间具有很简单的“或”或者相等的逻辑关系，输出电路的设计极为简单。任何复杂系统的代表步的存储器位 M 的控制电路的设计方法都是通用的，并且很容易掌握。

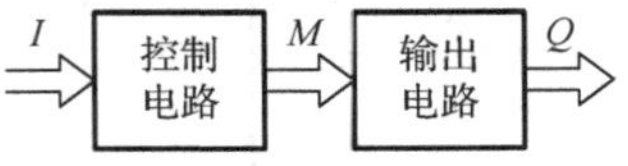

图 3.1.4　信号关系图

（2）置位、复位指令的顺序控制梯形图设计方法

1）使用 S、R 指令设计顺序控制程序。在使用 S、R 指令设计顺序控制程序时，将各转换的所有前级步对应的常开触点与转换对应的触点或电路串联，该串联电路即起保停电路中的起动电路，用它作为使所有后续步置位（使用 S 指令）和使所有前级步复位（使用 R 指令）的条件。在任何情况下，各步的控制电路都可以用这一原则来设计，每一个转换对应一个这样的控制置位和复位的电路块，有多少个转换就有多少个这样的电路块。这种设计方法特别有规律可循，梯形图与转换实现的基本规则之间有着严格的对应关系，在设计复杂顺序功能图的梯形图时，既容易掌握，又不容易出错。

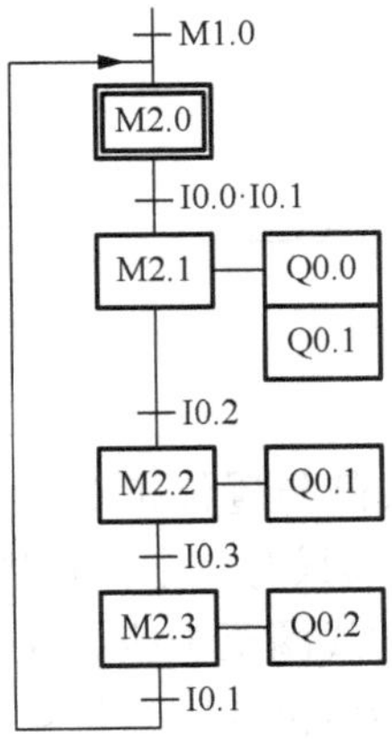

图 3.1.5　单序列的顺序功能图

2）使用 S、R 指令设计单序列顺序功能图的方法。图 3.1.5 所示是一个单序列的顺序功能图，采用 S、R 指令进行单序列控制程序设计的梯形图如图 3.1.6 所示。

实现图中 I0.2 对应的转换需要同时满足两个条件，即该步的前级步是活动步（M2.1 为 ON）且转换条件满足（I0.2 为 ON）。在梯形图中，可以用 M2.1 和 I0.2 的常开触点组成的串联电路来表示上述条件。该电路接通时，两个条件同时满足。此时应将该转换的后续步变为活动步，即用置位指令将 M2.2 置位；还应将该转换的前级步变为不活动步，即用复位指令将 M2.1 复位。图 3.1.5 中的 M1.0 为 CPU 首次扫描接通位。

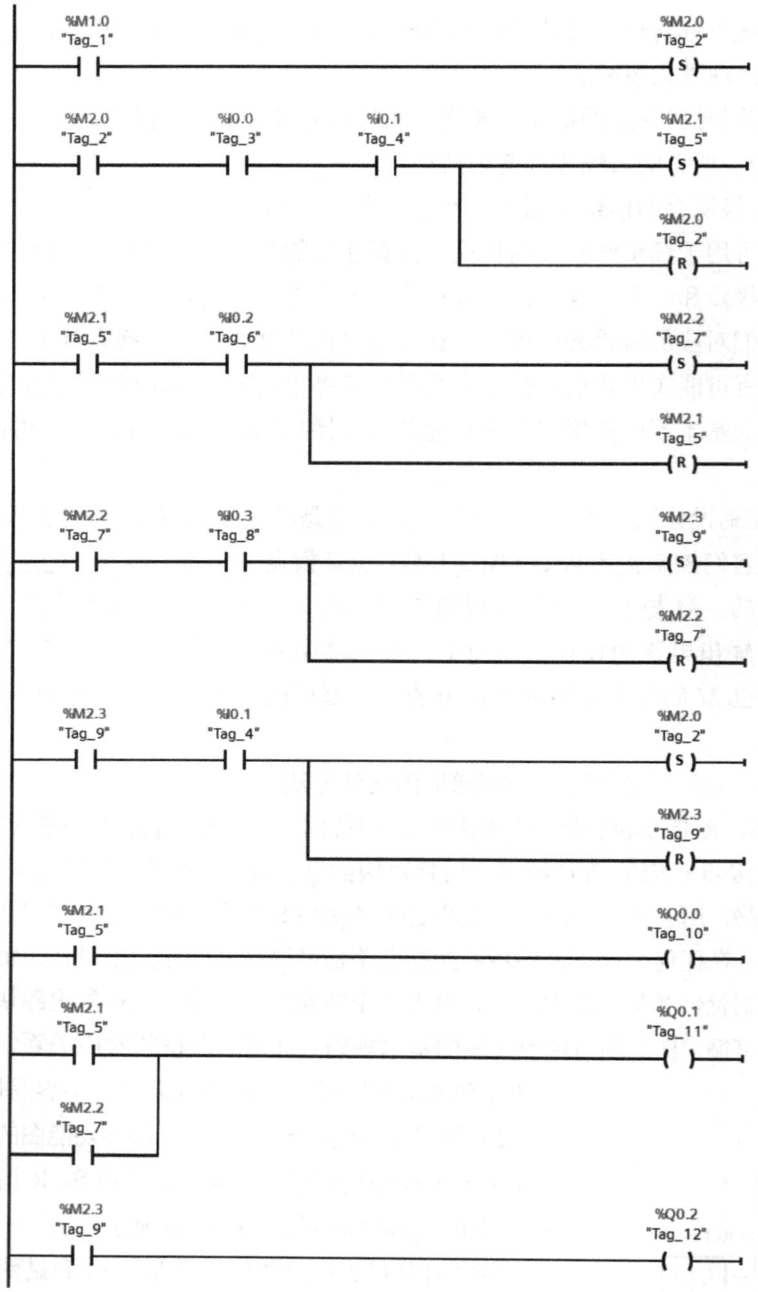

微课：单序列的顺序功能图的编程方法

图 3.1.6　单序列的梯形图

使用 S、R 指令进行单序列控制程序设计时，不能将输出位的线圈与置位指令和复位指令并联，这是因为图 3.1.6 中控制置位、复位的串联电路接通的时间只有一个扫描周期，转换条件满足后，前级步马上被复位，该串联电路断开，而输出位的线圈至少应该在某一步对应的全部时间内接通。所以应根据顺序功能图，用代表步的存储器位的常开触点或它们的并联电路来驱动输出位的线圈。

3.1.2 任务实施：用顺序控制设计法与顺序功能图实现折弯机系统控制

利用实训设备完成折弯机系统的 PLC 控制电路的编程、调试、运行及故障排除。步骤如下：

1. 分配 I/O 地址

根据 PLC 输入/输出点分配原则及控制要求，进行 I/O 地址分配，如表 3.1.2 所示。

表 3.1.2 折弯机的 PLC 控制 I/O 地址分配

输入		输出	
输入继电器	元件	输出继电器	元件
I0.0	液压泵停止 SB1	Q0.0	接触器 KM
I0.1	液压泵起动 SB2	Q0.1	电磁阀 YV1
I0.2	活塞下行 SB3	Q0.2	电磁阀 YV2
I0.3	原位 SQ1	Q0.3	电磁阀 YV3
I0.4	快转慢 SQ2	Q0.5	工作指示 HL1
I0.5	压力继电器 KP	Q0.6	下行指示 HL2
I0.6	热继电器 FR	Q0.7	保压指示 HL3
		Q1.0	返回指示 HL4

2. 绘制硬件接线图

根据控制要求及 I/O 地址分配表，折弯机系统的 PLC 控制电路硬件接线图如图 3.1.7 所示。

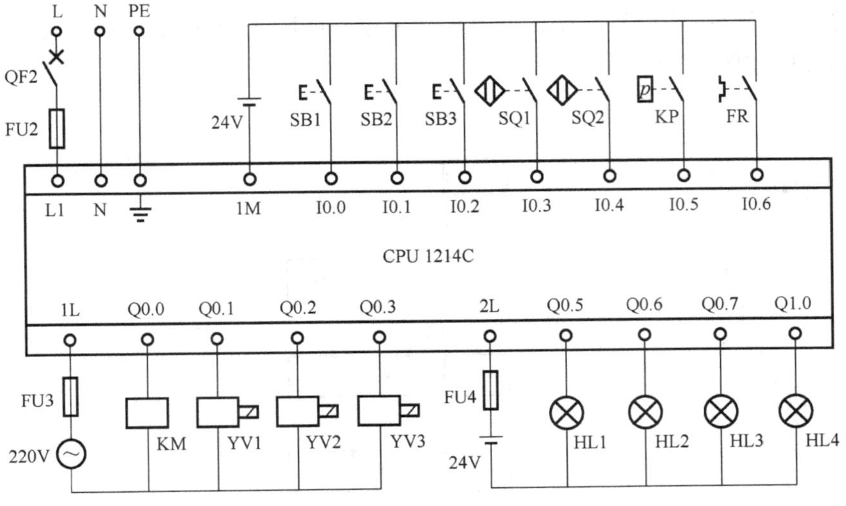

图 3.1.7 折弯机系统的 PLC 控制电路硬件接线图

3. 创建工程项目及硬件组态

（1）创建工程项目

双击桌面上的图标，打开博途编程软件，在 Portal 视图中选择“创建新项目”选项，输入项目名称“J_zhewan”，选择项目保存路径，然后单击“创建”按钮，完成项目的创建。

（2）硬件组态

在项目视图的项目树窗口中双击“添加新设备”图标，添加设备名称为 PLC_1 的设备 CPU 1214C。启用系统存储器字节 MB1，位 M1.0 首次扫描为 ON。

4．编辑变量表

折弯机系统的 PLC 控制变量表如图 3.1.8 所示。

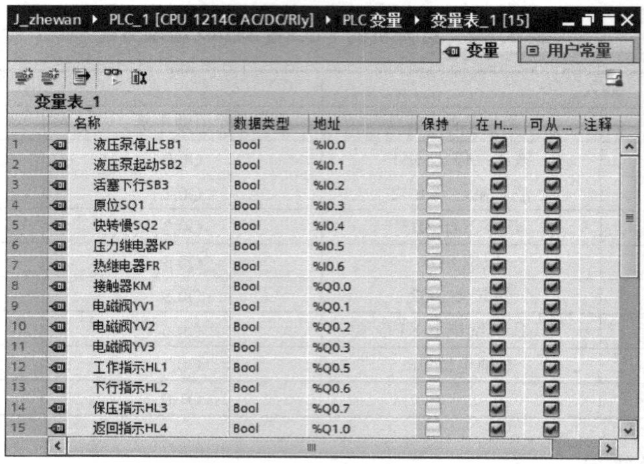

	名称	数据类型	地址	保持	在 H...	可从 ...	注释
1	液压泵停止SB1	Bool	%I0.0	☐	☑	☑	
2	液压泵起动SB2	Bool	%I0.1	☐	☑	☑	
3	活塞下行SB3	Bool	%I0.2	☐	☑	☑	
4	原位SQ1	Bool	%I0.3	☐	☑	☑	
5	快转慢SQ2	Bool	%I0.4	☐	☑	☑	
6	压力继电器KP	Bool	%I0.5	☐	☑	☑	
7	热继电器FR	Bool	%I0.6	☐	☑	☑	
8	接触器KM	Bool	%Q0.0	☐	☑	☑	
9	电磁阀YV1	Bool	%Q0.1	☐	☑	☑	
10	电磁阀YV2	Bool	%Q0.2	☐	☑	☑	
11	电磁阀YV3	Bool	%Q0.3	☐	☑	☑	
12	工作指示HL1	Bool	%Q0.5	☐	☑	☑	
13	下行指示HL2	Bool	%Q0.6	☐	☑	☑	
14	保压指示HL3	Bool	%Q0.7	☐	☑	☑	
15	返回指示HL4	Bool	%Q1.0	☐	☑	☑	

图 3.1.8　折弯机系统的 PLC 控制变量表

5．编写程序

根据要求，画出折弯机系统动作的顺序功能图，如图 3.1.9 所示，使用置位、复位指令编写的控制程序如图 3.1.10 所示。

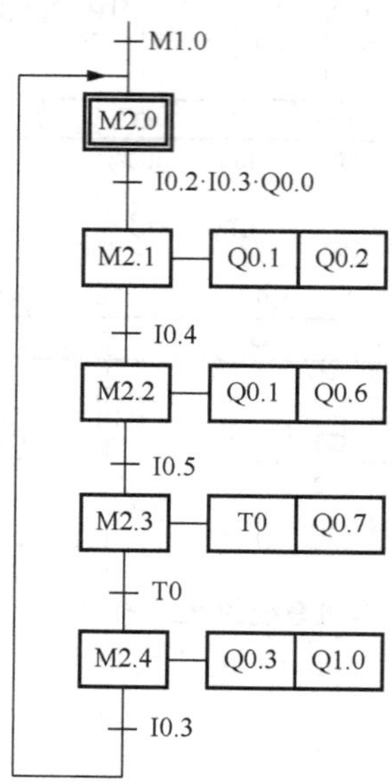

图 3.1.9　折弯机系统动作的顺序功能图

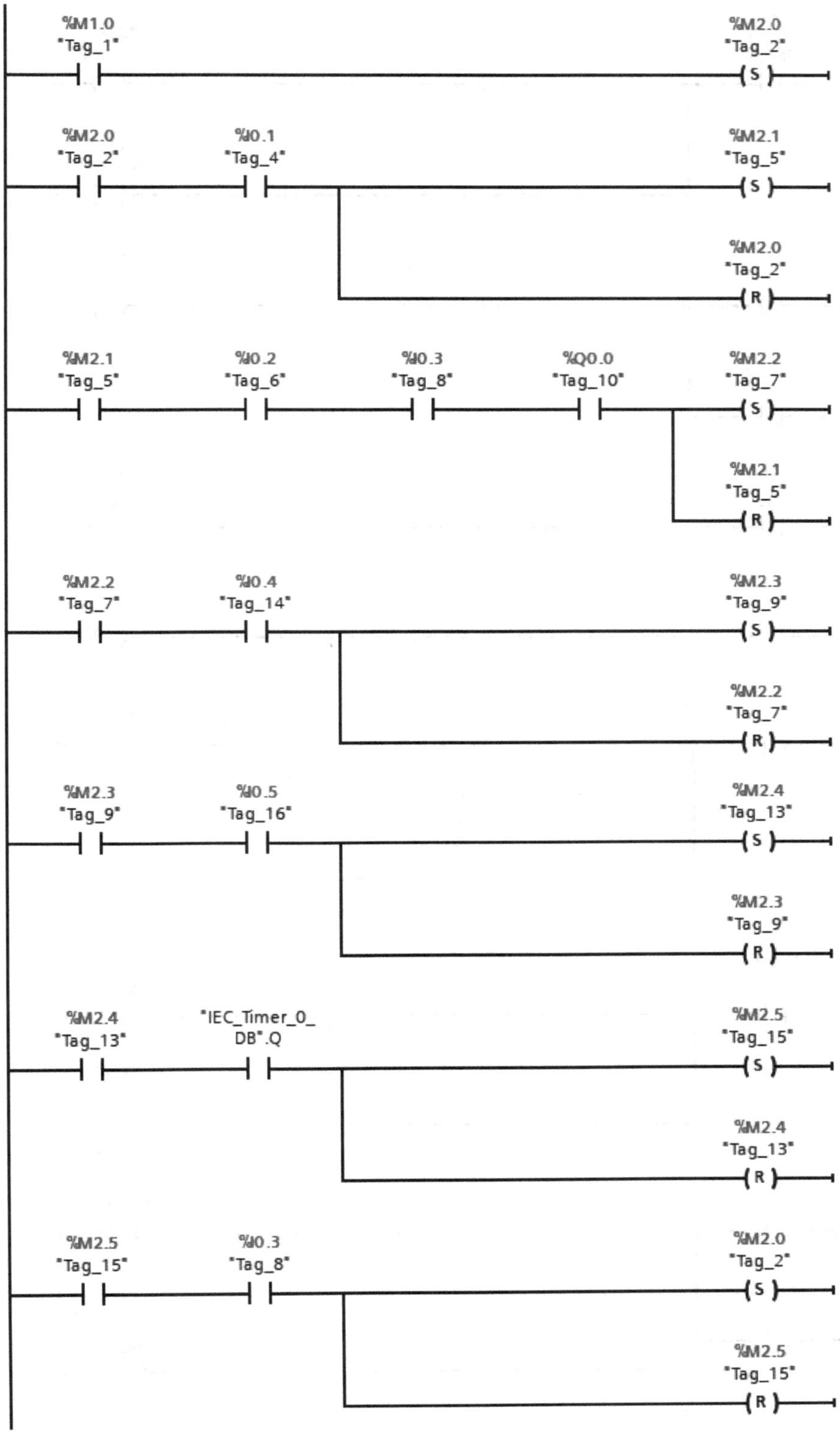

图 3.1.10　折弯机系统的 PLC 控制程序

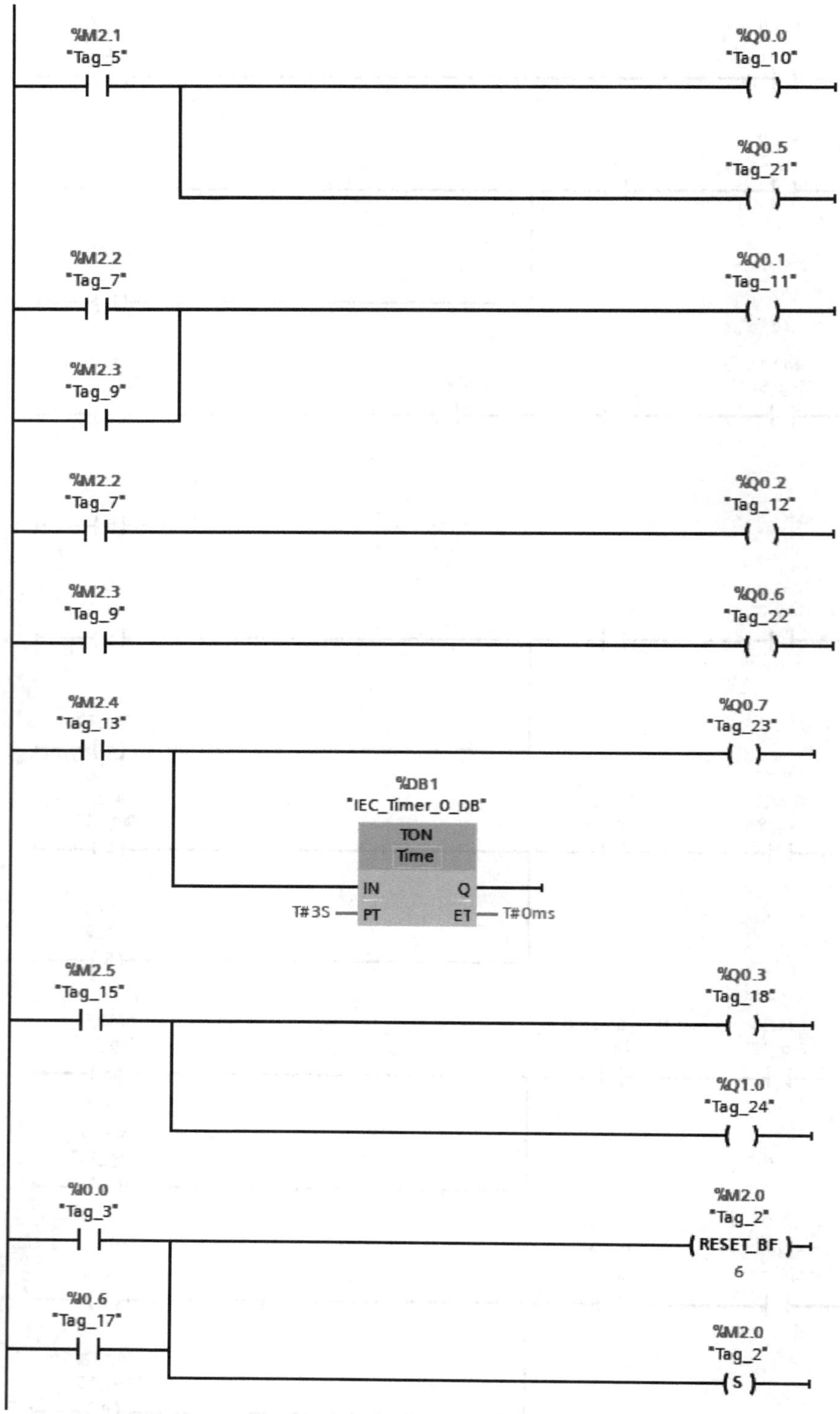
%M2.1
"Tag_5"
%Q0.0
"Tag_10"
%Q0.5
"Tag_21"
%M2.2
"Tag_7"
%Q0.1
"Tag_11"
%M2.3
"Tag_9"
%M2.2
"Tag_7"
%Q0.2
"Tag_12"
%M2.3
"Tag_9"
%Q0.6
"Tag_22"
%M2.4
"Tag_13"
%Q0.7
"Tag_23"
%DB1
"IEC_Timer_0_DB"
TON
Time
IN
Q
T#3S
PT
ET
T#0ms
%M2.5
"Tag_15"
%Q0.3
"Tag_18"
%Q1.0
"Tag_24"
%I0.0
"Tag_3"
%M2.0
"Tag_2"
RESET_BF
6
%I0.6
"Tag_17"
%M2.0
"Tag_2"
S

图 3.1.10（续）

6．调试程序

将用户程序及设备组态分别下载到 CPU 中，并连接好线路。起动液压泵，观察液压泵是否起动，工作指示灯是否点亮。按下活塞下行按钮，观察折弯机是否进行快进、工进、保压、返回动作，同时观察工作过程中相应指示灯是否点亮，按下停止按钮时液压泵是否立即停止运行。再次起动液压泵，按下活塞下行按钮后，观察折弯机能否再次投入运行。若上述调试现象与控制要求一致，则说明本任务实现。调试完成后整理器材。

思考与练习

1．什么是顺序控制系统？
2．在顺序功能图中，什么是步、初始步、活动步、动作和转换条件？
3．步的划分原则是什么？
4．简述转换实现的条件和转换实现时应完成的操作。
5．指出图 3.1.11 所示顺序功能图中的错误。
6．设计出图 3.1.12 所示顺序功能图的梯形图程序，定时器 T1 的预设值为 5s。

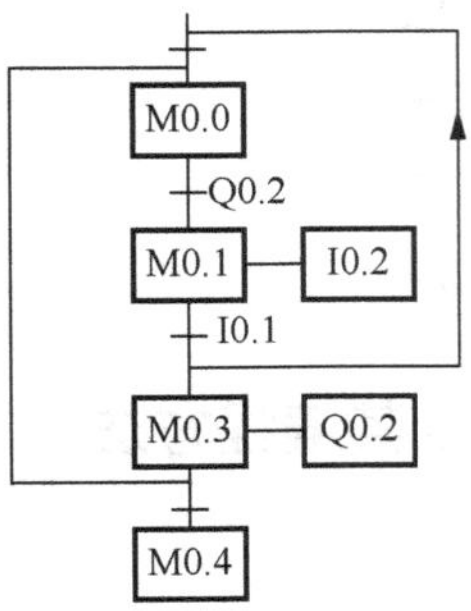

图 3.1.11　题 5 图

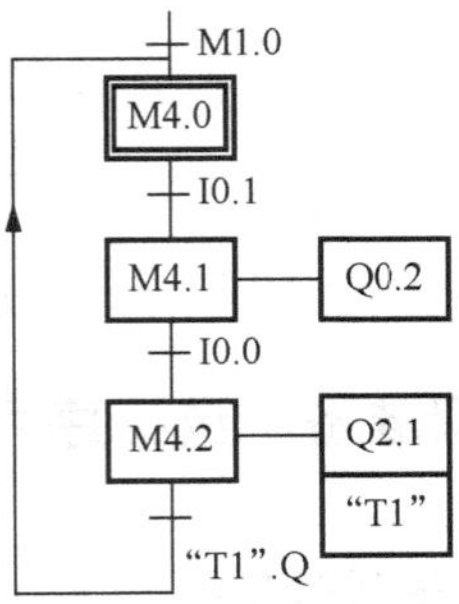

图 3.1.12　题 6 图

任务 3.2　运输带顺序起停的 PLC 控制

任务目标

1．能够描述运输带顺序起停的工作过程。
2．掌握基于置位、复位指令的选择序列顺序功能图的编程方法。
3．能够基于顺序控制设计方法绘制选择序列顺序功能图并编写程序。

4．能够利用实训设备完成运输带顺序起停的电路安装、编程、调试和运行等，能够判断并排除电路故障。

任务要求

3 条运输带顺序相连（图 3.2.1），为了避免运送的物料在 1 号和 2 号运输带上堆积，要求运输带能够顺序起停：按下启动按钮 I0.2，1 号运输带开始运行，5s 后 2 号运输带自动起动，再过 5s 后 3 号运输带自动起动；停机顺序与起动顺序正好相反，即按了停止按钮 I0.3 后，先停 3 号运输带，5s 后停 2 号运输带，再过 5s 后停 1 号运输带。分别用 Q0.2～Q0.4 控制 1～3 号运输带。

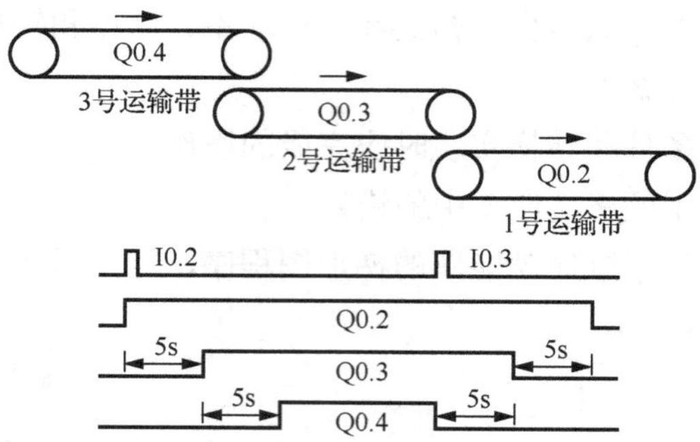

图 3.2.1　3 条运输带顺序相连示意图

3.2.1　知识准备：选择序列顺序功能图的结构形式及其编程方法

1．选择序列顺序功能图的结构形式

选择序列的开始称为分支，转换符号只能标在水平连线之下，如图 3.2.2 所示。步 4 后有两个转换 h 和 k 所引导的两个选择序列，如果步 4 为活动步且转换 h 使能，则步 5 被触发；如果步 4 为活动步且转换 k 使能，则步 7 被触发。一般只允许选择一个序列。

选择序列的结束称为合并，几个选择序列合并到一个公共序列时，用需要重新组合的序列相同数量的转换符号和水平连线来表示，转换符号只允许标在水平连线之上。

如果步 6 为活动步并且转换条件 j 使能，则步 9 被触发；如果步 8 为活动步并且转换条件 n 使能，则步 9 也被触发。

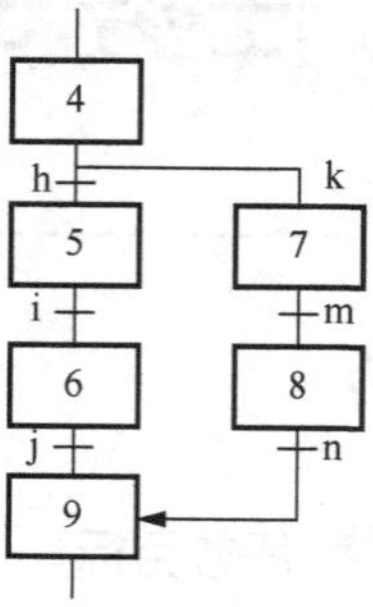

图 3.2.2　选择序列顺序功能图结构形式

2．选择序列的编程方法

图 3.2.3 所示是一个选择序列的顺序功能图，采用 S、R 指令进行选择序列控制程序设计的梯形图如图 3.2.4 所示。

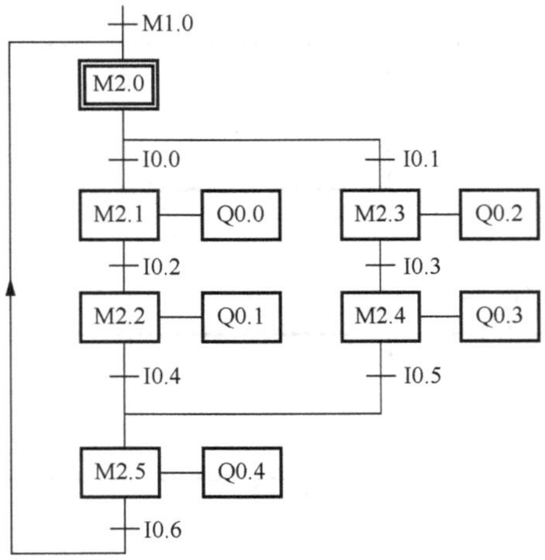

图 3.2.3　选择序列的顺序功能图

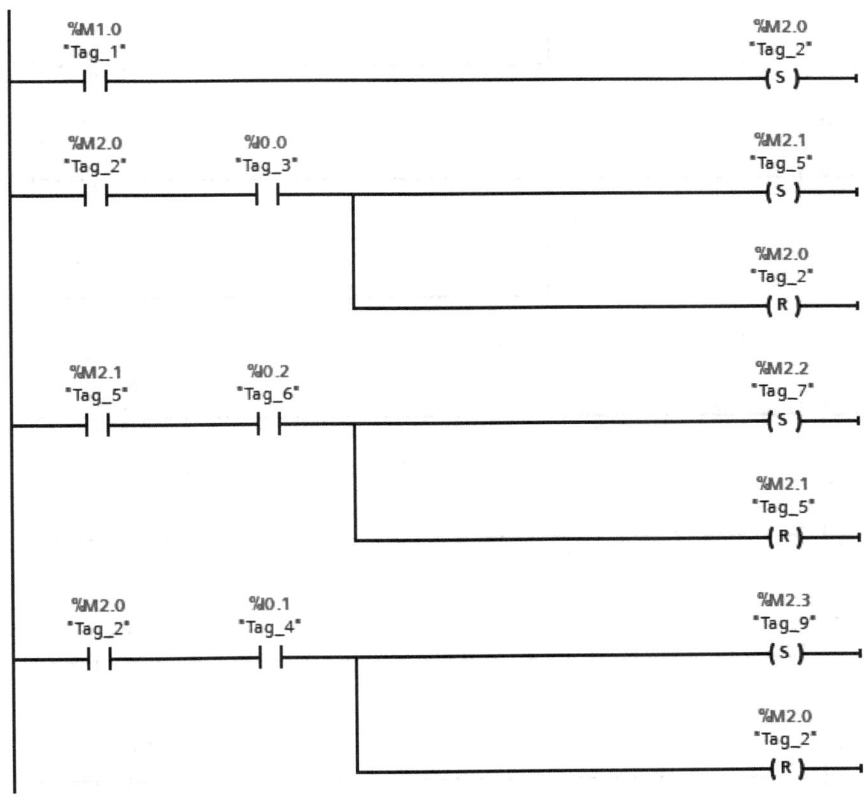

图 3.2.4　选择序列的梯形图

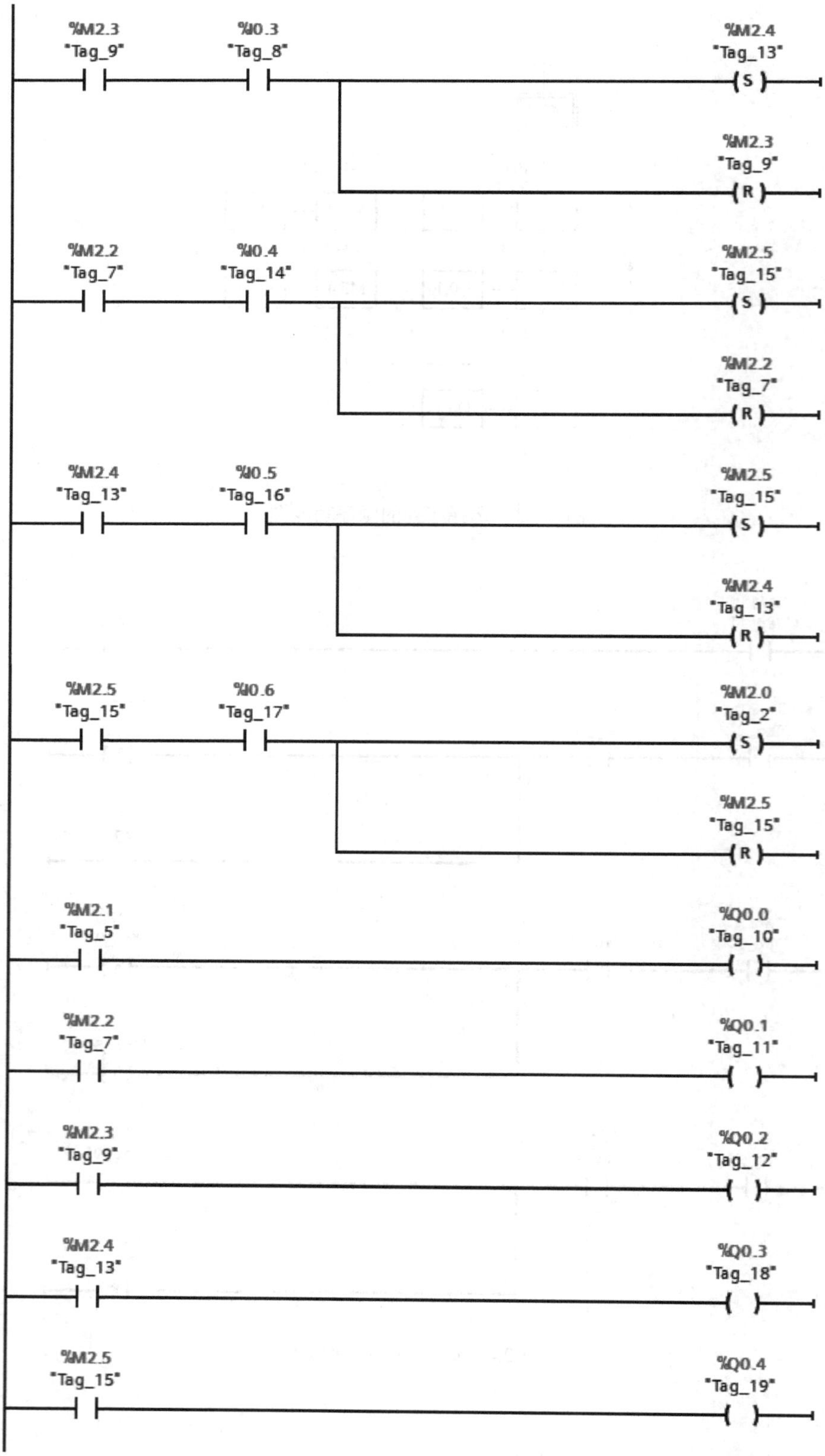
%M2.3
"Tag_9"
%I0.3
"Tag_8"
%M2.4
"Tag_13"
S
%M2.3
"Tag_9"
R
%M2.2
"Tag_7"
%I0.4
"Tag_14"
%M2.5
"Tag_15"
S
%M2.2
"Tag_7"
R
%M2.4
"Tag_13"
%I0.5
"Tag_16"
%M2.5
"Tag_15"
S
%M2.4
"Tag_13"
R
%M2.5
"Tag_15"
%I0.6
"Tag_17"
%M2.0
"Tag_2"
S
%M2.5
"Tag_15"
R
%M2.1
"Tag_5"
%Q0.0
"Tag_10"
%M2.2
"Tag_7"
%Q0.1
"Tag_11"
%M2.3
"Tag_9"
%Q0.2
"Tag_12"
%M2.4
"Tag_13"
%Q0.3
"Tag_18"
%M2.5
"Tag_15"
%Q0.4
"Tag_19"

图 3.2.4（续）

（1）选择序列分支的编程

在图 3.2.3 中，步 M2.0 之后有一个选择序列的分支。当步 M2.0 为活动步时，可以有两种不同的选择，当转换条件 I0.0 满足时，后续步 M2.1 变为活动步，M2.0 变为不活动步；而当转换条件 I0.1 满足时，后续步 M2.3 变为活动步，M2.0 变为不活动步。

（2）选择序列合并的编程

在图 3.2.3 中，步 M2.5 之前有一个选择序列的合并，当步 M2.2 为活动步，并且转换条件 I0.4 满足，或者步 M2.4 为活动步且转换条件 I0.5 满足时，步 M2.5 应变为活动步。在步 M2.2 和步 M2.4 后续对应的程序段中，分别用 I0.4 和 I0.5 的常开触点驱动置位 M2.5 指令就能实现选择序列的合并。

3.2.2　任务实施：用选择序列实现运输带的顺序起停

利用实训设备完成运输带顺序起停的 PLC 控制电路的编程、调试、运行及故障排除。步骤如下：

1．分配 I/O 地址

根据 PLC 输入/输出点分配原则及控制要求，进行 I/O 地址分配，如表 3.2.1 所示。

表 3.2.1　运输带顺序起停的 PLC 控制 I/O 地址分配

输入		输出	
输入继电器	元件	输出继电器	元件
I0.2	启动按钮 SB1	Q0.2	1 号运输带 KM1
I0.3	停止按钮 SB2	Q0.3	2 号运输带 KM2
		Q0.4	3 号运输带 KM3

2．绘制硬件接线图

根据任务控制要求及 I/O 地址分配表，运输带顺序起停的 PLC 控制电路硬件接线图如图 3.2.5 所示。

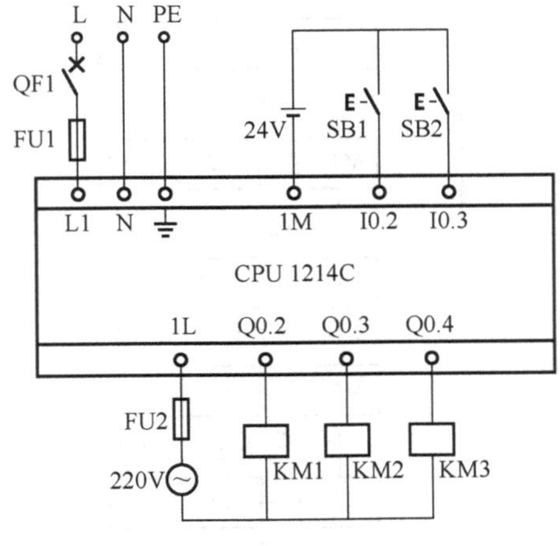

图 3.2.5　运输带顺序起停的 PLC 控制电路硬件接线图

3. 创建工程项目及硬件组态

(1) 创建工程项目

双击桌面上的图标，打开博途编程软件，在 Portal 视图中选择“创建新项目”选项，输入项目名称“J_yunshu”，选择项目保存路径，然后单击“创建”按钮，完成项目的创建。

(2) 硬件组态

在项目视图的项目树窗口中双击“添加新设备”图标，添加设备名称为 PLC_1 的设备 CPU 1214C。启用系统存储器字节 MB1，位 M1.0 首次扫描为 ON。

4. 编辑变量表

运输带顺序起停的 PLC 控制变量表如图 3.2.6 所示。

J_yunshu ▸ PLC_1 [CPU 1214C AC/DC/Rly] ▸ PLC 变量 ▸ 变量表_1 [5]

变量表_1

	名称	数据类型	地址	保持	可从 ...	从 H...	在 H...
1	启动按钮SB1	Bool	%I0.2	☐	☑	☑	☑
2	停止按钮SB2	Bool	%I0.3	☐	☑	☑	☑
3	1号运输带KM1	Bool	%Q0.2	☐	☑	☑	☑
4	2号运输带KM2	Bool	%Q0.3	☐	☑	☑	☑
5	3号运输带KM3	Bool	%Q0.4	☐	☑	☑	☑
6	<新增>			☐	☑	☑	☑

图 3.2.6 运输带顺序起停的 PLC 控制变量表

5. 编写程序

根据要求，画出运输带顺序起停的顺序功能图，如图 3.2.7 所示，使用置位、复位指令编写的控制程序如图 3.2.8 所示。

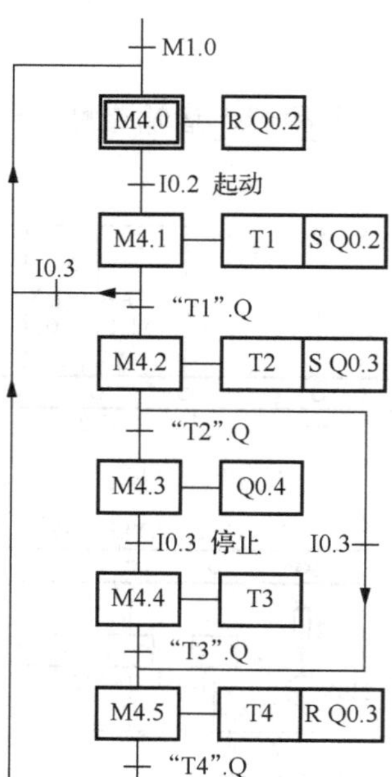

图 3.2.7 运输带顺序起停的顺序功能图

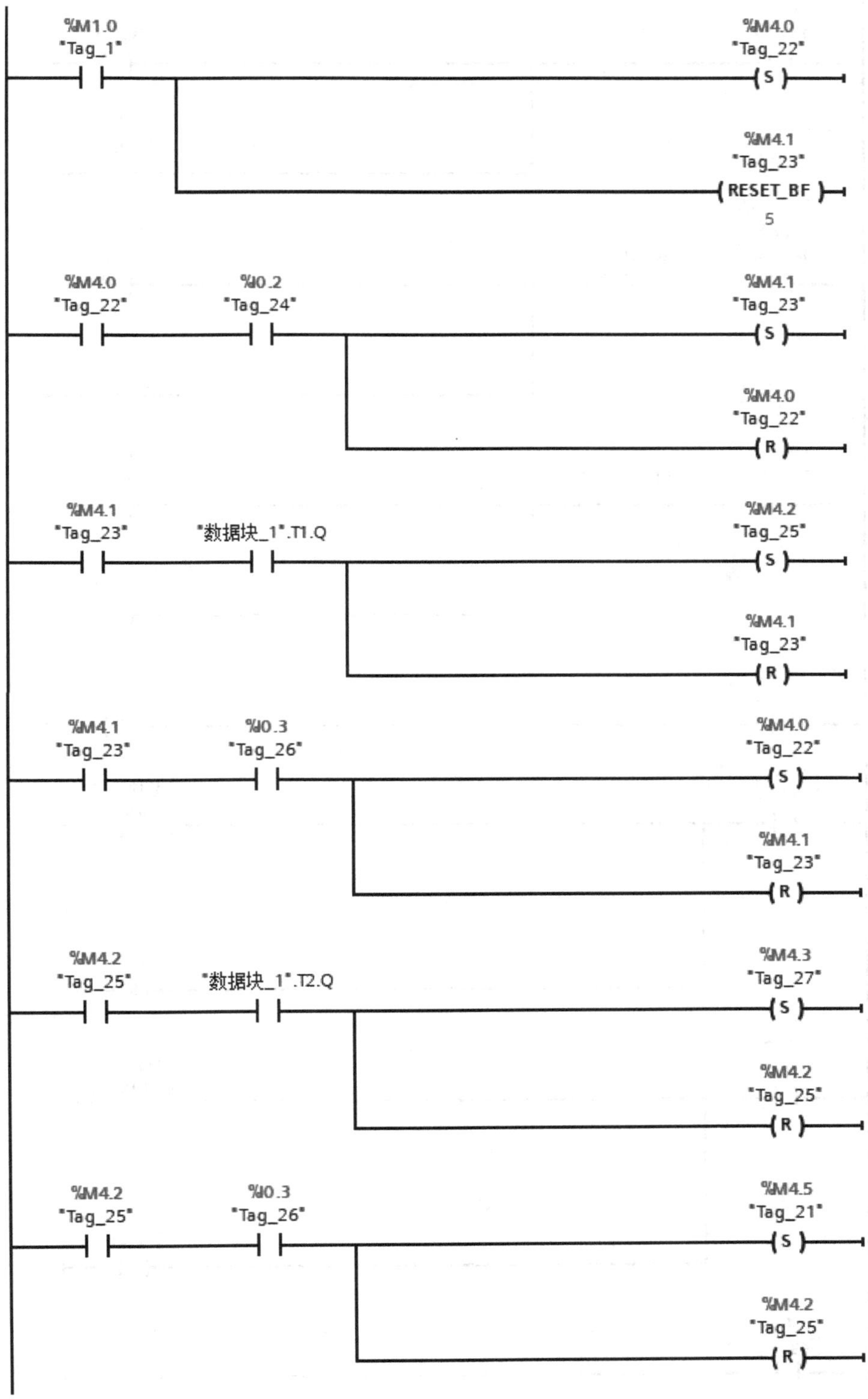

图 3.2.8　运输带顺序起停的 PLC 控制程序

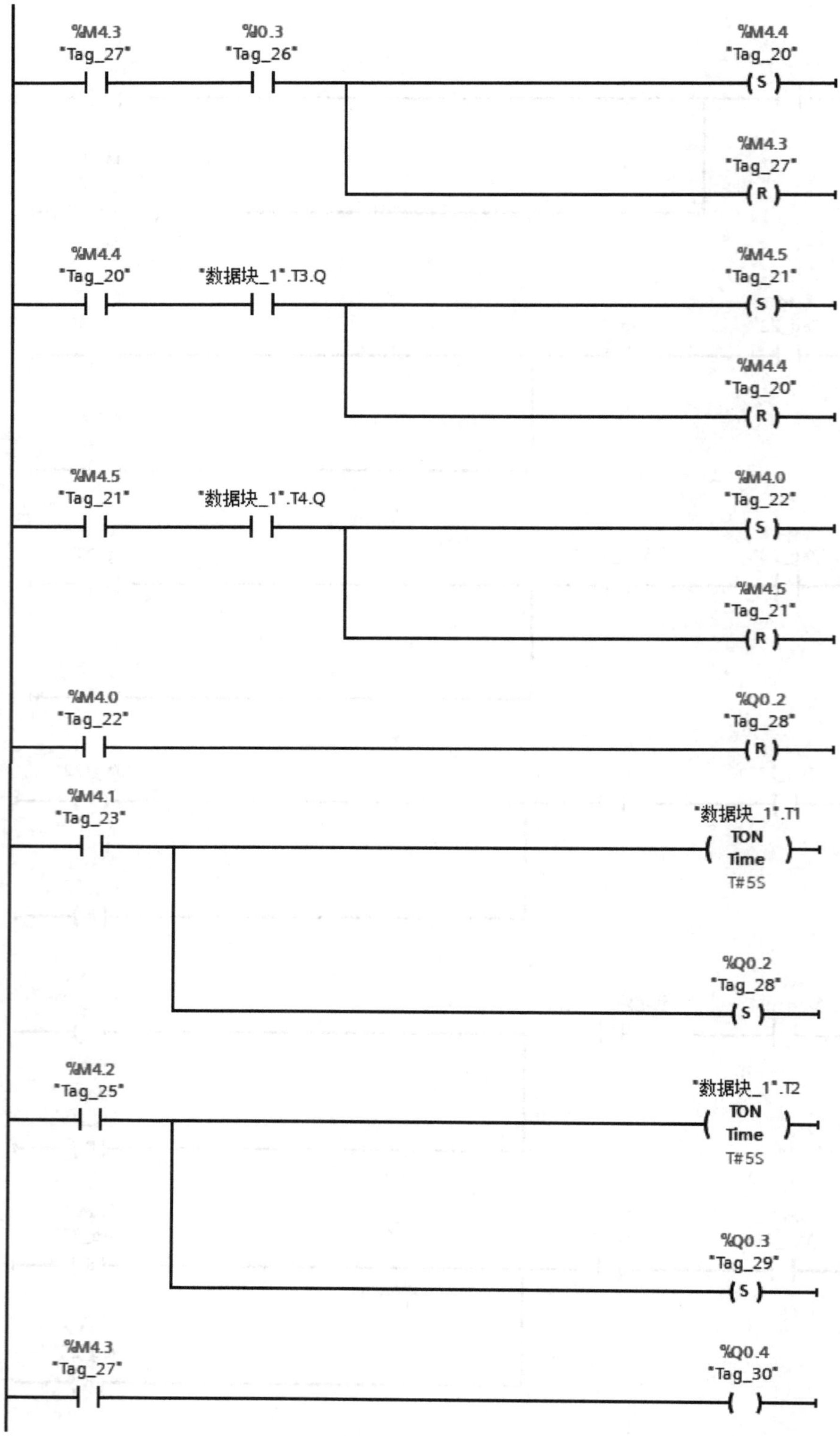
%M4.3
"Tag_27"
%I0.3
"Tag_26"
%M4.4
"Tag_20"
S
%M4.3
"Tag_27"
R
%M4.4
"Tag_20"
"数据块_1".T3.Q
%M4.5
"Tag_21"
S
%M4.4
"Tag_20"
R
%M4.5
"Tag_21"
"数据块_1".T4.Q
%M4.0
"Tag_22"
S
%M4.5
"Tag_21"
R
%M4.0
"Tag_22"
%Q0.2
"Tag_28"
R
%M4.1
"Tag_23"
"数据块_1".T1
TON
Time
T#5S
%Q0.2
"Tag_28"
S
%M4.2
"Tag_25"
"数据块_1".T2
TON
Time
T#5S
%Q0.3
"Tag_29"
S
%M4.3
"Tag_27"
%Q0.4
"Tag_30"

图 3.2.8（续）

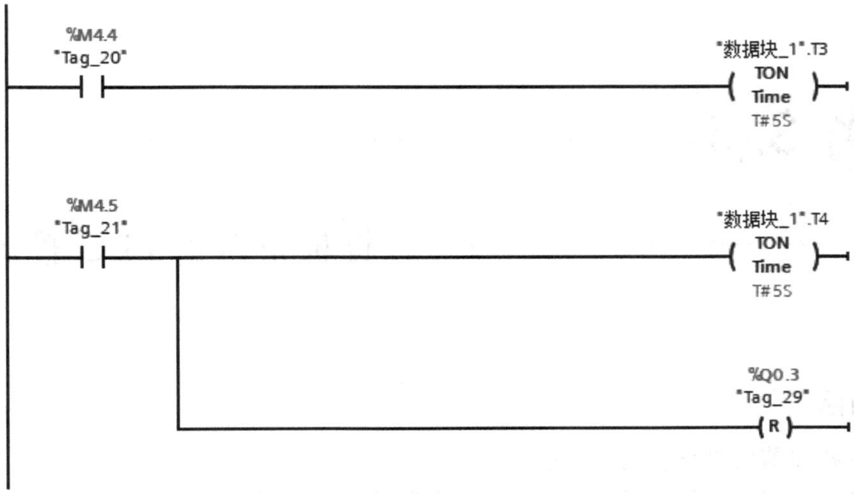

图 3.2.8（续）

6．调试程序

将用户程序及设备组态分别下载到 CPU 中，并连接好线路。按下启动按钮，观察 3 条运输带是否顺序起动；按下停止按钮，观察 3 条运输带是否顺序停止。在顺序起动 3 条运输带的过程中，操作人员如果发现异常情况，可以由起动改为停车。按下停止按钮后，观察已经起动的运输带是否停车，仍采用后起动的运输带先停车的原则。若上述调试现象与控制要求一致，则说明本任务实现。调试完成后整理器材。

思考与练习

1．设计如图 3.2.9 所示的顺序功能图的梯形图程序。

2．冲床的运动示意图如图 3.2.10 所示。初始状态时机械手在最左边，I0.4 为 ON 状态；冲头在最上面，I0.3 为 ON 状态；机械手松开（Q0.0 为 OFF 状态）。按下启动按钮 I0.0，Q0.0 变为 ON 状态，工件被夹紧并保持，2s 后 Q0.1 变为 ON 状态，机械手右行，直到碰到右限位开关 I0.1，之后将顺序完成以下动作：冲头下行，冲头上行，机械手左行，机械手松开（Q0.0 被复位），系统返回初始状态。各限位开关和定时器提供的信号是相应步之间的转换条件。画出控制系统的顺序功能图及 PLC 梯形图。

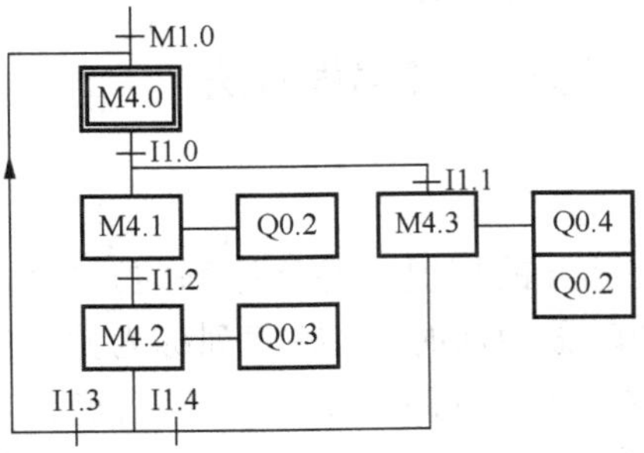

图 3.2.9　题 1 图

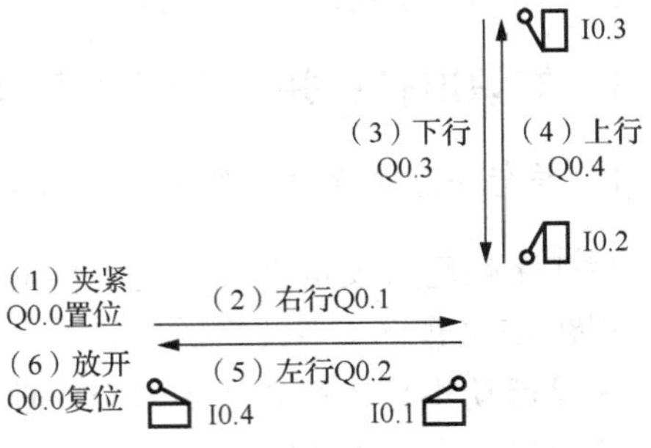

图 3.2.10　冲床的运动示意图

任务 3.3

剪板机系统的 PLC 控制

任务目标

1．能够描述剪板机系统的工作过程。

2．掌握基于置位、复位指令的并行序列顺序功能图的编程方法。

3．能够基于顺序控制设计方法绘制并行序列顺序功能图并编写程序。

4．能够利用实训设备完成剪板机的电路安装、编程、调试和运行等，能够判断并排除电路故障。

任务要求

本任务要求使用 S7-1200 PLC 实现剪板机系统的控制。图 3.3.1 所示为本任务中剪板机系统的工作示意图，其具体控制要求如下：开始时压钳和剪刀都在上限位，限位开关 I0.0 和 I0.1 都为 ON。按下压钳下行按钮 I0.5 后，首先板料右行（Q0.0 为 ON）至限位开关 I0.3 动作，然后压钳下行（Q0.3 为 ON 并保持），压钳压紧板料后，压力继电器 I0.4 为 ON，压钳保持压紧，剪刀开始下行（Q0.1 为 ON）。剪断板料后，剪刀限位开关 I0.2 变为 ON，Q0.1 和 Q0.3 为 OFF，延时 2s 后，剪刀和压钳同时上行（Q0.2 和 Q0.4 为 ON），它们分别碰到限位开关 I0.0 和 I0.1 后，分别停止上行，直至再次按下压钳下行按钮，方可进行下一个周期的工作。

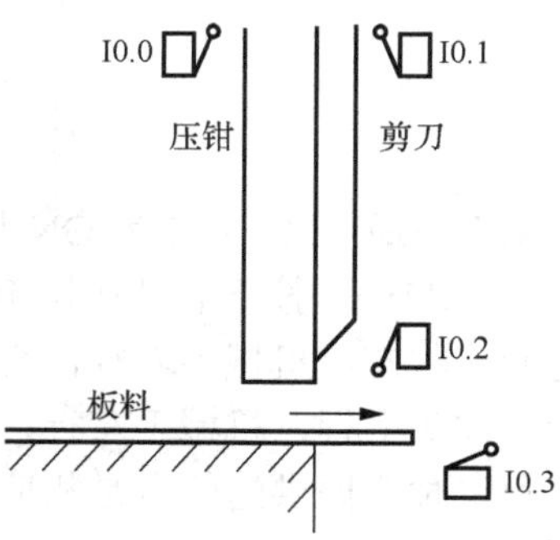

图 3.3.1　本任务中剪板机系统的工作示意图

3.3.1　知识准备：并行序列顺序功能图的结构形式及其编程方法

1．并行序列顺序功能图的结构形式

并行序列用来表示系统的几个同时工作的独立部分的情况。并行序列的开始称为分支，如图 3.3.2 所示。当转换的实现导致几个序列同时被激活时，这些序列称为并行序列。当步 3 是活动步且转换条件 e 为 ON 时，步 4、步 6 这两步同时变为活动步，同时步 3 变为不活动步。为了强调转换的实现，水平连线用双线表示。步 4、步 6 被同时激活后，每个序列中活动步的进展将是独立的。在表示同步的水平双线上，只允许有一个转换符号。

并行序列的结束称为合并，在表示同步水平双线之下，只允许有一个转换符号。当直接连在双线上的所有前级步（步 5、步 7）都处于活动状态且转换状态条件 i 为 ON 时，才会发生步 5、步 7 到步 8 的进展，步 5、步 7 同时变为不活动步，而步 8 变为活动步。

2．并行序列的编程方法

图 3.3.3 所示是一个并行序列的顺序功能图，采用 S、R 指令进行并行序列控制程序设计的梯形图如图 3.3.4 所示。

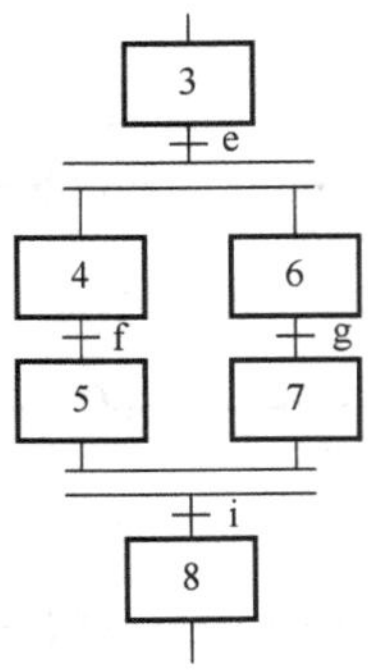

图 3.3.2　并行序列顺序功能图结构形式

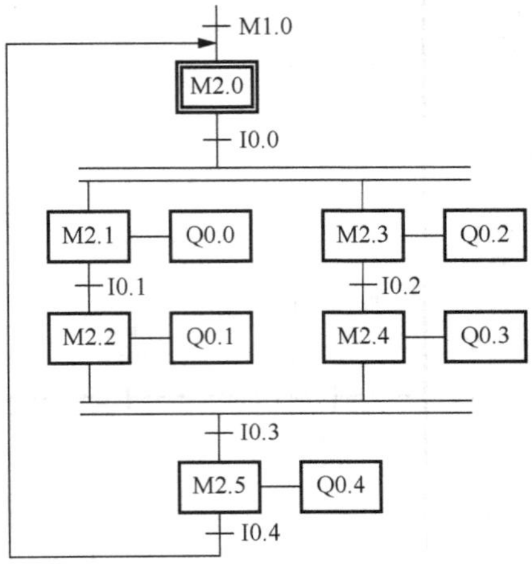

图 3.3.3　并行序列的顺序功能图

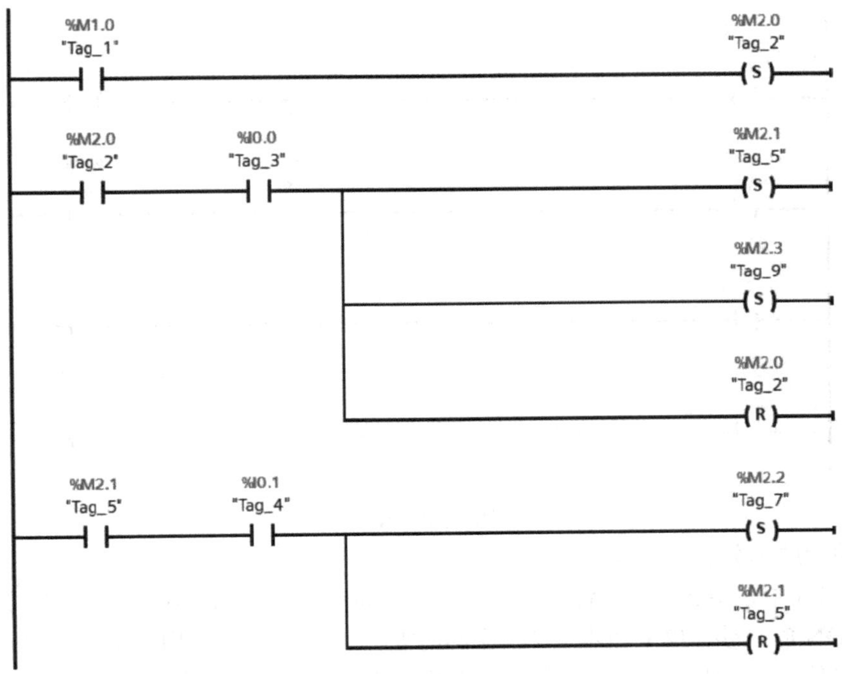

图 3.3.4　并行序列的梯形图

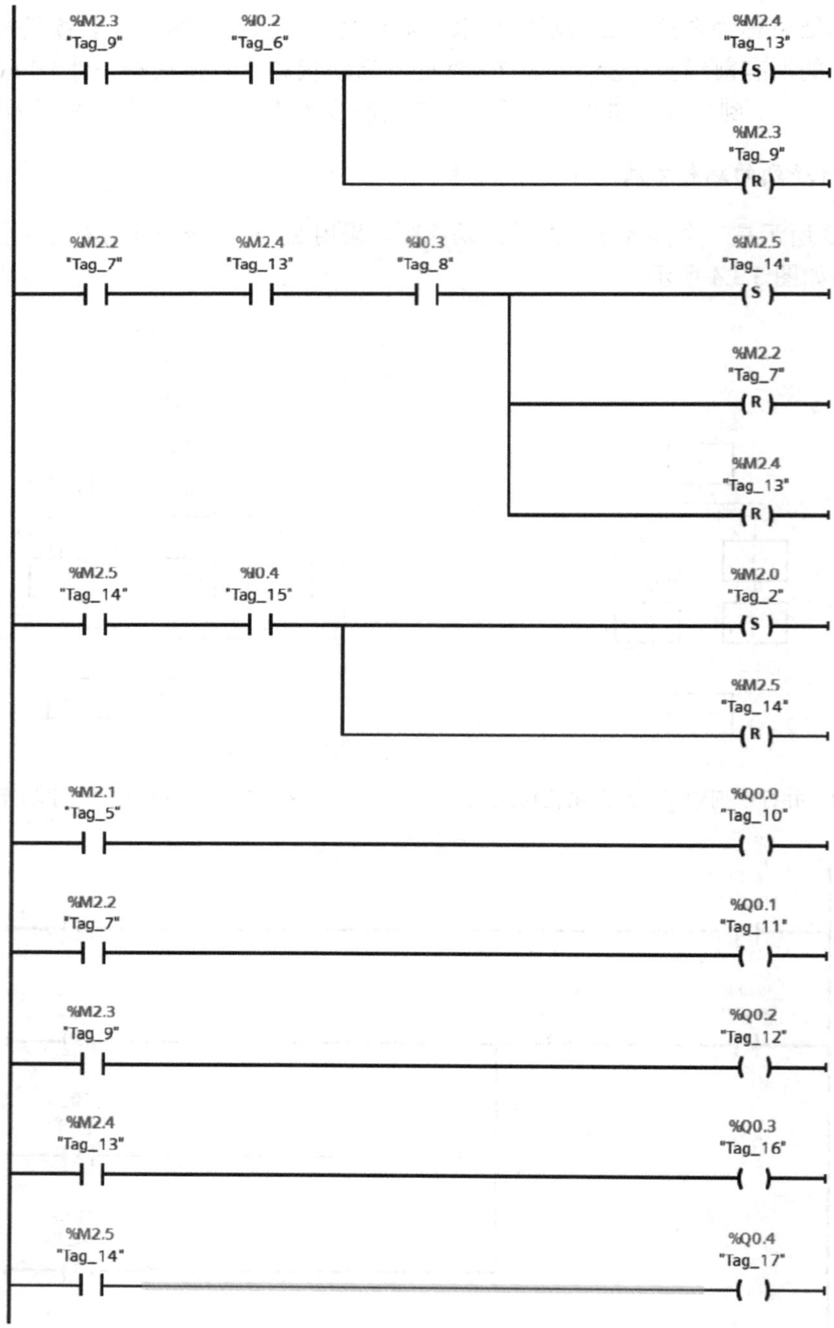

图 3.3.4（续）

（1）并行序列分支的编程

在图 3.3.3 中，步 M2.0 之后有一个并行序列的分支。当 M2.0 是活动步，并且转换条件 I0.0 为 ON 时，步 M2.1 和步 M2.3 应同时变为活动步，这时用 M2.0 和 I0.0 的常开触点串联电路使 M2.1 和 M2.3 同时置位，用复位指令使步 M2.0 变为不活动步，如图 3.3.4 所示。

（2）并行序列合并的编程

在图 3.3.3 中，在转换条件 I0.2 之前有一个并行序列的合并。当所有的前级步 M2.2 和 M2.3 都是活动步且转换条件 I0.2 为 ON 时，实现并行序列的合并。用 M2.2、M2.3 和 I0.2 的常开触点串联电路使后续步 M2.4 置位，用复位指令使前级步 M2.2、M2.3 变为不活动步，如图 3.3.4 所示。

某些控制要求有时需要并行序列的合并和并行序列的分支由一个转换条件同步实现，如图 3.3.5（a）所示，转换的上面是并行序列的合并，转换的下面是并行序列的分支，该转换实现的条件是所有的前级步 M2.0 和 M2.1 都是活动步且转换条件 I0.1 或 I0.3 为 ON。因此，应将 I0.1 的常开触点与 I0.3 的常开触点并联后再与 M2.0、M2.1 的常开触点串联，作为 M2.2、M2.3 置位和 M2.0、M2.1 复位的条件，其梯形图如图 3.3.5（b）所示。

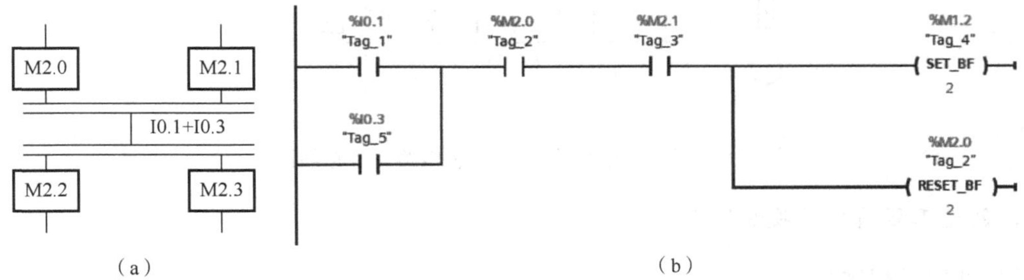

图 3.3.5 并行序列转换的同步实现

3.3.2 任务实施：用并行序列实现剪板机系统的控制

利用实训设备完成剪板机系统的 PLC 控制电路的安装、编程、调试、运行及故障排除。步骤如下：

1. 分配 I/O 地址

根据 PLC 输入/输出点分配原则及控制要求，进行 I/O 地址分配，如表 3.3.1 所示。

表 3.3.1 剪板机系统的 PLC 控制 I/O 地址分配

输入		输出	
输入继电器	元件	输出继电器	元件
I0.0	压钳上限位 SQ1	Q0.0	板料右行 KM1
I0.1	剪刀上限位 SQ2	Q0.1	剪刀下行 KM2
I0.2	剪刀下限位 SQ3	Q0.2	剪刀上行 KM3
I0.3	板料右限位 SQ4	Q0.3	压钳下行 YV1
I0.4	压力继电器 KP	Q0.4	压钳上行 YV2
I0.5	压钳下行 SB		

2. 绘制硬件接线图

根据控制要求及 I/O 地址分配表，剪板机系统的 PLC 控制电路硬件接线图如图 3.3.6 所示。

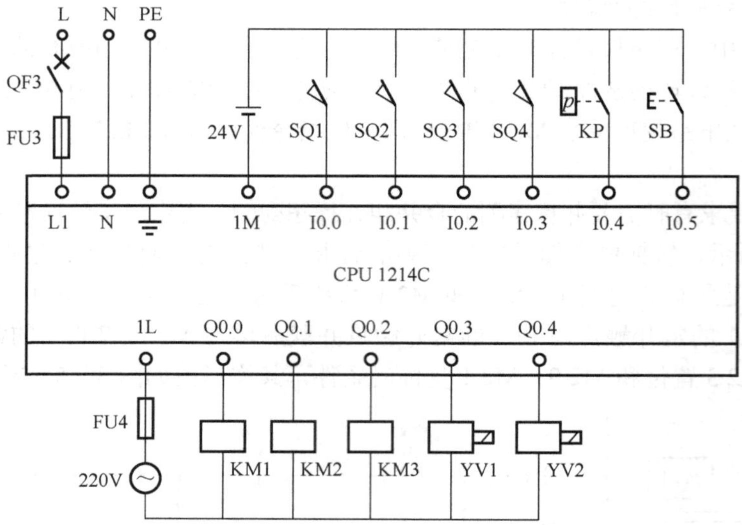

图 3.3.6　剪板机系统的 PLC 控制电路硬件接线图

3. 创建工程项目及硬件组态

（1）创建工程项目

双击桌面上的图标，打开博途编程软件，在 Portal 视图中选择“创建新项目”选项，输入项目名称“J_jianban”，选择项目保存路径，然后单击“创建”按钮，完成项目的创建。

（2）硬件组态

在项目视图的项目树窗口中双击“添加新设备”图标，添加设备名称为 PLC_1 的设备 CPU 1214C。启用系统存储器字节 MB1，位 M1.0 首次扫描为 ON。

4. 编辑变量表

剪板机系统的 PLC 控制变量表如图 3.3.7 所示。

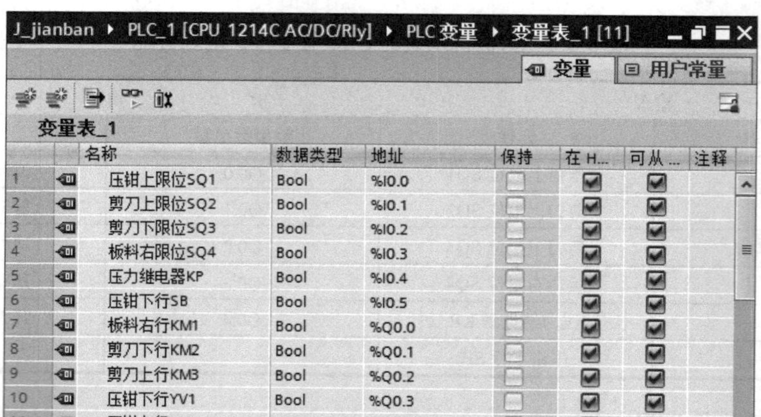

J_jianban ▸ PLC_1 [CPU 1214C AC/DC/Rly] ▸ PLC 变量 ▸ 变量表_1 [11]

变量　用户常量

变量表_1

	名称	数据类型	地址	保持	在 H...	可从 ...	注释
1	压钳上限位SQ1	Bool	%I0.0	☐	☑	☑	
2	剪刀上限位SQ2	Bool	%I0.1	☐	☑	☑	
3	剪刀下限位SQ3	Bool	%I0.2	☐	☑	☑	
4	板料右限位SQ4	Bool	%I0.3	☐	☑	☑	
5	压力继电器KP	Bool	%I0.4	☐	☑	☑	
6	压钳下行SB	Bool	%I0.5	☐	☑	☑	
7	板料右行KM1	Bool	%Q0.0	☐	☑	☑	
8	剪刀下行KM2	Bool	%Q0.1	☐	☑	☑	
9	剪刀上行KM3	Bool	%Q0.2	☐	☑	☑	
10	压钳下行YV1	Bool	%Q0.3	☐	☑	☑	
11	压钳上行YV2	Bool	%Q0.4	☐	☑	☑	

图 3.3.7　剪板机系统的 PLC 控制变量表

5．编写程序

根据要求，画出剪板机动作的顺序功能图，如图 3.3.8 所示，使用置位、复位指令编写的控制程序如图 3.3.9 所示。

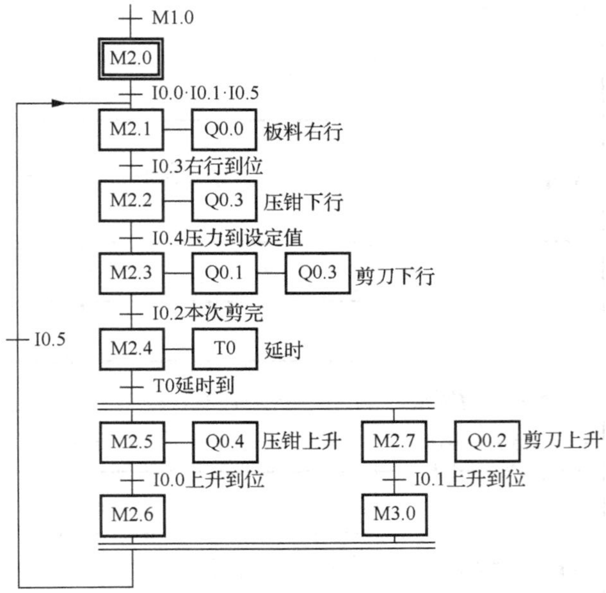

图 3.3.8　剪板机动作的顺序功能图

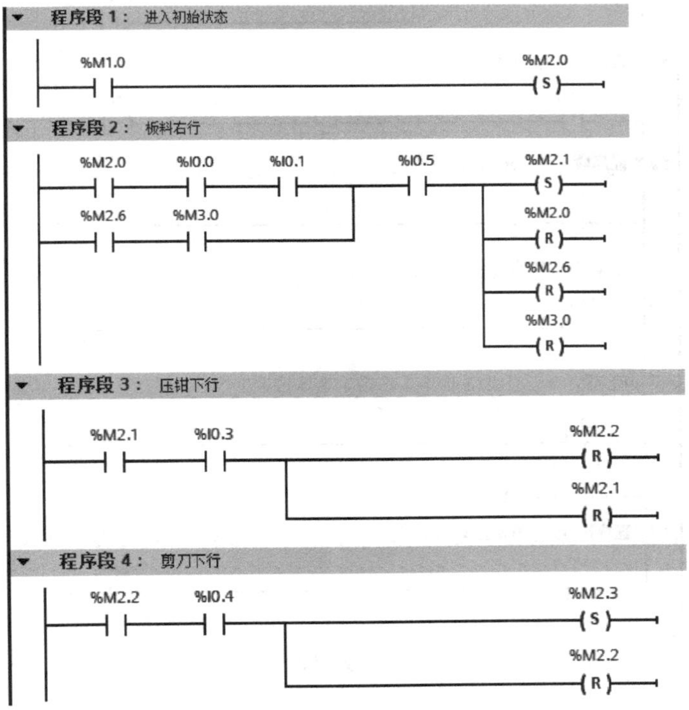

图 3.3.9　剪板机系统的 PLC 控制程序

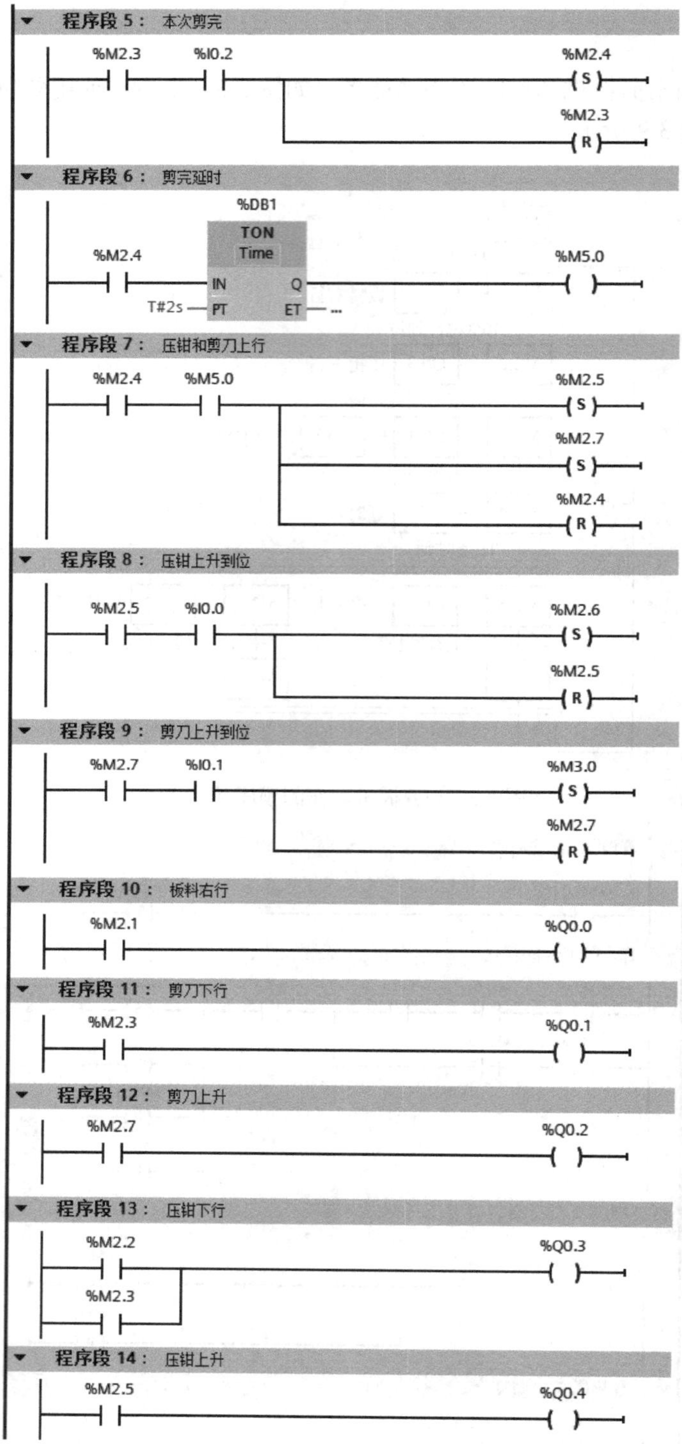

程序段 5： 本次剪完
%M2.3
%I0.2
%M2.4
S
%M2.3
R
程序段 6： 剪完延时
%DB1
TON
Time
%M2.4
IN
Q
T#2s
PT
ET
%M5.0
程序段 7： 压钳和剪刀上行
%M2.4
%M5.0
%M2.5
S
%M2.7
S
%M2.4
R
程序段 8： 压钳上升到位
%M2.5
%I0.0
%M2.6
S
%M2.5
R
程序段 9： 剪刀上升到位
%M2.7
%I0.1
%M3.0
S
%M2.7
R
程序段 10： 板料右行
%M2.1
%Q0.0
程序段 11： 剪刀下行
%M2.3
%Q0.1
程序段 12： 剪刀上升
%M2.7
%Q0.2
程序段 13： 压钳下行
%M2.2
%M2.3
%Q0.3
程序段 14： 压钳上升
%M2.5
%Q0.4

图 3.3.9（续）

6．调试程序

将用户程序及设备组态分别下载到 CPU 中，并连接好线路。为线路通电，观察压钳和剪刀上限位是否动作，若已动作，说明它们已在原位准备就绪，这时按下压钳下行按钮，观察板料是否右行。若碰到右行限位开关，则观察板料是否停止运行，同时压钳是否下行。当压力继电器动作时，观察剪刀是否下行。当剪完本次板料后，观察是否延时 2s 后压钳和剪刀均上升；各自上升到位后，是否停止。再次按下压钳下行按钮，观察压钳是否再次下行，若下行，则说明剪板机系统能进行循环工作。若上述调试现象与控制要求一致，则说明本任务实现。调试完成后整理器材。

思考与练习

1．试设计图 3.3.10 所示的顺序功能图的梯形图程序。

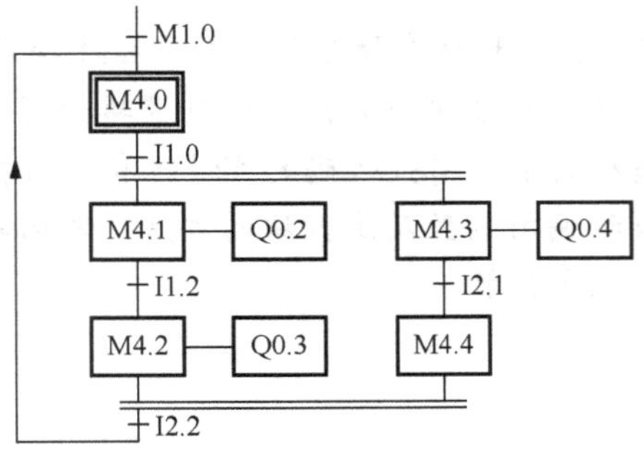

图 3.3.10　题 1 图

2．某专用钻床工作示意图如图 3.3.11 所示。此钻床用来加工圆盘状零件上均匀分布的 6 个孔。在进入自动运行之前，两个钻头在最上面，上限位开关 I0.3 和 I0.5 为 ON。操作人员放好工件后，按下启动按钮 I0.0，Q0.0 变为 ON，工件被夹紧，夹紧后压力继电器 I0.1 为 ON，Q0.1 和 Q0.3 使两只钻头同时开始向下钻孔。钻到由下限位开关 I0.2 和 I0.4 设定的深度时，Q0.2 和 Q0.4 使两只钻头分别上升，升到由上限位开关 I0.3 和 I0.5 设定的起始位置时停止上升，设定值为 3 的计数器的当前值加 1。两个都上升到位后，若没有钻完 3 对孔，Q0.5 使工件旋转 120° 到位时，限位开关 I0.6 为 ON，又开始钻第 2 对孔。3 对孔都钻完后，计数器的当前值等于设定值 3，Q0.6 使工件松开，松开到位时，限位开关 I0.7 为 ON，系统返回初始状态。试编写该顺序控制系统梯形图。

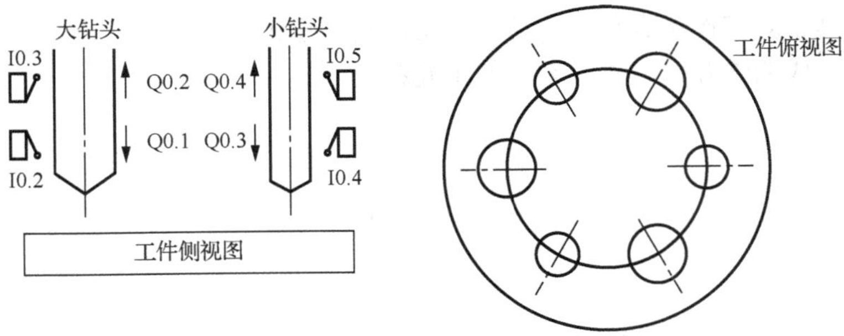

图 3.3.11　某专用钻床工作示意图

项目 4

S7-1200 函数块与组织块的编程及应用

◎ 项目导读

在工业自动化控制中，程序块被广泛应用。PLC 程序块是 PLC 编程中用于实现特定控制功能的基本单元。这些程序块将复杂的控制逻辑分解为若干独立的、功能明确的模块，从而可以提高编程效率，增强代码的可读性和可维护性。

本项目主要介绍生成和调用函数及函数块的方法、不同类型局部变量的作用、常见组织块的应用等基础知识和技能。

◎ 学习目标

知识目标

- 了解多级分频器及电动机断续运行的工作过程。
- 熟悉函数和函数块的特点及区别。
- 熟悉常用的几种组织块。

能力目标

- 能够生成和调用函数和函数块。
- 能够灵活运用启动组织块和循环中断组织块。

素养目标

- 具备对工作认真负责、精益求精的责任意识。
- 形成团结互助、勇于创新的工匠精神。

任务 4.1

多级分频器的PLC控制

任务目标

1．能够描述多级分频器的控制过程。

2．掌握生成与调用函数、函数块的方法。

3．掌握 FC 及 FB 各种类型局部变量的作用。

4．能够利用实训设备完成多级变频器的电路安装、编程、调试和运行等，能够判断并排除电路故障。

任务要求

使用 S7-1200 PLC 实现多级分频器的控制要求：当转换开关 SA 接通时，Q0.0、Q0.1、Q0.2 和 Q0.3 输出频率为 1Hz、0.5Hz、0.25Hz 和 0.125Hz 的脉冲信号，同时接在输出端 Q0.5、Q0.6、Q0.7 和 Q1.0 的相应指示灯亮。当转换开关 SA 关断时，无脉冲输出且所有指示灯全部熄灭。

4.1.1　知识准备：生成与调用函数、函数块

S7-1200 PLC 与 S7-300/400 PLC 一样，编程采用块的概念，即将程序分解为独立的、自成体系的各个部件，块类似于子程序的功能，但类型更多，功能更强大。在工业控制中，程序往往是非常庞大和复杂的，采用块的概念便于大规模地设计、阅读和理解程序，还可以设计标准化的块程序进行重复调用，使程序结构清晰明了、修改方便、调试简单。采用块结构显著地增加了 PLC 程序的组织透明性、可理解性和易维护性。

S7-1200 PLC 程序提供了多种不同类型的块，如表 4.1.1 所示。

表 4.1.1　S7-1200 PLC 的用户程序中的块

块（block）	简要描述
组织块（OB）	操作系统与用户程序的接口，决定用户程序的结构
函数（FC）	用户编写的包含经常使用的功能子程序，无专用的存储区
函数块（FB）	用户编写的包含经常使用的功能子程序，有专用的存储区（背景数据块）
数据块（DB）	存储用户数据的数据区域

函数（FC，又称功能）和函数块（FB，又称功能块）都是用户编写的程序块，类似于子程序功能，它们包含用于完成特定任务的程序。用户可以将具有相同或相近控制过程的

程序编写在 FC 或 FB 中，然后在主程序 OB1 或其他程序块（包含组织块、函数和函数块）中调用 FC 或 FB。

FC 或 FB 有与调用它的块共享的输入、输出参数，执行完 FC 和 FB 后，将执行结果返回给调用它的程序块。

函数没有固定的存储区，功能执行结束后，其局部变量中的临时数据就丢失了。可以用全局变量来存储那些在功能执行结束后需要保存的数据。而函数块是有自己存储区（背景数据块）的块，FB 的典型应用是执行不能在一个扫描周期内结束的操作。每次调用功能块时，都需要指定一个背景数据块。后者随函数块的调用而打开，在调用结束时自动关闭。函数块的输入、输出参数和静态变量（Static）用指定的背景数据块保存，但是不会保存临时局部变量（Temp）中的数据。函数块执行完后，背景数据块中的数据不会丢失。

1．生成与调用函数

（1）生成函数 FC

打开博途软件的项目视图，生成一个名为“FC_First”的新项目。双击项目树中的“添加新设备”选项，添加一个新设备 CPU 1214C。

打开项目视图中的文件夹“\PLC_1\程序块”，双击其中的“添加新块”选项，如图 4.1.1 所示，打开“添加新块”对话框，如图 4.1.2 所示，单击其中的“函数”图标，FC 的默认编号为“1”，默认语言为“LAD”（梯形图）。设置函数的名称为“M_lianxu”，默认名称为“块_1”。选中左下角的“新增并打开”复选框，然后单击“确定”按钮，自动生成 FC1，并打开其编程窗口，可以在项目树的文件夹“\PLC_1\程序块”中看到新生成的 FC1（M_lianxu[FC1]），如图 4.1.1 所示。

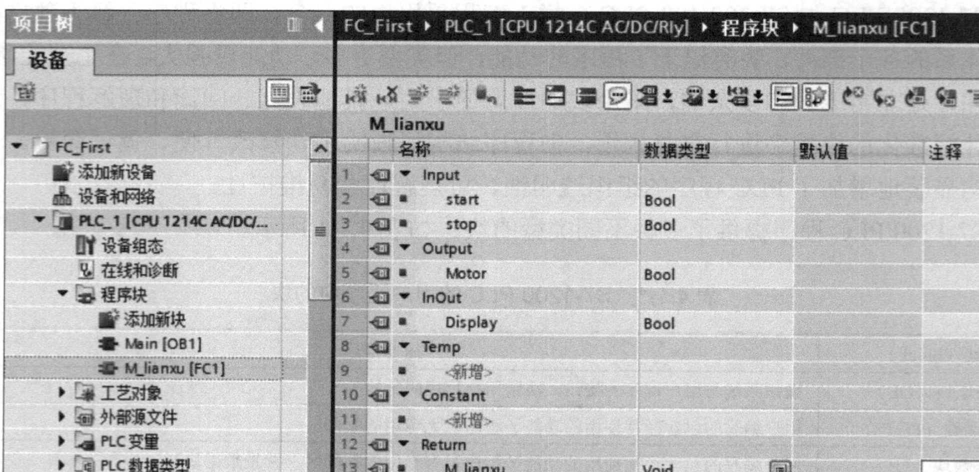

图 4.1.1　项目树与 FC1 的局部变量

图 4.1.2　添加新块——函数

（2）生成函数 FC 的局部变量

将光标移至 FC1 的程序区最上面标有“块接口”的分隔条上，按住鼠标左键不放，往下拉动分隔条，分隔条上面是函数的接口（Interface）区，如图 4.1.1 右侧所示，下面是程序区。将分隔条拉至程序编辑器视窗的顶部，不再显示接口区，但是它仍然存在。

在函数的接口区生成其局部变量，并且只能在函数所在的块中使用且为符号寻址访问。块的局部变量的名称由字符（包括汉字）、下画线和数字组成，在编程时，程序编辑器自动地在局部变量名前加上#号来标识它们（全局变量或符号使用双引号，绝对地址使用%）。函数主要有以下 5 种局部变量。

1）Input（输入参数）：用于接收调用它的主调块提供的输入数据。

2）Output（输出参数）：用于将块的程序执行结果返回给主调块。

3）InOut（输入/输出参数）：初值由主调块提供，块执行完后用同一个参数将它的值返回给主调块。

4）Return（返回）：Return 中的 M_lianxu（返回值）属于输出参数。

5）Temp（临时数据）：暂时保存在局部堆栈中的数据。每次调用块之后，临时数据可能被同一优先级中后面调用的块的临时数据覆盖。

在此函数中实现两种电动机的连续运行控制，控制模式相同：按下启动按钮（电动机 1 对应 I0.0，电动机 2 对应 I0.2），电动机起动运行（电动机 1 对应 Q0.0，电动机 2 对应

Q0.2)；按下停止按钮（电动机 1 对应 I0.1，电动机 2 对应 I0.3），电动机停止运行，电动机工作指示分别为 Q0.1 和 Q0.3。此电动机过载保护用的热继电器的常闭触点接在 PLC 的输出回路中。

下面生成上述电动机连续控制的函数局部变量。

在 Input 下面的“名称”列生成变量“Start”和“Stop”，单击“数据类型”列下的按钮，在弹出的下拉列表中设置其数据类型为 Bool，默认为 Bool 型。

在 InOut 下面的“名称”列生成变量“Display”，选择数据类型为 Bool。

在 Output 下面的“名称”列生成变量“Motor”，选择数据类型为 Bool。

生成局部变量时，不需要指定存储器地址。根据各变量的数据类型，程序编辑器自动为所有局部变量指定存储器地址。

图 4.1.1 中返回值 M_lianxu（函数 FC 的名称）属于输出参数，默认的数据类型为 Void，该数据类型不保存数据，用于函数不需要返回值的情况。在调用 FC1 时，看不到 M_lianxu。如果将它设置为 Void 以外的数据类型，在 FC1 内部编程时可以使用该变量，调用 FC1 时可以在方框的右边看到作为输出参数的 M_lianxu。

（3）编写 FC 中的程序

在自动打开的 FC1 程序编辑视窗中编写上述电动机连续运行控制程序，程序窗口同 Main 主程序（OB1）。电动机连续运行的程序设计如图 4.1.3 所示，并对其进行编译。

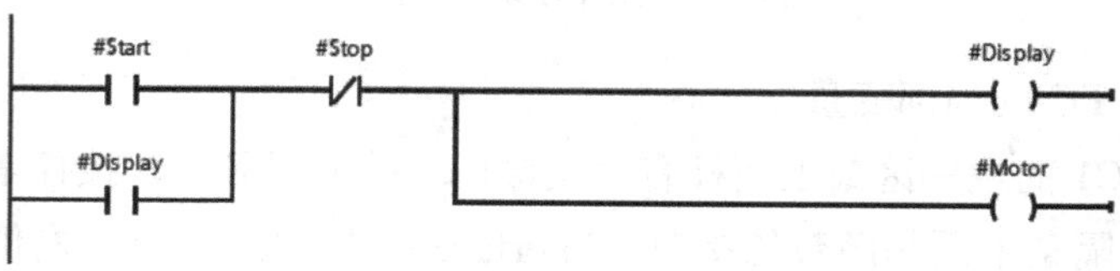

图 4.1.3　FC1 的电动机连续运行程序

编程时，单击触点或线圈上方的<??.?>，可手动输入其名称，或再次单击<??.?>，通过弹出的按钮，在下拉列表中选择其变量。

（4）在 OB1 中调用 FC

在 OB1 程序编辑视窗中，将项目树中的 FC1 拖放到右边的程序区的水平导线上，如图 4.1.4 所示。FC1 的方框中左边的“Start”等是 FC1 的接口区中定义的输入参数和输入/输出参数，右边的“Motor”是输出参数。它们被称为 FC 的形式参数（简称形参）。形参在 FC 内部的程序中使用，在其他逻辑块（包括组织块、函数和函数块）中调用 FC 时，需要为每个形参指定实际的参数（简称实参）。实参与其对应的形参应具有相同的数据类型。

指定形参时，可以使用变量表和全局数据块中定义的符号地址或绝对地址，也可以是调用 FC1 的块（OB1）的局部变量。

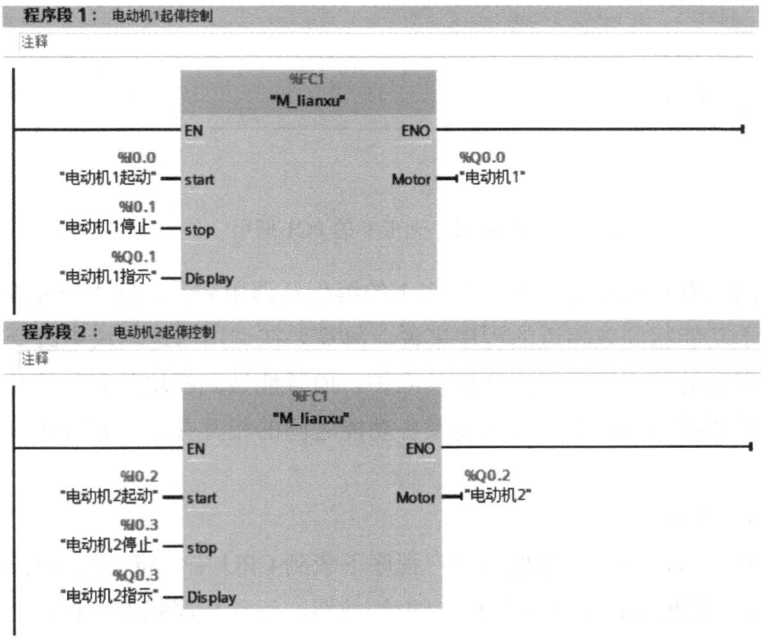

图 4.1.4　在 OB1 中调用 FC1

如果在 FC1 中不使用局部变量，直接使用绝对地址或符号地址进行编程，则如同在主程序中编程一样，若使用这些程序段，则必须在主程序或其他逻辑块中加以调用。若上述控制要求在 FC1 中未使用局部变量（无形参），则编程如图 4.1.5 所示。

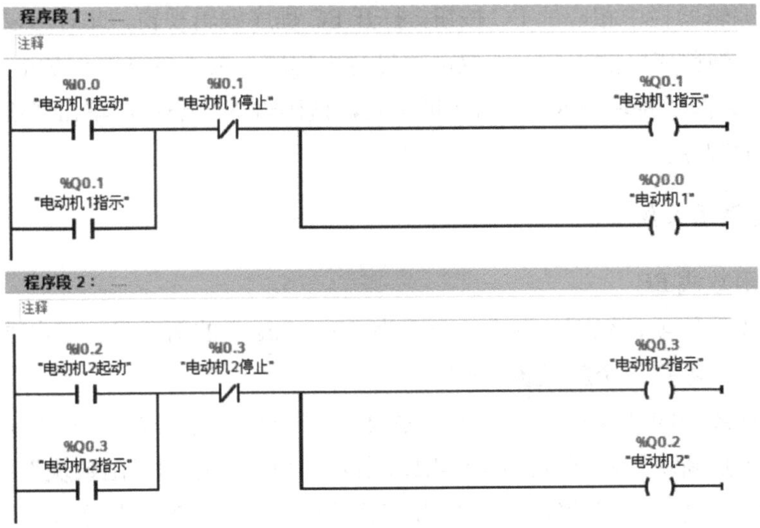

图 4.1.5　无形参的 FC1 编程

在 OB1 中调用 FC1 时，如图 4.1.6 所示。

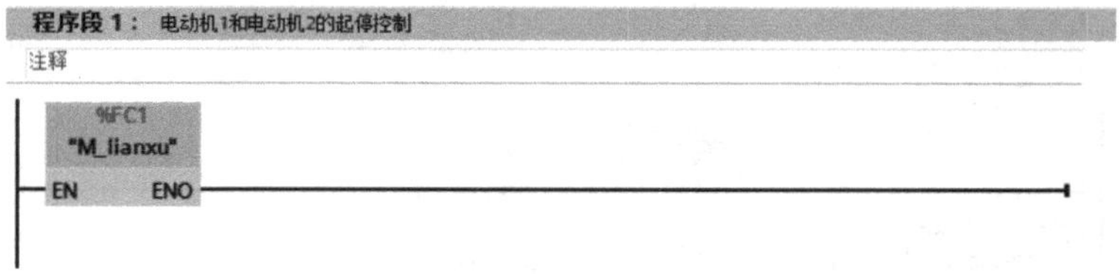

图 4.1.6 无形参的 FC1 调用

从上述使用形参和未使用形参进行 FC1 的编程及调用来看，使用形参编程比较方便灵活。特别是对于功能相同或相近的程序来说，只需要在调用的逻辑块中改变 FC 的实参即可，使用形参编制的程序便于用户阅读及维护，而且能做到模块化和结构化的编程，比线性化编程更易理解控制系统的各种功能及各功能之间的相互关系。建议用户使用有形参的 FC 的编程方式。

（5）调试 FC 程序

选中项目 PLC_1，将组态数据和用户程序下载到 CPU 中，将 CPU 切换到 RUN 模式。打开 FC 的程序编辑视图，单击工具栏中的按钮，启动程序状态监控功能，监控方法同主程序。

（6）为块提供密码保护

选中需要密码保护的 FC（或 FB、OB 等其他逻辑块），执行菜单命令“编辑”→“专有技术保护”→“定义”，在打开的“定义密码”对话框中输入新密码和确认密码，单击“确定”按钮后，项目树中相应的 FC 的图标上出现一把锁的符号，表示相应的 FC 受到保护。单击巡视窗口编辑器栏中相应的 FC 按钮，打开 FC 程序编辑视窗，此时可以看到接口区的变量，但是看不到程序区的程序。若双击项目树中程序块文件夹下带保护的 FC，则会打开“访问保护”对话框，要求输入 FC 的保护密码，密码输入正确后，单击“确定”按钮，可以看到程序区的程序。

2．生成与调用函数块

（1）生成函数块 FB

打开博途软件的项目视图，生成一个名为“FB_First”的新项目。双击项目树中的“添加新设备”选项，添加一个新设备 CPU 1214C。

打开项目视图中的文件夹“\PLC_1\程序块”，双击其中的“添加新块”选项，如图 4.1.1 所示，打开“添加新块”对话框，如图 4.1.2 所示，单击其中的“函数块”图标，FB 默认的编号方式为“自动”且初始编号为“1”，编程语言为“LAD”（梯形图）。设置函数块的名称为“M_baozha”，默认名称为“块_1”。选中左下角的“新增并打开”复选框，然后单击“确定”按钮，自动生成 FB1，并打开其编程窗口，可以在项目树的文件夹“\PLC_1\程序块”中看到新生成的 FB1（M_baozha[FB1]），如图 4.1.7 所示。

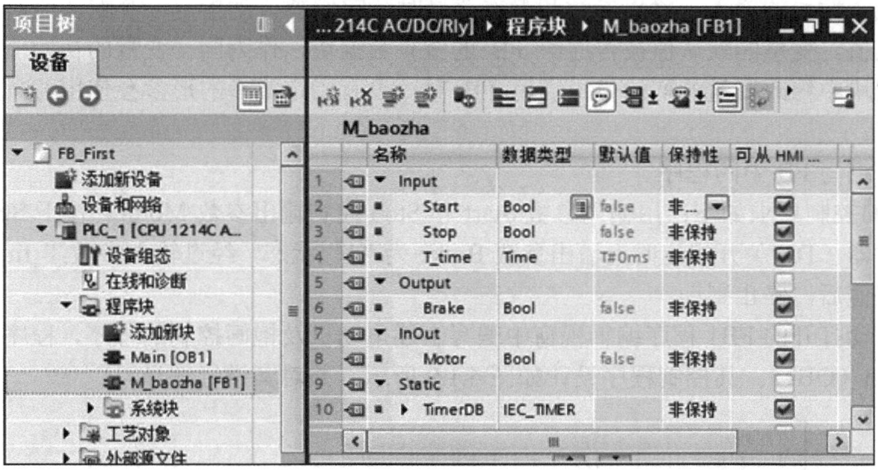

图 4.1.7　FB1 的局部变量

（2）生成函数块 FB 的局部数据

将光标移至 FB1 的程序区最上面的分隔条上，按住鼠标左键不放，往下拉动分隔条，分隔条上面是功能的接口（Interface）区，如图 4.1.7 右侧所示，下面是程序编辑区。将分隔条拉至程序编辑器视窗的顶部，不再显示接口区，但是它仍然存在。

与函数相同，函数块的局部变量中也有 Input（输入）参数、Output（输出）参数、InOut（输入/输出）参数和 Temp（临时）等参数。

函数块执行完后，下一次重新调用它时，其 Static（静态）变量中的值保持不变。

背景数据块中的变量就是其函数块变量中的 Input、Output、InOut 参数和 Static 变量，如图 4.1.7 和图 4.1.8 所示。函数块的数据永久性地保存在它的背景数据块中，在函数块执行完后也不会丢失，以供下次使用。其他代码块可以访问背景数据块中的变量。不能直接删除和修改背景数据块中的变量，只能在它的函数块的接口区中删除和修改这些变量。

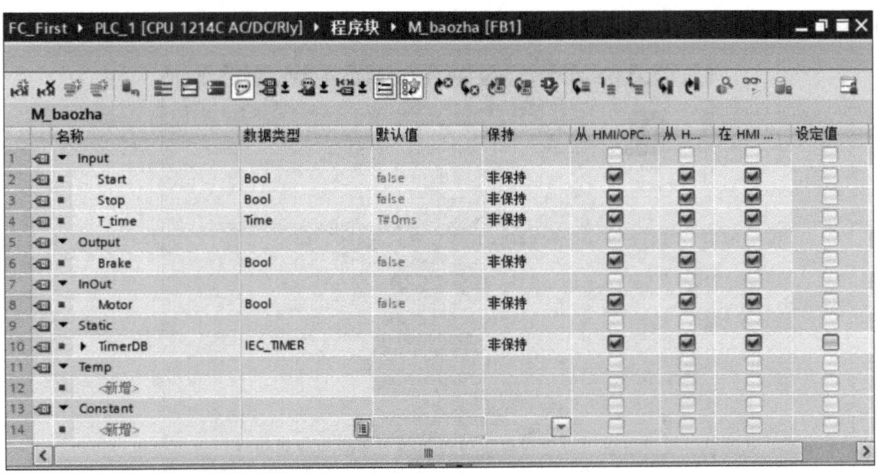

图 4.1.8　FB1 的背景数据块

生成函数块的输入、输出参数和静态变量时，它们被自动指定一个默认值，可以修改这些默认值。变量的默认值被传送给 FB 的背景数据块，作为同一变量的初始值。可以在背景数据块中修改变量的初始值。调用 FB 时，没有指定实参的形参会使用背景数据块中的初始值。

（3）编写 FB 中的程序

FB 的控制要求如下：用输入参数 Start 和 Stop 控制输出参数 Motor。按下 Start，断电延时定时器（TOF）开始定时，输出参数 Brake 为“1”状态，经过输入参数 T_time 设置的时间预置值后，停止制动。

在自动打开的 FB1 程序编辑视窗中编写上述电动机及抱闸控制的程序，程序窗口同主程序 Main（OB1）。其控制程序设计如图 4.1.9 所示，并对其进行编译。

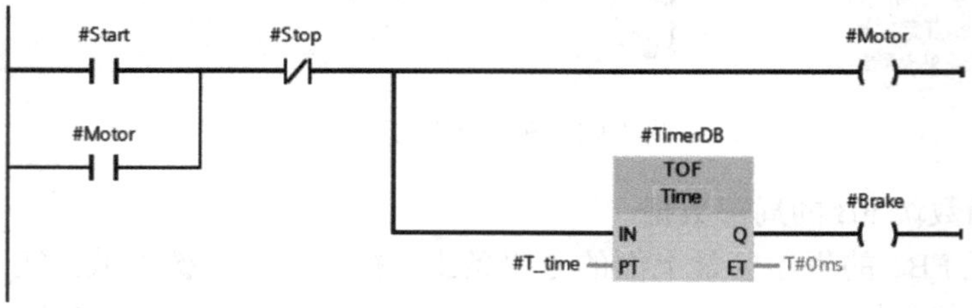

图 4.1.9　FB1 中的程序

TOF 的参数用静态变量 TimerDB 来保存，其数据类型为 IEC_TIMER。

（4）在 OB1 中调用 FB

在 OB1 程序编辑视窗中，将项目树中的 FB 拖放到右边程序区的水平导线上，松开鼠标左键时，在打开的“调用选项”对话框中，输入 FB1 背景数据块名称，在此采用默认名称，如图 4.1.10 所示，单击“确定”按钮后，则自动生成 FB1 的背景数据块 DB2（DB1 为断电延时定时器 TOF 的背景数据块）。FB1 的方框中左边的“Start”等是 FB1 的接口区中定义的输入参数和输入/输出参数，右边的“Brake”是输出参数。它们是 FB1 的形参，在此它们的实参分别被赋予 I0.0、I0.1、T#15S、Q0.0、Q0.1，如图 4.1.11 所示。

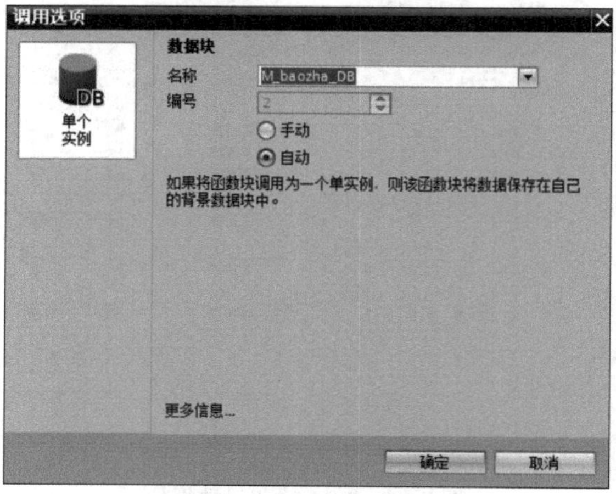

图 4.1.10　创建 FB1 的背景数据块

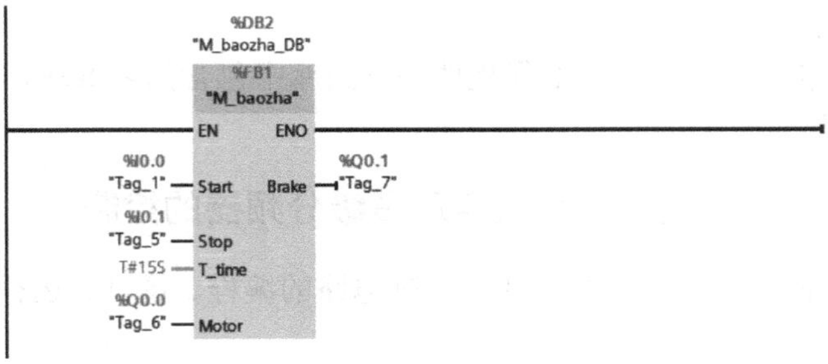

图 4.1.11 在 OB1 中调用 FB1

（5）处理调用错误

在 OB1 中已经调用完 FB1 后，若在 FB1 中增加或删减某个参数，或者修改了某个参数名称或其默认值，则在 OB1 中被调用的 FB1 的方框或字符或背景数据块将变为红色。这时单击程序编辑器的工具栏中的“更新块调用”按钮，FB1 中的红色错误标记即消失，也可以在 OB1 中删除 FB1，重新调用。

3. 多重背景数据块

若一个程序需要使用多个定时器或计数器指令，则需要为每个定时器或计数器指定一个背景数据块，这是因为这些指令的多次使用将会生成大量的数据块“碎片”。为了解决这个问题，在函数块中使用定时器、计数器指令时，可以在函数块的接口区定义数据类型为 IEC_TIMER 或 IEC_COUNTER 的静态变量，用这些静态变量来提供定时器和计数器的背景数据。这种函数块的背景数据块称为多重背景数据块，如图 4.1.12 所示。

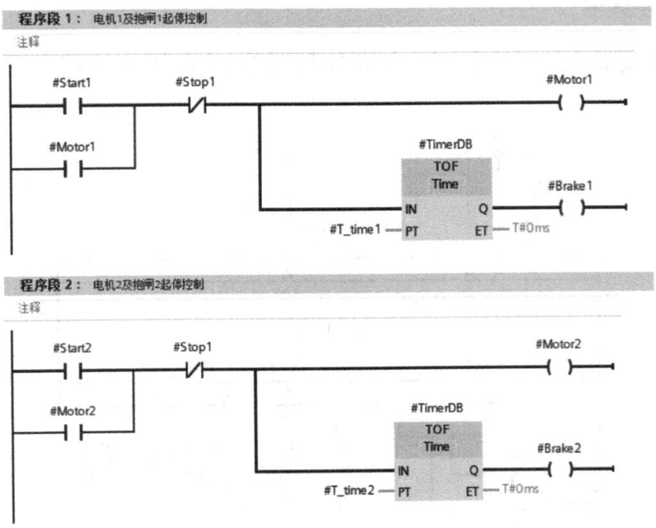

图 4.1.12 多重背景数据块的使用

这样多个定时器或计数器的背景数据被包含在它们所在的函数块的背景数据块中，而不需要为每个定时器或计数器设置一个单独的背景数据块。因此，减少了处理数据的时间，能更合理地利用存储空间。在共享的多重背景数据块中，定时器、计数器的数据结构之间不会产生相互作用。

只能以多重背景方式调用博途编程软件提供的库中包含的函数块，不能以多重背景方式调用用户创建的函数块。

4.1.2 任务实施：用函数、函数块实现多级分频器的控制

利用实训设备完成多级分频器的 PLC 控制电路的编程、调试、运行及故障排除。步骤如下：

1．分配 I/O 地址

根据 PLC 输入/输出点分配原则及控制要求，进行 I/O 地址分配，如表 4.1.2 所示。

表 4.1.2 多级分频器的 PLC 控制 I/O 地址分配

输入		输出	
输入继电器	元件	输出继电器	元件
I0.0	转换开关 SA	Q0.0	1Hz 脉冲
		Q0.1	0.5Hz 脉冲
		Q0.2	0.25Hz 脉冲
		Q0.3	0.125Hz 脉冲
		Q0.5	1Hz 指示 HL1
		Q0.6	0.5Hz 指示 HL2
		Q0.7	0.25Hz 指示 HL3
		Q1.0	0.125Hz 指示 HL4

2．绘制硬件接线图

根据控制要求及 I/O 地址分配表，多级分频器的 PLC 控制电路硬件接线图如图 4.1.13 所示。

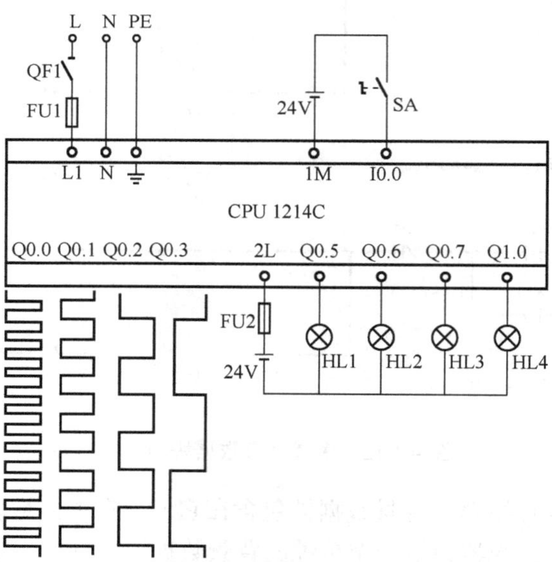

图 4.1.13 多级分频器的 PLC 控制电路硬件接线图

3．创建工程项目及硬件组态

双击桌面上的图标，打开博途编程软件，在 Portal 视图中选择“创建新项目”选项，输入项目名称“F_duofen”，选择项目保存路径，然后单击“创建”按钮，完成项目的创建，并进行项目的硬件组态。

4．编辑变量表

多级分频器的 PLC 控制变量表如图 4.1.14 所示。

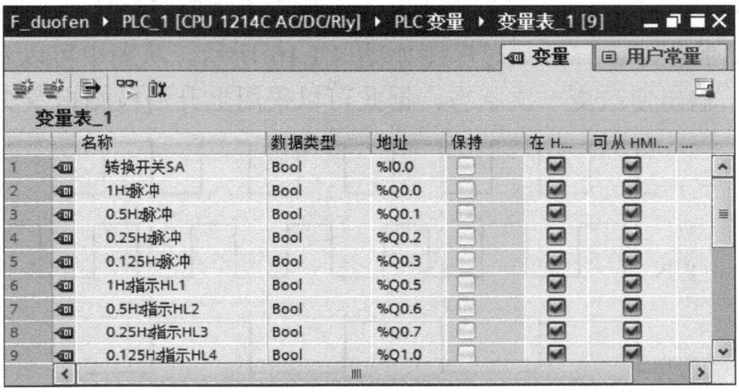

	名称	数据类型	地址	保持	在 H...	可从 HMI...
1	转换开关SA	Bool	%I0.0	☐	☑	☑
2	1Hz脉冲	Bool	%Q0.0	☐	☑	☑
3	0.5Hz脉冲	Bool	%Q0.1	☐	☑	☑
4	0.25Hz脉冲	Bool	%Q0.2	☐	☑	☑
5	0.125Hz脉冲	Bool	%Q0.3	☐	☑	☑
6	1Hz指示HL1	Bool	%Q0.5	☐	☑	☑
7	0.5Hz指示HL2	Bool	%Q0.6	☐	☑	☑
8	0.25Hz指示HL3	Bool	%Q0.7	☐	☑	☑
9	0.125Hz指示HL4	Bool	%Q1.0	☐	☑	☑

图 4.1.14　多级分频器的 PLC 控制变量表

5．编写程序

（1）创建无形参函数 FC1

当转换开关 SA 未接通时，主要是将 PLC 的输出端口清零，程序比较简单，在此采用无形参函数 FC1。

1）生成函数 FC1。打开项目视图中的文件夹“\PLC_1\程序块”，双击其中的“添加新块”选项，打开“添加新块”对话框，单击其中的“函数”按钮，生成 FC1，设置函数块的名称为“清零”。

2）编写 FC1 程序。无形参的 FC1 输出端口程序如图 4.1.15 所示。

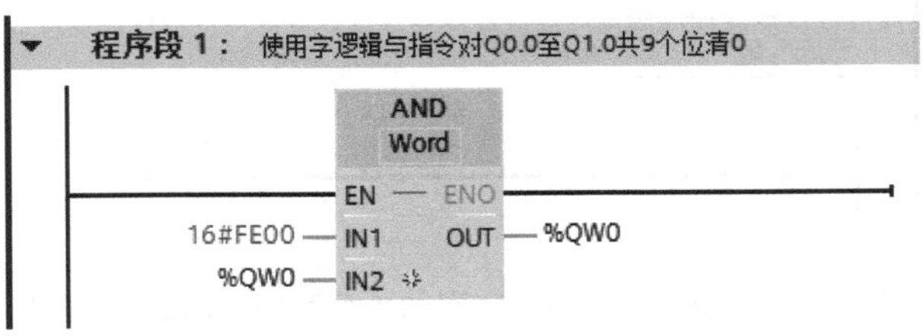

图 4.1.15　无形参的 FC1 输出端口程序

（2）创建有形参函数 FC2

4 种分频电路原理一样，但它们的输入/输出参数不一样，所以只要生成一个有形参函数 FC2，分 4 次调用即可。

1）生成函数 FC2。打开项目视图中的文件夹“\PLC_1\程序块”，双击其中的“添加新块”选项，打开“添加新块”对话框，单击其中的“函数”按钮，生成 FC2，设置函数块的名称为“二分频器”。

2）编辑 FC2 的局部变量。在 FC2 中需要定义 4 个局部变量，如表 4.1.3 所示。

表 4.1.3　函数 FC2 的局部变量

接口类型	变量名	数据类型	注释	接口类型	变量名	数据类型	注释
Input	S_IN	Bool	脉冲输入信号	Output	LDE	Bool	输出状态指示
Input	F_P	Bool	边沿检测标志	InOut	S_OUT	Bool	脉冲输出信号

3）编写 FC2 的程序。二分频时序图如图 4.1.16 所示。从图中可以看到，输入信号每出现一次上升沿，输出便改变一次状态，据此可以采用上升沿检测指令实现。

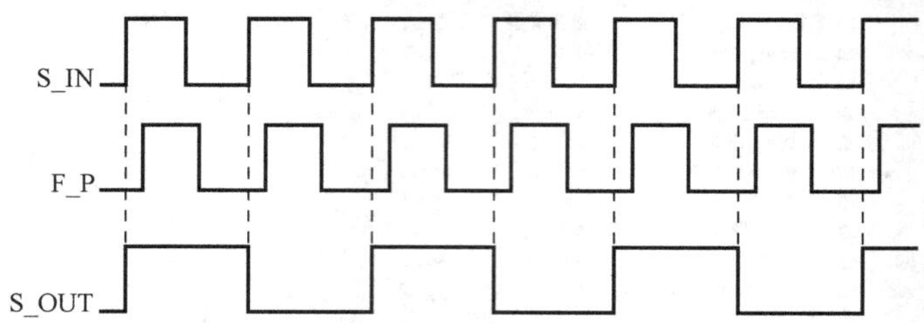

图 4.1.16　二分频时序图

使用跳转指令实现的二分频电路的 FC2 程序如图 4.1.17 所示。

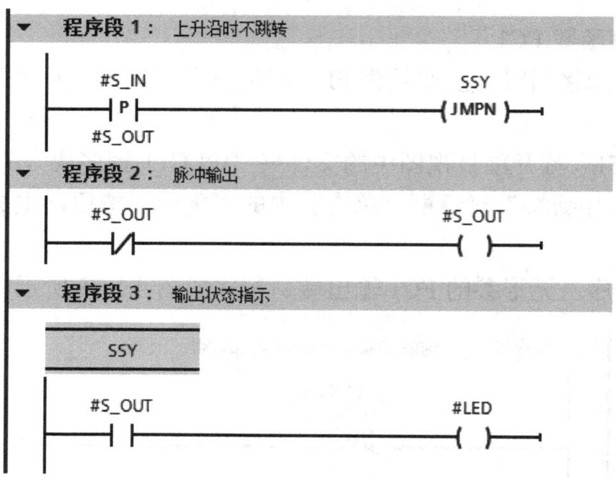

图 4.1.17　使用跳转指令实现的二分频电路的 FC2 程序

如果输入信号“S_IN”出现上升沿，则对“S_OUT”取反，然后将信号“S_OUT”状态送“LED”显示，否则程序直接跳转到“SSY”处执行，将“S_OUT”信号状态送“LED”显示。

（3）在 OB1 中调用 FC1 和 FC2 程序

本项目需要启用系统存储器字节和时间存储器字节，均采用默认字节。首次“S_IN”

信号取自时钟存储器字节中位 M0.3，即提供 2Hz 脉冲信号；同时还需要使用首次循环位 M1.0，调用 FC1 清零函数，OB1 中的程序如图 4.1.18 所示。

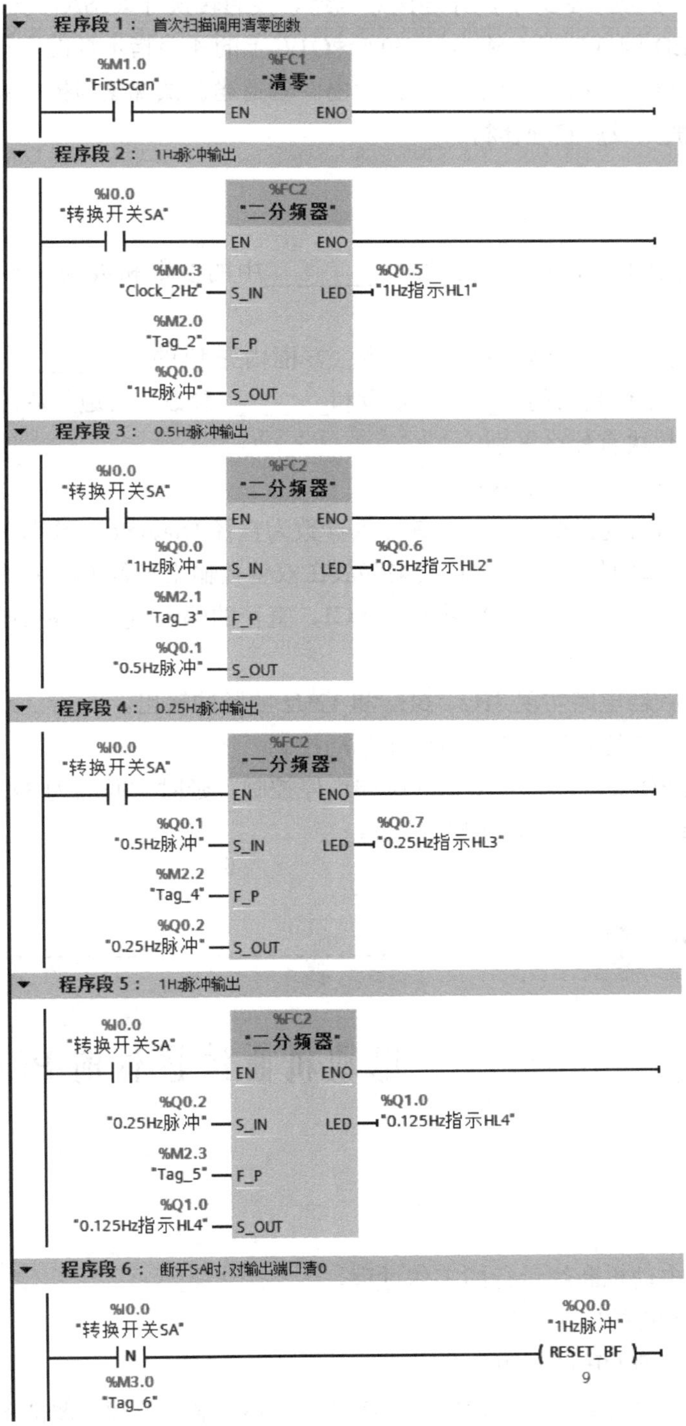

图 4.1.18　多级分频器的 PLC 控制程序

6．调试程序

将用户程序下载到 CPU 中，并连接好电路。接通转换开关 SA，观察 PLC 的输出端 Q0.0～Q0.3 的 LED 闪烁情况及输出端 Q0.5～Q1.0 上的 4 盏指示灯的亮灭情况；断开转换开关 SA，观察 PLC 的输出端是否均停止输出。若上述调试现象与控制要求一致，则说明本任务实现。调试完成后整理器材。

思考与练习

1．背景数据块中的数据是函数块的________中的参数和数据（不包括临时数据和常数）。

2．在梯形图中调用函数和函数块时，方框内是块的________，方框外是对应的________。方框的左边是块的________参数和________参数，右边是块的________参数。

3．函数和函数块有什么区别？

4．什么情况下应使用函数块？

5．设计求圆周长的函数 FC1，令其输入参数为直径 Diameter（整数），圆周率取 3.14，用整数运算指令计算圆的周长，计算结果存放在双整数输出参数 Circle 中。TMP1 是 FC1 中的双整数临时局部变量。在 OB1 中调用 FC1，直径的输入值由 MW6 提供，存放圆周长的地址为 MD8。

6．用二级分频器电路实现 3Hz、6Hz 和 12Hz 的脉冲输出。

7．用函数 FC 实现电动机的Y/△降压起动控制。

8．用函数块 FB 实现两台电动机的顺起逆停控制，延时时间均为 3s，在 FB 的输入参数中设置初始值或使用静态变量实现。

任务 4.2 电动机断续运行的 PLC 控制

任务目标

1．能够描述电动机断续运行的工作过程。

2．掌握启动 OB 的应用方法。

3．掌握循环中断 OB 的应用方法。

4．能够利用实训设备完成电动机断续运行的电路安装、编程、调试和运行，能够判断并排除电路故障。

任务要求

使用 S7-1200 PLC 实现电动机连续运行的要求：电动机在起动后，工作 3h，停止 1h，再工作 3h，停止 1h，如此循环；当按下停止按钮后立即停止运行。同时要求使用循环 OB 实现上述工作和停止时间的延时功能。

4.2.1　知识准备：事件与组织块

OB（组织块）是操作系统与用户程序的接口，由操作系统调用。OB 除可以用来实现 PLC 扫描循环控制外，还可以完成 PLC 的启动、中断程序的执行和错误处理等功能。熟悉各类 OB 的使用对于提高编程效率和程序的执行速率有很大的帮助。

1．事件

事件是 S7-1200 PLC 操作系统的基础，有能够启动 OB 和无法启动 OB 两种类型的事件。能够启动 OB 的事件会调用已分配给该事件的 OB 或按照事件的优先级将其输入队列，如果没有为该事件分配 OB，则会触发默认系统响应。无法启动 OB 的事件会触发相关事件类别的默认系统响应。因此，用户程序循环取决于事件和为这些事件分配的 OB，以及包含在 OB 中的程序代码或在 OB 中调用的程序代码。

表 4.2.1 所示为能够启动 OB 的事件，其中包括相关的事件类别。表 4.2.2 所示为无法启动 OB 的事件，其中包括操作系统的相应响应。

表 4.2.1　能够启动 OB 的事件

事件类型	OB 号	OB 数目	事件	事件优先级	优先级组
程序循环	1 或≥123	≥1	启动或结束上一个循环 OB	1	1
启动	100 或≥123	≥0	STOP 到 RUN 的转换	1	
延时中断	20～23 或≥123	≥0	延时时间到	3	2
循环中断	30～38 或≥123	≥0	固定的循环时间到	4	
硬件中断	40～47 或≥123	≤50	上升沿≤16 个，下降沿≤16 个	5	
			HSC：计数值=参考值（最多 6 次） HSC：计数方向变化（最多 6 次） HSC：外部复位（最多 6 次）	6	
中断错误中断	82	0 或 1	模块检测到错误	9	
时间错误	80	0 或 1	超过最大循环时间，调用的 OB 正在执行，队列溢出，因中断装载过多导致中断丢失	26	3

表 4.2.2　无法启动 OB 的事件

事件类型	事件	事件优先级	系统响应
插入/卸下	插入/卸下模块	21	STOP
访问错误	刷新过程映像的 I/O 访问错误	22	忽略
编程错误	块内的编程错误	23	STOP
I/O 访问错误	块内的 I/O 访问错误	24	STOP
超过最大循环时间两倍	超过最大循环时间两倍	27	STOP

每个 CPU 事件都有它的优先级，不同优先级的事件分为 3 个优先级组。优先级的编号越大，优先级越高。时间错误中断具有最高的优先级 26 和 27。

事件一般按优先级的高低来处理，先处理高优先级的事件。优先级相同的事件按“先来先服务”的原则处理。

高优先级组的事件可以中断低优先级组事件 OB 的执行。例如，第 2 优先级组所有的事件都可以中断程序循环 OB 的执行，第 3 优先级组的时间错误 OB 可以中断所有其他的 OB。

一个 OB 正在执行时，如果出现另一个具有相同或较低优先级组的事件，后者不会中断正在处理的 OB，而将根据它的优先级添加到对应的中断队列等待。当前的 OB 被处理完后，再处理排队的事件。

当前的 OB 执行完后，CPU 将执行队列中最高优先级事件的 OB，优先级相同的事件按出现的先后次序处理。当高优先级组中没有排队的事件后，CPU 将返回较低优先级组被中断的 OB，从被中断的地方开始继续处理。

不同的事件或不同的 OB 均有它自己的中断队列和不同的队列深度。对于特定的事件类型，如果队列中的事件个数达到上限，则下一个事件将使队列溢出，新的中断事件被丢弃，同时产生时间错误中断事件。

有的 OB 用其临时局部变量提供触发其启动事件的详细信息，可以在 OB 中编程，做出相应的反应，如触发报警。

中断的响应时间是指，从 CPU 得到中断事件出现的通知到 CPU 开始执行该事件的 OB 的第一条指令所经过的时间。如果在事件出现时只是在执行循环程序 OB，则中断响应时间小于 175μs。

2. 程序循环组织块

需要连续执行的程序放在程序循环组织块 OB1 中，因此 OB1 也常被称为主程序（Main）。CPU 在 RUN 模式下循环执行 OB1，可以在 OB1 中调用 FC 和 FB。一般用户程序都写在 OB1 中。

如果用户程序生成了其他程序循环 OB，CPU 按 OB 编号的顺序执行它们，首先执行主程序 OB1，然后执行编号大于等于 123 的循环程序 OB。一般只需要一个循环程序 OB。

打开博途编程软件的项目视图，生成一个名为“组织块例程”的新项目。双击项目树中的“添加新设备”选项，添加一个新设备，CPU 型号为 CPU 1214C。

打开项目视图中的文件夹“\PLC_1\程序块”，双击其中的“添加新块”选项，单击打开的对话框中的“组织块”图标，如图 4.2.1 所示，选中列表中的“Program cycle”选项，生成一个程序循环 OB，OB 的默认编号为“123”（可手动设置 OB 的编号，最大编号为 32767），语言为“LAD”（梯形图）。块的名称为默认的 Main_1。单击“添加新块”对话框右下角的“确定”按钮，OB 自动生成，可以在项目树的文件夹“\PLC_1\程序块”中看到新生成的 OB123。

图 4.2.1　生成循环程序组织块

分别在 OB1 和 OB123 中输入简单的程序，如图 4.2.2 和图 4.2.3 所示，将它们下载到 CPU 中，将 CPU 切换到 RUN 模式后，可以用 I0.0 和 I0.1 分别控制 Q0.0、Q0.1 和 Q0.2，说明 OB1 和 OB123 均被循环执行。

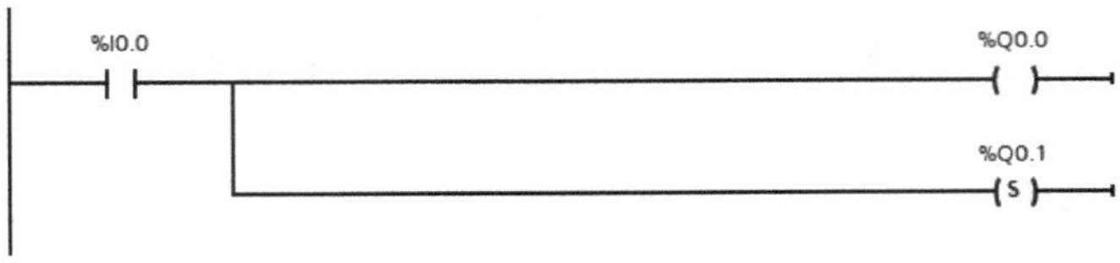

图 4.2.2　OB1 中的程序

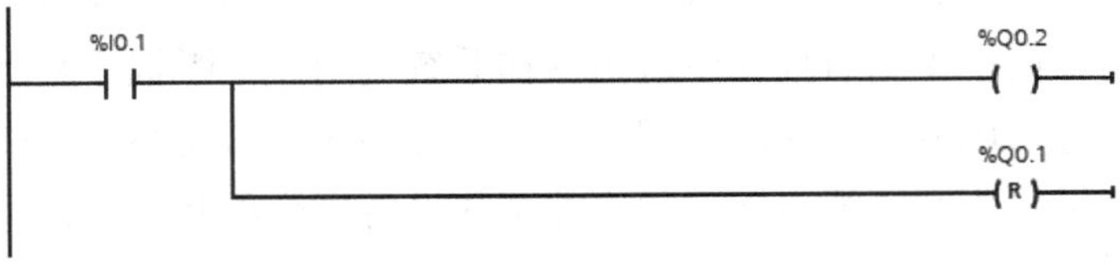

图 4.2.3　OB123 中的程序

3．启动组织块

接通 CPU 电源后，S7-1200 PLC 在开始执行用户程序循环 OB 之前会先执行启动 OB。通过适当的修改启动 OB，可以在启动程序中为程序循环指定一些初始变量，或给某些变量赋值，即初始化。对启动数量没有要求时，允许生成多个启动 OB，默认的启动 OB 是 OB100，其他启动 OB 的编号应大于等于 123，一般只需要一个启动 OB，或不使用。

S7-1200 PLC 支持 3 种启动模式：不重新启动模式、暖启动-RUN 模式、暖启动-断电前的操作模式。不管选择哪种启动模式，已编写的所有启动 OB 都会被执行，并且 CPU 是按 OB 的编写顺序执行的，首先执行启动组织块 OB100，然后执行编号大于等于 123 的启动组织块 OB，如图 4.2.4 所示。

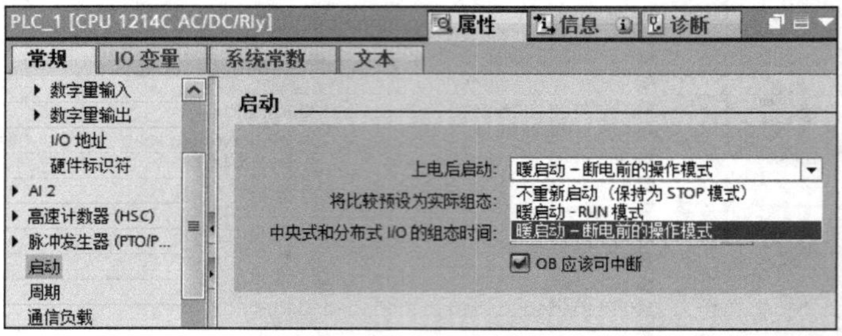

图 4.2.4　S7-1200 PLC 的启动模式

在“组织块例程”中，用上述方法生成启动（Startup）组织块 OB100 和 OB124。分别在启动组织块 OB100 和 OB124 中生成初始化程序，如图 4.2.5 和图 4.2.6 所示。将它们下载到 CPU 中，将 CPU 切换到 RUN 模式后，可以看到 QB100 被初始化为 16#F0，执行完 OB124 中的程序后，QB0 被初始化为 16#FF。

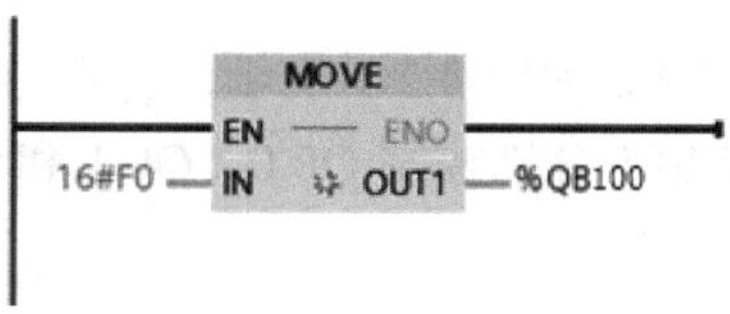

图 4.2.5　OB100 中的程序

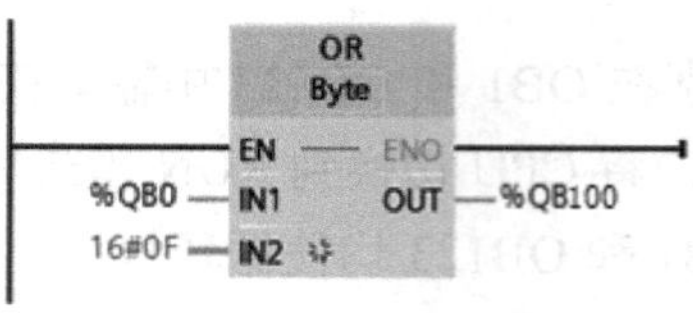

图 4.2.6　OB124 中的程序

4．循环中断组织块

中断在计算机技术中应用较为广泛。中断功能是用中断程序及时地处理中断事件，中断事件与用户程序的执行时序无关，有的中断事件的发生时间不能被事先预测。中断程序不由用户程序调用，而在中断事件发生时由操作系统调用。中断程序是用户编写的，它在执行完某项特定任务后应返回被中断的程序。中断程序应尽量短小，以减少执行时间，减少对其他处理的延迟，否则可能引起主程序控制的设备操作异常。设计中断程序时应遵循“越短越好”的原则。

S7-1200 PLC 提供了表 4.2.1 所示的中断 OB。下面介绍循环中断 OB。

在设定的时间间隔内，循环中断（Cyclic interrupt）OB 被周期性地执行，如周期性地定时执行闭环控制系统的 PID 运算程序等。循环中断 OB 的编号为 30～38 或大于等于 123。

用上述方法生成循环中断组织块 OB30，如图 4.2.7 所示。从图中可以看出，循环中断时间间隔（循环时间）的默认值为 100ms（是基本时钟周期 1ms 的整数倍），可将它设置为 1～60000ms。

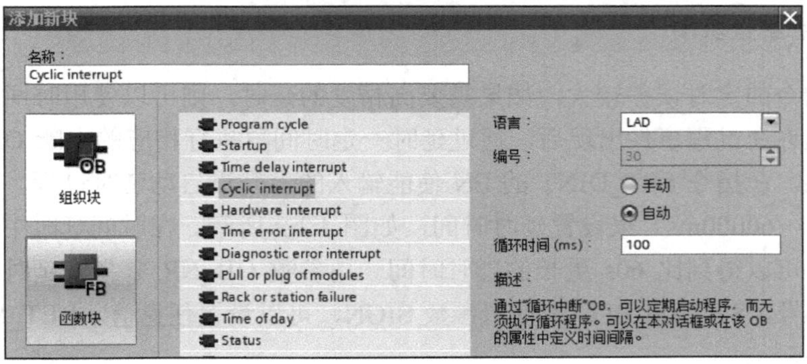

图 4.2.7　生成循环中断组织块 OB30

右击项目树下程序块文件夹中已生成的“Cyclic interrupt[OB30]”，在打开的对话框中选中“属性”选项，打开循环中断 OB 的属性对话框，在“常规”选项卡中可以更改 OB 的编号，在“循环中断”界面中可以修改已生成循环中断 OB 的循环时间及相移，如图 4.2.8 所示。

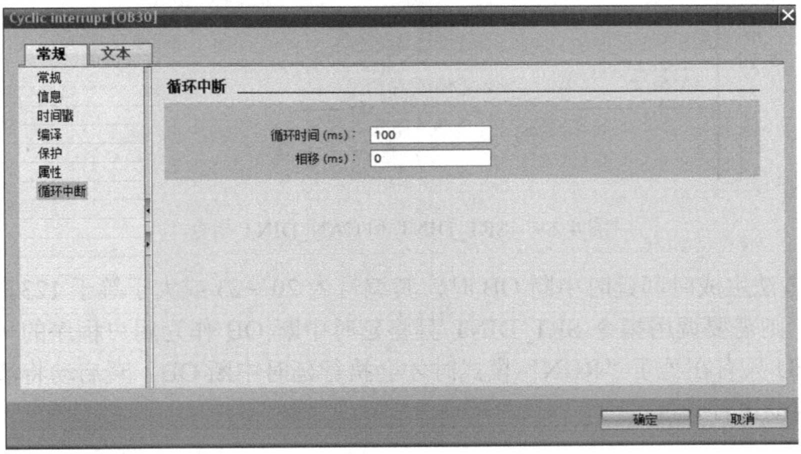

图 4.2.8　循环中断 OB 的属性对话框

相移（相位偏移，默认值为 0）是与基本时间周期相比，启动时间所偏移的时间，用于错开不同时间间隔的几个循环中断 OB，使它们不会被同时执行，即如果使用多个循环中断 OB，当这些循环中断 OB 的时间基数有公倍数时，可以使用该相移来防止它们同时被启动。相移的设置范围为 1～100（单位是 ms），其数值必须是 0.001 的整数倍。

下面给出使用相位偏移的实例：假设已在用户程序中插入两个循环中断 OB：OB30 和 OB31。对于循环中断 OB30，已设置循环时间为 500ms，用来使接在 QB0 端口的 8 个彩灯循环点亮（以跑马灯的形式）；循环中断 OB31 设置的循环时间为 1000ms，相移为 50ms，MW10 每隔 1s 加 1。当循环中断 OB31 的循环时间 1000ms 到后，循环中断 OB30 第 2 次到达启动时间，而循环中断 OB31 是第 1 次到达启动时间，此时需要执行循环中断 OB31 的相移，使两个循环中断不同时被执行。使用监控表在监控状态下可以看到 QB0 和 MW10 数据的变化。

5．延时中断组织块

定时器指令的定时误差较大，如果需要高精度的延时，则可以使用时间延时中断。时间延时中断允许在过程事件出现后，通过延时一定时间再执行相应的中断 OB 来获得更精确的延时效果。在指令 SRT_DINT 的 EN 使能输入的上升沿启动延时过程，用该指令的参数 DTIME（1～60000ms）来设置延时时间，如图 4.2.9 所示。在时间延时中断 OB 中配合使用计数器，可以得到比 60s 更长的延时时间。用参数 OB_NR 来指定延时时间结束时调用的 OB 的编号，S7-1200 PLC 未使用参数 SIGN，可以设置任意值。RET_VAL 是指令执行的状态代码。

延时中断启用完后，若不再需要使用延时中断，则可使用 CAN_DINT 指令来取消已启动的延时中断 OB，还可以在超出所组态的延时时间之后取消调用待执行的延时中断 OB。在 OB_NR 参数中，可以指定即将取消调用的 OB 编号。

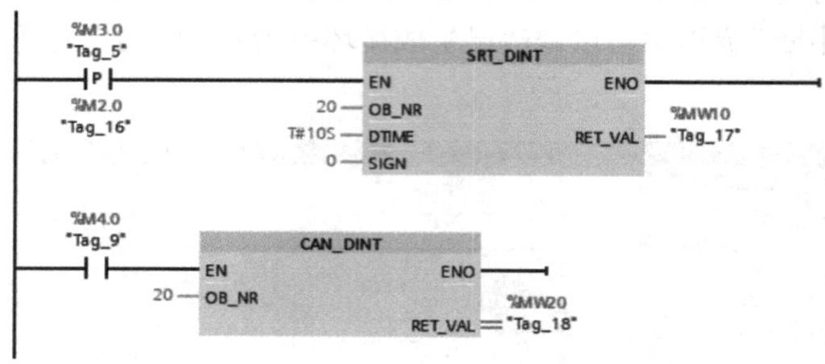

图 4.2.9　SRT_DINT 和 CAN_DINT 指令

用上述方法生成时间延时中断 OB 时，其编号为 20～23 或大于等于 123。若要使用延时中断 OB，则需要调用指令 SRT_DINT 且将延时中断 OB 作为用户程序的一部分下载到 CPU 中。CPU 只有在处于“RUN”模式时才会执行延时中断 OB。暖启动将清除延时中断 OB 的所有启动事件。

6．硬件中断组织块

（1）硬件中断组织块的作用与 S7-1200 PLC 支持的中断事件

硬件中断（hardware interrupt）OB 用来处理需要快速响应的过程事件。出现 CPU 内置的数字量输入的上升沿、下降沿或高速计数器事件时，立即中止当前正在执行的程序，改为执行对应的硬件中断 OB。硬件中断 OB 没有启动信息。

最多可以生成 50 个硬件中断 OB，在硬件组态时定义中断事件，硬件中断 OB 的编号为 40～47 或大于等于 123。S7-1200 PLC 支持下列中断事件：

1）上升沿事件，CPU 内置的数字量输入（根据 CPU 型号而定，最多为 12 个）和 4 点信号板上的数字量输入由 OFF 变为 ON 时，产生的上升沿事件。

2）下降沿事件，上述数字量由 ON 变为 OFF 时，产生的下降沿事件。

3）高速计数器 1～6 的实际计数值等于设置值（CV=PV）。

4）高速计数器 1～6 的方向改变，计数值由增大变为减小，或由减小变为增大。

5）高速计数器 1～6 的外部复位，某些 HSC 的数字量外部复位输入由 OFF 变为 ON 时，将计数值复位为 0。

（2）生成硬件中断组织块

用上述方法生成硬件中断组织块 OB40，如图 4.2.10 所示。从图中可以看出，硬件中断默认的编号是“40”，名称为“Hardware interrupt”，编程语言为“LAD”（梯形图），若再生成一个硬件中断 OB，则编号为“41”，名称为“Hardware interrupt_1”。

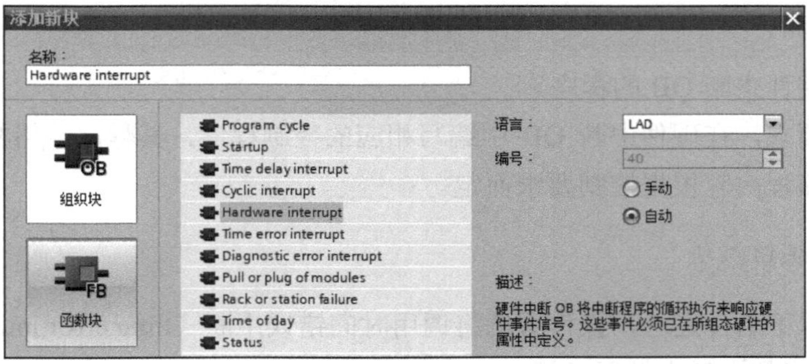

图 4.2.10　生成的硬件中断组织块 OB40

（3）组态硬件中断事件

双击项目树的文件夹“PLC_1”中的“设备组态”选项，打开设备视图，首先选中 CPU，打开工作区下面的巡视窗口的“属性”选项卡，选中左边的“数字量输入”的“通道 0”，即 I0.0，如图 4.2.11 所示，选中“启用上升沿检测”复选框。单击“硬件中断”文本框右侧的按钮，在打开的对话框的 OB 列表中选择“Hardware interrupt[OB40]”选项，如图 4.2.12 所示，然后单击按钮确定。如果单击按钮，则取消当前选择的中断组织块 OB；如果单击“新增”按钮，则说明打开的对话框中没有需要选中的硬件中断 OB，需要新增一个硬件中断 OB。如果选择 OB 列表中的“—”选项，则没有 OB 连接到 I0.0 的上升沿中断事件。在此，将 OB40 指定给 I0.0 的上升沿中断事件。出现该中断事件后，将会调用 OB40。

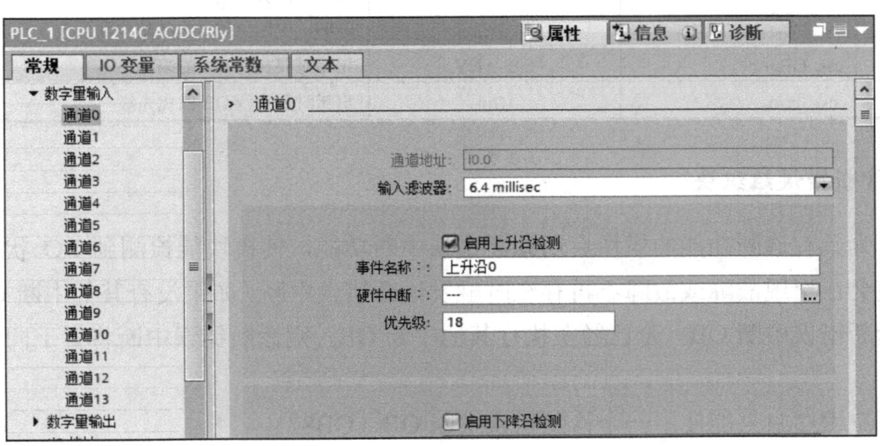

图 4.2.11　组态硬件中断 OB

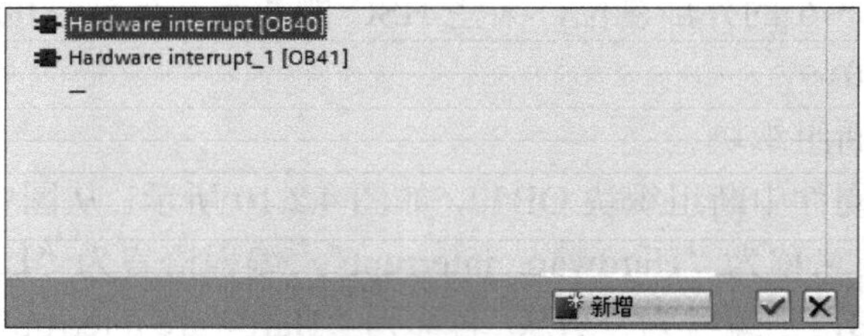

图 4.2.12　为中断事件选择硬件中断组织块

（4）编写硬件中断 OB 的程序

根据控制要求，在硬件中断 OB 中编写相应的控制程序，其程序编辑视窗同主程序及其他程序块，编程内容根据控制要求而定。

7. 时间错误组织块

如果发生以下事件之一，操作系统将调用时间错误中断（time error interrupt）OB。

1）循环程序超出最大循环时间。

2）被调用 OB（如延时中断 OB 或循环中断 OB）当前正在被执行。

3）中断 OB 队列发生溢出。

4）由于中断负载过大而导致中断丢失。

在用户程序中只能使用一个时间错误中断 OB（OB80）。

时间错误中断 OB 的启动信息如表 4.2.3 所示。

表 4.2.3　时间错误中断 OB 的启动信息

变量	数据类型	描述
fault_id	Byte	0x01：超出最大循环时间 0x02：仍在执行被调用 OB 0x07：队列溢出 0x09：中断负载过大导致中断丢失
csg_OBnr	OB_ANY	出错时要执行 OB 的编号
csg_prio	UInt	出错时要执行 OB 的优先级

8. 诊断错误组织块

可以为具有诊断功能的模块启用诊断错误中断功能，使模块能检测到 I/O 状态变化，这样模块会在出现故障或故障不再存在时触发诊断错误中断。如果没有其他中断 OB 激活，则调用诊断错误中断 OB。若已经在执行其他中断 OB，则诊断错误中断将置于同优先级的队列中。

在用户程序中只能使用一个诊断错误中断 OB（OB82）。

诊断错误中断 OB 的启动信息如表 4.2.4 所示。

表 4.2.4　诊断错误中断 OB 的启动信息

变量	数据类型	描述
IO_state	Word	包含具有诊断功能的模块的 I/O 状态
laddr	HW_ANY	HW-ID
Channel	UInt	通道编号
Multi_error	Bool	若为“1”，则表示有多个错误

4.2.2　任务实施：用组织块实现电动机的断续运行

利用实训设备完成电动机断续运行的 PLC 控制电路的编程、调试、运行及故障排除。步骤如下：

1．分配 I/O 地址

根据 PLC 输入/输出点分配原则及本任务的控制要求，进行 I/O 地址分配，如表 4.2.5 所示。

表 4.2.5　电动机断续运行的 PLC 控制 I/O 地址分配

输入		输出	
输入继电器	元件	输出继电器	元件
I0.0	启动按钮 SB1	Q0.0	电机运行 KM
I0.1	停止按钮 SB2		
I0.2	过载保护 FR		

2．绘制硬件接线图

根据控制要求及表 4.2.5 所示的 I/O 地址分配表，电动机断续运行的 PLC 控制电路硬件接线图如图 4.2.13 所示。

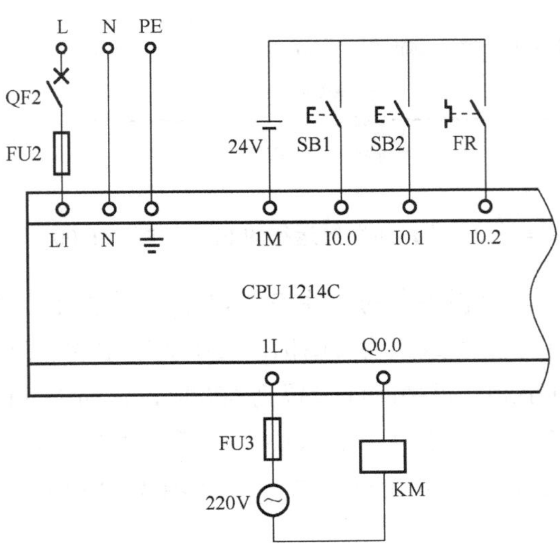

图 4.2.13　电动机断续运行的 PLC 控制电路硬件接线图

3．创建工程项目及硬件组态

双击桌面上的图标，打开博途编程软件，在 Portal 视图中选择“创建新项目”选项，输入项目名称“M_duanxu”，选择项目保存路径，然后单击“创建”按钮，完成项目的创建，并进行项目的硬件组态。

4．编辑变量表

电动机断续运行的 PLC 控制变量表如图 4.2.14 所示。

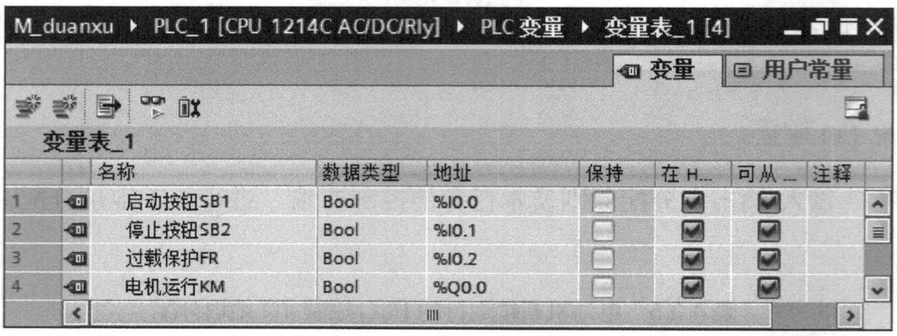

图 4.2.14　电动机断续运行的 PLC 控制变量表

5．编写程序

1）生成 OB100。打开项目视图中的文件夹“\PLC_1\程序块”，双击其中的“添加新块”选项，在打开的对话框中单击“组织块”图标，选中列表中的“Startup”选项，生成一个启动组织块 OB100。

2）编写 OB100 程序。在启动组织块中对循环中断计数值 MW10 清零，其程序如图 4.2.15 所示。

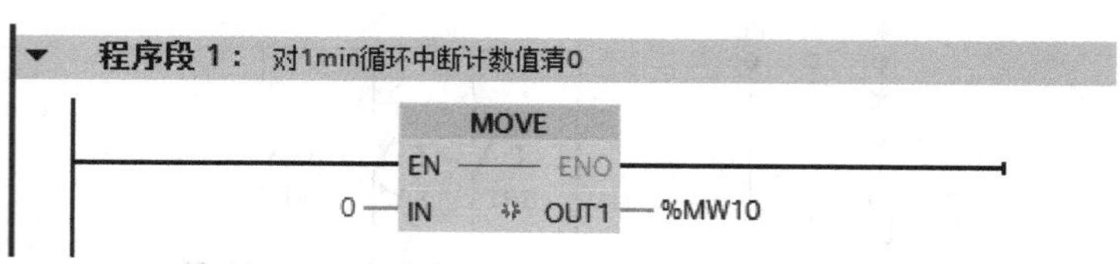

图 4.2.15　电动机断续运行的 PLC 控制 OB100 程序

3）生成 OB30。打开项目视图中的文件夹“\PLC_1\程序块”，双击其中的“添加新块”选项，在打开的对话框中单击“组织块”图标，选中列表中的“Cyclic interrupt”选项，生成一个循环中断组织块 OB30，循环时间设置为 60000ms，即 1min。

4）编写 OB30 程序。在循环中断组织块中对循环中断次数进行计数，当计数值为 240 次，即 4h 时，对计数值 MW10 清零，其程序如图 4.2.16 所示。

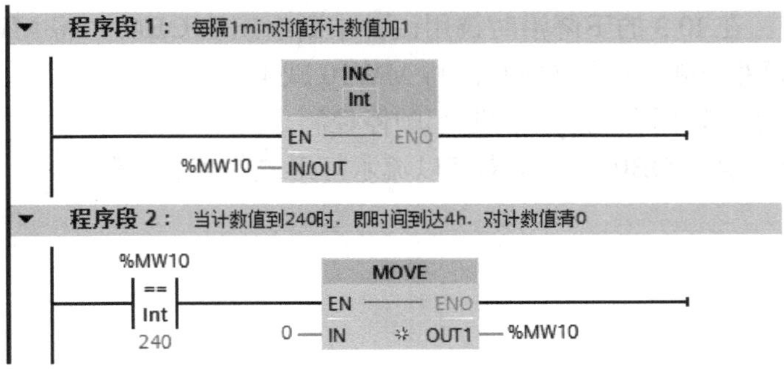

图 4.2.16　电动机断续运行的 PLC 控制 OB30 程序

5）编写 OB1 程序。在主程序 OB1 中主要完成电动机的断续运行控制，即系统启动后 3h 内电动机运行，在 3～4h 之间时电动机停止运行，如此循环工作，其程序如图 4.2.17 所示。

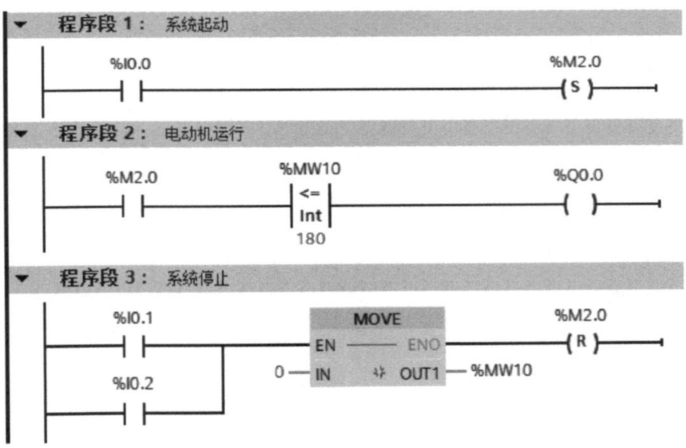

图 4.2.17　电动机断续运行的 PLC 控制 OB1 程序

6. 调试程序

将用户程序下载到 CPU 中，并连接好电路。按下启动按钮 SB1 不松开，观察电动机是否按系统设置时间进行断续运行；按下停止按钮 SB2，观察电动机是否立即停止运行。若上述调试现象与控制要求一致，则说明本任务实现。调试完成后整理器材。

思考与练习

1. S7-1200 PLC 在启动时调用 OB________。

2. 组织块可否调用其他组织块？

3. 延时中断与定时器都可以实现延时，它们有什么区别？

4. 用 I0.0 控制接在 Q0.0～Q0.7 上的 8 盏彩灯循环移位，用循环组织块 OB35 定时，每隔 0.5s 点亮一盏，8 盏彩灯全亮后，反方向每隔 0.5s 熄灭一盏，8 盏彩灯全灭后再逐位点亮，如此循环。

5．编写程序，在 I0.3 的下降沿时调用硬件中断组织块 OB40，将 MW10 加 1；在 I0.2 的上升沿时调用硬件中断组织块 OB41，将 MW10 减 1。

6．用循环中断实现两台电动机的顺起顺停控制。

7．用循环中断实现 QB0 口 8 盏彩灯以流水灯形式的点亮控制。

5 项目 工业控制网络及应用

◎ **项目导读**

在工业控制网络化的发展趋势下，传统的独立式控制系统已经难以满足现代企业对高效、灵活、智能的生产管理要求。工业控制网络的引入使得各个设备之间可以实现信息共享和协同控制，同时也为企业提供了实现管控一体化和综合自动化的手段。这种集成化和自动化也成为现代企业信息化建设的重要目标和方向。在工业自动化控制领域，以 PLC 为核心的控制系统是技术最为成熟并被广泛应用的。它们在生产线的控制、运行和监测中发挥着重要的作用，而工业控制网络则为它们提供了更为高效和灵活的通信手段，从而进一步提高了生产效率和品质。

本项目着重介绍西门子 PLC 可以实现的几种工业控制网络，包括 Modbus RTU、USS、S7 通信、TCP 通信和 PROFINET 通信。

◎ **学习目标**

知识目标

- 了解工业控制网络的结构和特点。
- 了解常见的几种通信协议的工作原理。
- 熟悉常见的几种通信指令的用法。

微课：网络通信基础

能力目标

- 能够正确使用常见的几种通信指令。
- 能够应用常见的几种协议进行通信。

素养目标

- 树立正确的学习观，不负时代、不负韶华，实现德智体美劳全面发展。
- 树立规范意识、安全意识，严格按照安全操作规程操作。
- 培养勤于思考、善于总结、勇于探索的科学精神。

任务 5.1 认识工业控制网络

任务目标

1．能够描述工业控制网络的层次结构。

2．了解工业控制网络的特点。

3．了解现场总线的分类。

4．掌握西门子现场总线的类型。

5．掌握西门子控制网络的传输介质的连接方法。

任务要求

任务要求：制作能够正常实现西门子控制网络通信的 PROFIBUS DP 串行通信接口和工业以太网 PROFINET 网络通信接口网线。

5.1.1 知识准备：工业控制网络

1．工业控制网络的概念

工业控制网络是由具有数字通信能力且能大量分散在生产现场的测量、控制仪表作为网络节点构成的一种全数字化、双向、多站的通信系统。工业控制网络具有公开性和互操作性，主要目的是让现场设备之间的信息可以相互交换，这样就更容易完成系统控制任务，使得遵守同样协议不同厂家的设备实现通信。图 5.1.1 所示为某工业控制网络的拓扑图。

工业现场设备分为 4 个层级：现场级、控制级、监控级、管理级，每个层级执行各自的任务，实现有机的协调管理。

1）现场级：主要通过 PROFIBUS、Modbus 等现场总线进行通信的 I/O 站（如 ET-200 站），以及 I/O 站上连接的设备、各种类型的智能仪表、现场的传动设备，组成一个现场网络，完成基础自动化系统需要的信号采集和输出过程信号。

2）控制级：主要包括标准类、容错类和安全类等多种类型的自动化系统，完成过程信号采集与处理，进行过程运算和控制，并进行现场设备监测、基础自动化系统的诊断与故障处理等功能，同时通过 HMI 画面实时显示报警信息，进行各种形式的参数设定与修改。

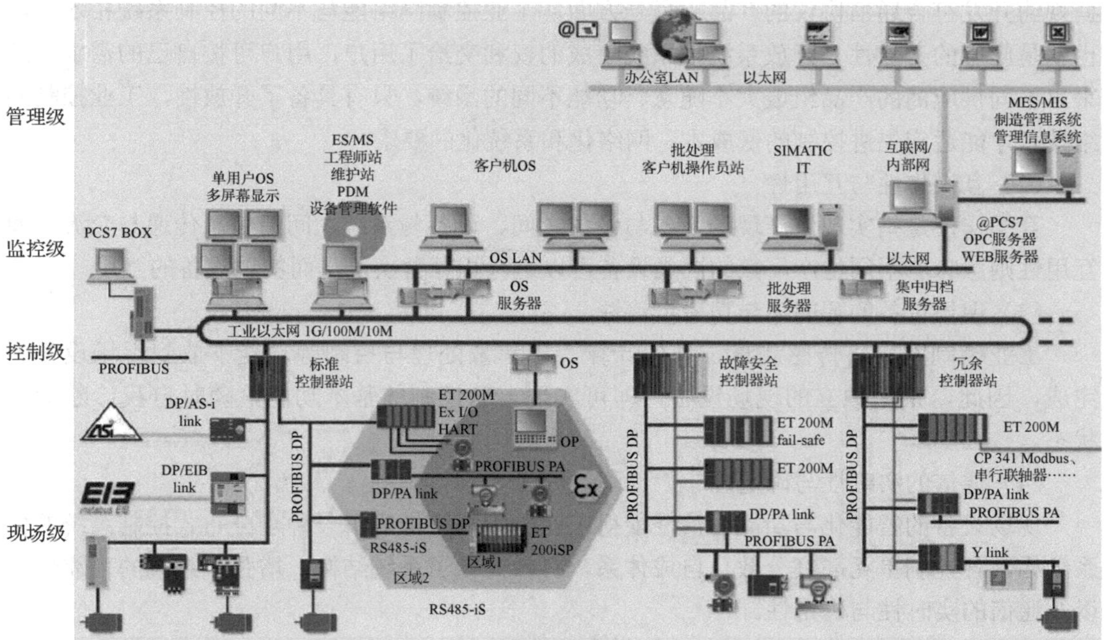

图 5.1.1　某工业控制网络的拓扑图

注：OS（operator station）表示操作员站；OP（operation panel）表示操作面板；ES（engineer station）表示工程师站；MS（maintenance station）表示维护站；PDM（product data management）表示产品数据管理；LAN（local area network）表示局域网；SIMATIC IT 是西门子旗下的一个制造执行系统平台；MES（manufacturing execution system）表示制造执行系统；MIS（management information system）表示管理信息系统；PCS 7 是一种开放的过程系统；OPC［对象连接与嵌入（object linking and embedding，OLE）for process control］表示用于工业控制的 OLE，是一种工业标准；WEB（world wide web）表示万维网；EIB（European installation bus）表示欧洲安装总线；ET 200M 是西门子生产的一种分布式 I/O 设备，是具有 IP 20 防护等级的模块化 DP 从站；Ex I/O 是西门子生产的一款分布式扩展模块；HART（highway addressable remote transducer）表示可寻址远程传感器高速通道；RS485-iS 是西门子生产的一款耦合器；ET 200iSP 和 ET 200 fail-safe 是西门子生产的故障安全模块；CP 341 是西门子 S7-300/400 系列 PLC 中的串行通信模块；PA（process automation）表示过程自动化。

3）监控级：根据基础自动化系统采集的数据，进行模型运算、过程监视与控制，将控制结果输出到控制级执行。

4）管理级：主要完成生产订单管理、原料管理、库存管理、生产计划管理、生产单元管理、质量管理、控制系统运行报表等功能。

从图 5.1.1 中可以看出，控制系统各层级要实现各自的控制任务，需要现场仪器仪表、控制设备、计算机之间实时、大量交换数据，这样才能保证系统的正常运行，这些仪器仪表、控制设备、计算机之间的通信网络就称为工业控制网络。

2．工业控制网络的特点

工业控制网络的产生和发展都适应于生产环境，具有如下特点：

（1）系统的开放性

一方面，工业控制网络通信规约开放，也就是开发的开放性，不同设备厂家都可以根据规约开发符合通信协议的产品；另一方面，工业控制网络能与不同的控制系统相连接，也就是应用的开放性。开放系统把系统集成的权利交给了用户，用户可按自己的需求，把来自不同供应商的产品组成大小随意、功能不同的系统。只有具备了开放性，工业控制网络技术才能适应先进控制的低成本、网络化和系统化的要求。

（2）互操作性与互用性

互操作性是指实现生产现场设备与设备之间、设备与系统之间的信息传递与交流，而互用性则意味着不同生产厂家的同类设备可以进行相互替换，从而实现设备的互用。

（3）现场设备的智能化与功能自治性

工业控制网络将传感测量、补偿计算、工程量处理与控制等功能下放到现场设备中完成，因此，采用独立的现场设备，即可实现自动控制的基本功能，随时自我诊断运行状态。

（4）通信的实时性与确定性

现场设备的智能化与功能自治性使得工业控制网络构成了一种全分布式控制系统的体系结构，各控制单元高度分散、自成体系，有效简化了系统结构，增强了系统的可靠性，以及通信的实时性与确定性。

（5）对现场环境的适应性

工业控制网络是专为工业现场设计的，支持双绞线、同轴电缆、光缆、无线和红外线等传输介质，具有较强的抗干扰能力，可根据现场环境要求进行适应性选择，能采用两线制实现通信与供电，可满足本质安全防爆要求。

3．工业控制网络的分类

工业控制网络具体有以下 3 种类型：

1）专用、封闭型工业网络：该类网络规范是由各公司自行研制的，往往是针对某一特定应用领域而设计的，效率也是最高的。但这类网络在相互连接时就显得各项指标参差不齐，推广与维护都难以协调。专用型工业网络有 3 个发展方向：

① 走向封闭系统，以保证市场占有率。

② 走向开放型，使其成为标准。

③ 设计专用的网关与开放型网络连接。

2）开放型工业网络：除一些较简单的标准是无条件开放外，大部分标准是有条件开放的，或仅对成员开放。生产商必须成为该组织的成员，产品需经过该组织的测试、认证，方可在该工业网络系统中使用。

3）标准工业网络：各公司制定的自己的网络标准通常不具有开放性、互操作性，故 IEC 统一了主流网络标准，形成了现场总线标准，并在国际标准 IEC 61158 中详细规范了各类工业网络，它们都遵循 ISO/OSI（open system interconnect，开放系统互连）7 层参考模型，工业控制网络大多只使用了物理层、数据链路层和应用层。一般工业网络的制定是根据现有的通信物理接口，再依据应用领域设定数据传输格式。例如，PROFIBUS DP 总线的物理层与数据链路层是以 RS485 为基础，再增加了适用于一般 I/O 点的应用层规范。

2007 年，IEC 完善并发布了 IEC 61158 标准第 4 版本，本标准采纳了经过市场考验的 20 个总线作为推广，如表 5.1.1 所示。

表 5.1.1　IEC 61158 Ed.4 现场总线分类

类型	名称	类型	名称
1	TS61158 现场总线	11	TC-net 实时以太网
2	CIP 现场总线	12	Ether CAT 实时以太网
3	PROFIBUS 现场总线	13	Ethernet PowerLink
4	P-Net 现场总线	14	EPA 实时以太网
5	FF HSE 高速以太网	15	Modbus-RTPS 现场总线
6	Swift Net 现场总线	16	SERCOS I,II 现场总线
7	WorldFIP 现场总线	17	VNET/IP 实时以太网
8	Interbus 现场总线	18	CC-Link 现场总线
9	FF H1 现场总线	19	SERCOS III 实时以太网
10	PROFINET 实时以太网	20	HART 现场总线

注：CIP（common industrial protocol）表示通用工业协议；FF（Fieldbus Foundation）表示现场总线基金会；HSE（high speed ethernet）表示高速以太网；WorldFIP（world factory instrument protocol ）表示世界工厂仪表协议；TC-net（total control network）表示总控制网络；CAT（control automation technology）表示控制自动化技术；EPA（ethernet for plant automation）表示工厂自动化以太网；RTPS(real time publish subscribe)表示实时发布订阅；SERCOS(serial real time communication specification)表示串行实时通信协议；VNET（virtual net）表示虚拟网络；CC（control communication）表示控制与通信。

IEC 61158 标准发布至今，沉积下来几种应用广泛的总线网络，包括 FF、PROFIBUS、CAN、LonWorks、CC-Link、Modbus。随着以太网在工业领域范围应用的不断扩大，有些网络又发展了其以太网版本，如 PROFIBUS 发展了 PROFINET 实时以太网版本，Modbus 发展了 Modbus TCP 以太网版本。本项目主要介绍西门子 S7-1200 系列 PLC 支持的几种类型的通信网络。

4. *以串行传输方式的通信*

S7-1200 支持的串行通信方式包括以 RS232 模块和 RS422/485 模块接口为基础的通信，包括 Modbus RTU 主从通信、USS 通信、点对点（point to point，PtP）通信和 PROFIBUS 现场总线通信。

S7-1200 支持的串行通信采用异步传输方式，其异步通信字符帧传输格式如图 5.1.2 所示。发送方和接收方约定以相同的通信速率、起始位、停止位、校验方式、通信间隔等参数进行通信。

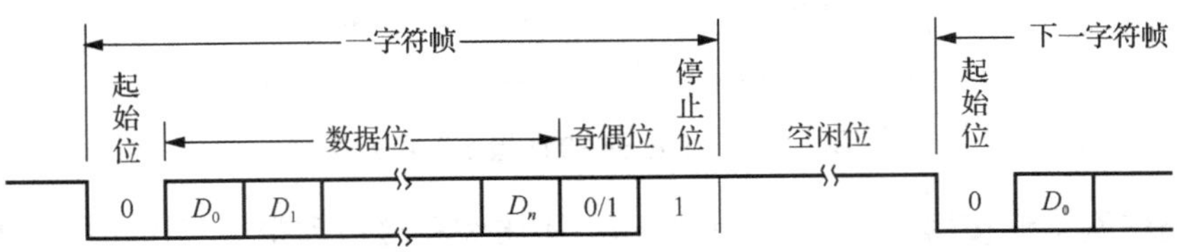

图 5.1.2　异步通信字符帧传输格式

西门子 S7-1200 PLC 支持的硬件模块包括独立模块（CM 1241 RS232 模块、CM 1241 RS422/485 模块）和 S7-1200 CPU 背板上的模块（CB 1241 RS485 模块），其通信模块参数如表 5.1.2 所示。

表 5.1.2　西门子 S7-1200 PLC 配置的通信模块参数

模块名称	CM 1241 RS232	CM 1241 RS422/485	CB 1241 RS485
订货号	6ES7241-1AH32-0XB0	6ES7241-1CH32-0XB0	6ES7241-1CH30-1XB0
通信口类型	RS232	RS422/RS485	RS485
波特率/（bit/s）	300、600、1.2k、2.4k、4.8k、9.6k、19.2k、38.4k、57.6k、76.8k、115.2k		
校验方式	None（无校验） Even（偶校验） Odd（奇校验） Mark（校验位始终置为 1） Space（校验位始终为 0）		
流控	硬件流控、软件流控	RS422 支持软件流控	不支持
支持从站个数	1	32	32
接收缓冲区	1KB		
通信距离（屏蔽电缆）/m	10	1000	1000
电源消耗（DC 5V）/mA	200	220	50
电源消耗（DC 24V）/mA	—	—	80

表 5.1.2 中的 3 种模块均支持最常用的 Modbus RTU 通信，但是需要注意：

1）CM 1241 RS232 模块只支持一对一通信，也就是只能有一个从站。

2）使用通信板 CB 1241 RS485 时，CPU 固件必须为 V2.0 或更高版本。

3）新版本 Modbus RTU 指令通过 CM 1241 通信模块或 CB 1241 通信板进行 Modbus RTU 通信时，需要满足条件：S7-1200 CPU 的固件版本不能低于 V4.1；CM 1241 通信模块为 V2.1 以上或 CB 1241。Modbus RTU 指令适用范围如图 5.1.3 所示。

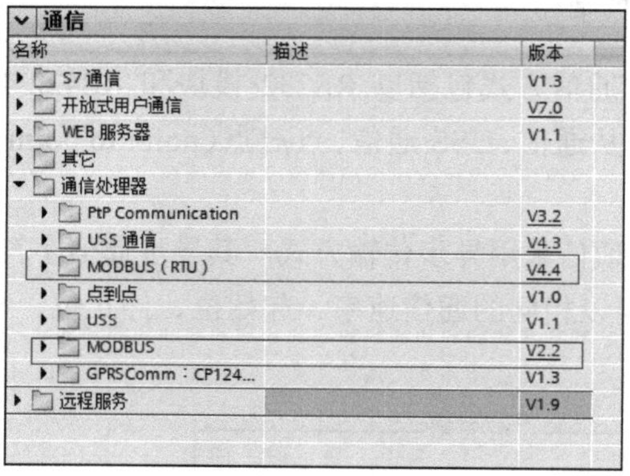

图 5.1.3　Modbus RTU 指令适用范围

串行通信网络连接器主要分为两种类型：不带编程接口和带编程接口的。不带编程接口的插头用于一般联网；带编程接口的插头可以在联网的同时仍然提供一个编程连接端口，用于编程或者连接 HMI 等设备，如图 5.1.4 所示。

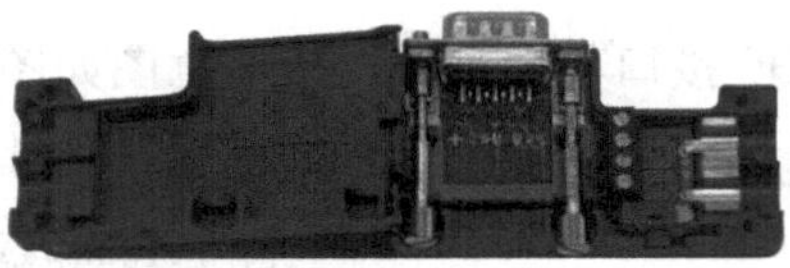

（a）DP不带编程接口的网络连接器（订货号：6ES7 972-0BA12-0XA0）

（b）DP带编程接口的网络连接器 （订货号：6ES7 972-0BB12-0XA0）

图 5.1.4　串行通信网络连接器

其中，CM 1241 RS232 接口网络连接器和 CM 1241 RS422/485 接口网络连接器的引脚功能如表 5.1.3 和表 5.1.4 所示。

表 5.1.3　CM 1241 RS232 接口网络连接器的引脚功能

连接器（插头式）	引脚	说明
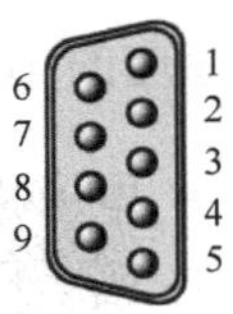	1 DCD	数据载波检测：输入
	2 RxD	从 DCE 接收数据：输入
	3 TxD	传送数据到 DCE：输出
	4 DTR	数据终端就绪：输出
	5 GND	逻辑地
	6 DSR	数据设备就绪：输入
	7 RTS	请求发送：输出
	8 CTS	允许发送：输入
	9 RI	振铃指示器（未用）
	SHELL	机壳接地

表 5.1.4　CM 1241 RS422/485 接口网络连接器的引脚功能

连接器（插头式）	引脚	说明
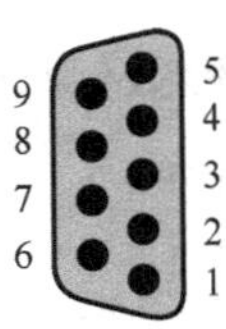	1	逻辑接地或通信接地
	2 TxD+①	用于连接 RS422 不适用于 RS485：输出
	3 TxD+②	信号 B（RxD/TxD+）：输入/输出
	4 RTS③	请求发送（TTL 电平）：输出
	5 GND	逻辑接地或通信接地
	6 PWR	+5V 与 100Ω 串联电阻：输出
	7	未连接
	8 TxD−②	信号 A（RxD/TxD−）：输入/输出
	9 TxD−①	用于连接 RS422 不适用于 RS485：输出
	SHELL	机壳接地

① 引脚 2（TxD+）和引脚 9（TxD−）是 RS422 传送信号的引脚。

② 引脚 3（RxD/TxD+）和引脚 8（RxD/TxD−）是 RS485 传送和接收信号的引脚。对于 RS422，引脚 3 是 RxD+，引脚 8 是 RxD−。

③ RTS 是 TTL 电平信号引脚，可用于控制基于该信号进行工作的其他半双工设备。电平信号会在发送时被激活，在所有其他时刻都不激活。

CM 1241 RS422/485 DB9 接口与设备的连接示意图如图 5.1.5 所示，A 信号线（引脚 RxD/TxD−）和 B 信号线（引脚 RxD/TxD+）不能连错，否则不能正常通信。

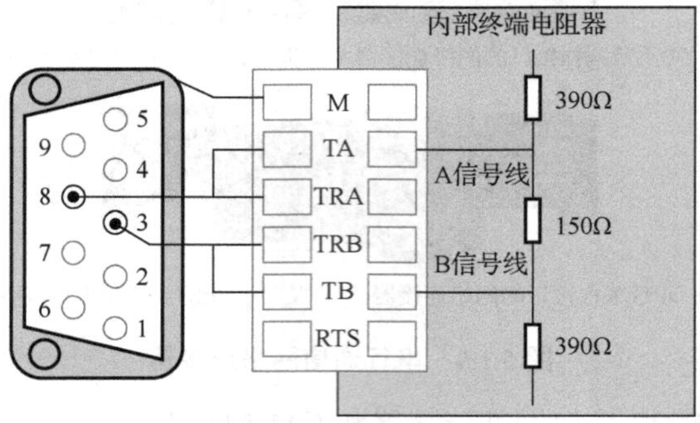

图 5.1.5　CM 1241 RS422/485 DB9 接口与设备的连接示意图

5．以太网类型的通信

工业以太网基于 IEEE 802.3（Ethernet）的强大的区域和单元网络，提供了一种无缝集成到新的多媒体世界的途径。例如，企业内部互联网（Intranet）、外部互联网（Extranet）及国际互联网（Internet）提供的广泛应用不但已经进入现代的办公室领域，而且还可以应用于生产和过程自动化。工业以太网具有交换功能，其中全双工和自适应的 100Mbit/s 波特率快速以太网（fast Ethernet，符合 IEEE 802.3u 的标准）已成功运行多年。

工业以太网注重实时性、可靠性、抗干扰性和安全性，西门子 S7-1200 支持 S7 通信、TCP 通信（开放式用户通信）、PROFINET 实时以太网通信、Modbus TCP 通信等通信协议。

微课：基于以太网的开放式用户通信

（1）Modbus TCP

该协议由施耐德公司推出，它以一种非常简单的方式将 Modbus 帧嵌入 TCP 帧中，使 Modbus 与以太网和 TCP/IP 结合，成为 Modbus TCP/IP。这是一种面向连接的方式，每一个呼叫都要求一个应答，这种呼叫/应答的机制与 Modbus 的主/从机制相互配合，使得交换式以太网具有很高的确定性，更加体现了工业以太网的实时性。

施耐德公司已经为 Modbus 注册了 502 端口，可以实现将实时数据嵌入网页中，通过在设备中嵌入 WEB 服务器，就可以将 WEB 浏览器作为设备的操作终端。

（2）PROFINET 通信

针对工业应用需求，德国西门子于 2001 年发布了 PROFINET 通信，它是将原有的 PROFIBUS 与互联网技术结合，形成的 PROFINET 网络方案，其关键特性和主要组成部分如下：

1）基于组件对象模型（COM）的分布式自动化系统。

2）规范了 PROFINET 现场总线和标准以太网之间的通信使得工业环境中的通信开放、透明。

3）提供了一个独立于制造商的系统模型，包括设备层和系统层。

4）PROFINET 采用标准 TCP/IP 以太网作为连接介质，采用标准 TCP/IP 加上应用层的远程过程调用（remote procedure call，RPC）/分布式组件对象模型（distributed component object model，DCOM）来完成节点间的通信和网络寻址。

5）可采用的通信介质包括普通双绞线、工业屏蔽双绞线和光纤。

6. 以工业以太网为基础的通信

工业以太网应用于控制级、监控级和管理级的网络，通信数据量大、距离远。工业以太网的通信服务应用于主站间的大数据量通信，如 PLC 与 PLC 之间、PLC 与 HMI 之间、个人计算机（personal computer，PC）之间的通信，通信的方式为对等的发送和接收，不能保证实时性。基于工业以太网开发的 PROFINET 是实时以太网，具有很好的实时性，通信方式为主从。简单地说，就是同一个网络有两种通信服务，一个是非实时通信，另一个是实时通信。

（1）工业以太网通信介质

西门子工业以太网可以使用双绞线、光纤和无线进行数据通信。

1）IE FC TP（industrial engineering fast connection twisted pair，工业工程快速连接双绞线）配合西门子 FC TP RJ45 接头使用，连接如图 5.1.6 所示。

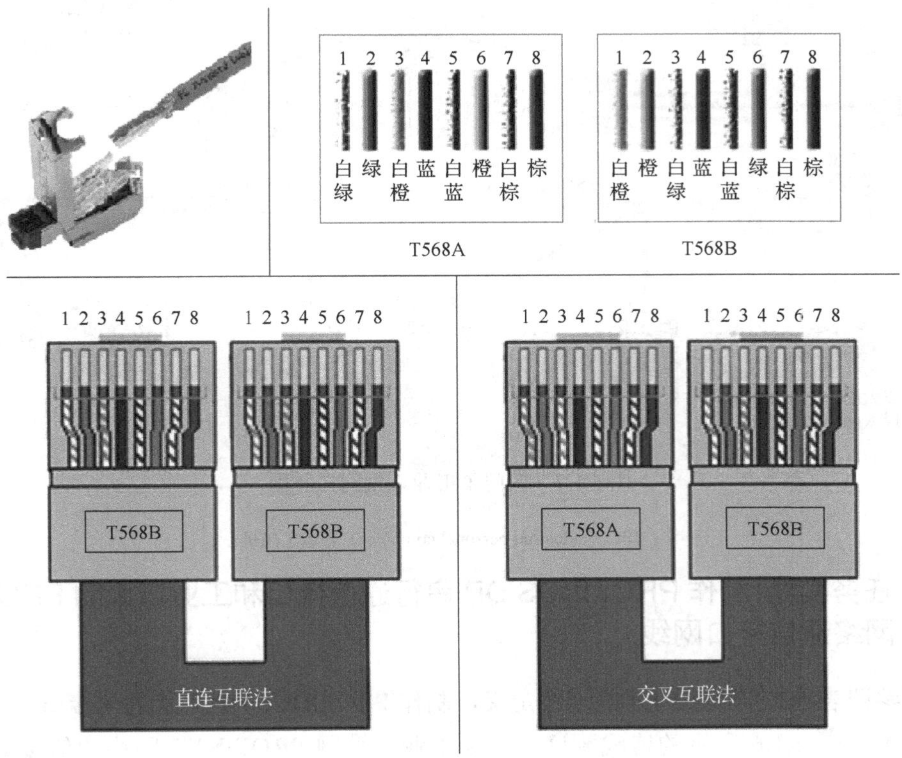

图 5.1.6　FC TP 电缆与 TP RJ45 接头

将双绞线按照 TP RJ45 接头标示的颜色插入连接孔中，可快捷、方便地将 DTE（data terminal equipment，数据终端设备）连接到工业以太网上。使用 FC 双绞线，从 DTE 到 DTE、DTE 到交换机、交换机之间最远通信距离为 100m。西门子采用自动识别技术，直连互联法与交叉互联法都可以在西门子网络设备上无障碍使用。

2）光纤。光纤适用于抗干扰、远距离的通信，西门子交换机间可以使用多模光纤、单模光纤。通信距离与交换机和接口有关。

3）无线以太网。使用无线以太网收发器相互连接的通信距离与通信标准及天线有关。

（2）工业以太网拓扑结构

使用西门子工业交换机可以组成总线型、树形、环形等网络拓扑结构。环形网络拓扑结构是总线型网络的一个特例，即将总线型的头尾两段连接便形成环形网络结构。环形网络可以使用光纤和双绞线构成。在环形网络中必须有一个交换机作为冗余管理器，如西门子 SCALANCE X208 或 SCALANCE X204-2。环形网络中的每一个交换机必须能够通过冗余检测报文。在工业控制系统中，环形网络是使用较广泛的网络，图 5.1.7 展示了各种设备在环形网络上的连接。

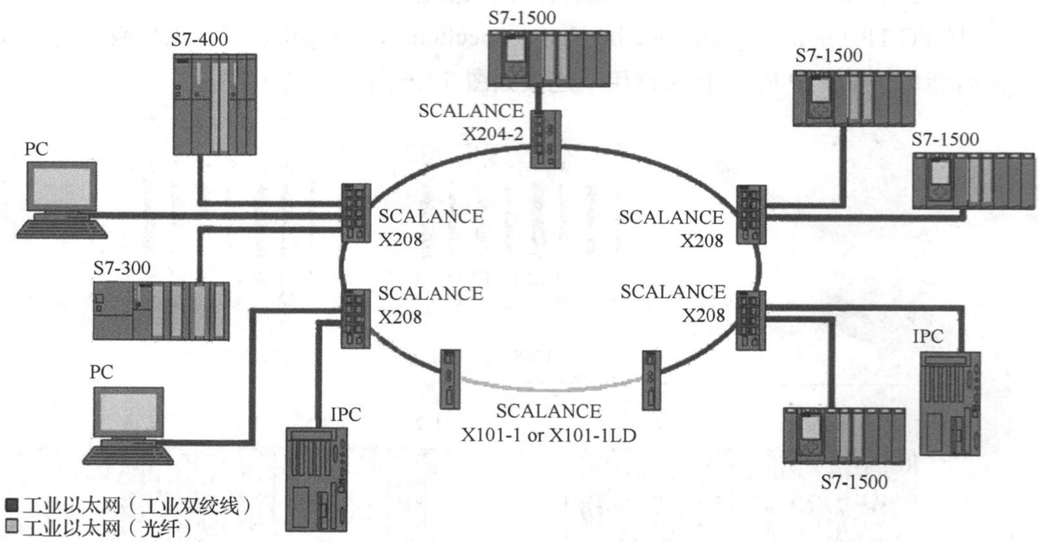

图 5.1.7　西门子工业以太网拓扑图

注：IPC（industrial personal computer）表示工控机。

5.1.2 任务实施：制作 PROFIBUS DP 串行通信接口和工业以太网 PROFINET 网络通信接口网线

1）参照表 5.1.3 和表 5.1.4 的连线定义，制作 PROFIBUS DP 串行通信接口。

2）参照图 5.1.6 所示的连线顺序，实现工业以太网 PROFINET 网络通信接口网线的制作。

思考与练习

1．什么是工业控制网络？
2．工业控制网络的特点有哪些？
3．简述工业控制网络的分类。
4．S7-1200 支持哪些串行通信协议？
5．S7-1200 支持哪些基于以太网类型的通信协议？

任务 5.2 利用 Modbus RTU 协议实现智能数字温湿度控制器数据的读取

任务目标

1．能够描述 Modbus RTU 协议的工作原理。
2．了解 Modbus RTU 协议功能码的含义。
3．掌握 Modbus RTU 协议帧的结构。
4．掌握 Modbus RTU 指令用法。
5．能够利用 Modbus RTU 协议通信，读取环境温度和湿度数据。

任务要求

本任务要求：实现 S7-1214C 与温控仪表 CA720X 智能数字温湿度控制器的 RS485 串行连接，利用 Modbus RTU 协议通信，读取环境温度和湿度数据。

5.2.1　知识准备：Modbus RTU 协议通信

微课：Modbus RTU 协议通信

1．Modbus RTU 协议通信原理

建立在 RS485 硬件基础上的 Modbus RTU 主从通信简单且容易实现，在控制器、变频器、伺服放大器、智能仪器仪表等现场设备上得到了广泛应用。即使现在已经有了以太网通信方式，Modbus RTU 在底层设备上仍然是作为标配的通信方式。

Modbus RTU 是一种单主站的主从通信模式。Modbus 网络上只能有一个主站存在，主站在 Modbus RTU 网络上没有地址，每个从站必须有唯一的地址，从站的地址范围为 0～247，其中 0 为广播地址，从站的实际地址范围为 1～247。

Modbus RTU 协议约定，主站发数据请求，对应寻址的从站应答寻址位置的数据。只有主站才能发送请求，其他所有从站都不能发送请求，从站之间不能直接交换数据。

Modbus RTU 数据帧结构如表 5.2.1 所示。

表 5.2.1 Modbus RTU 数据帧结构

起始位	设备地址	功能代码	数据段	CRC 校验	结束位
T3.5	1B	1B	0～252B	2B	T3.5

在表 5.2.1 中：

1）起始位和结束位并不算真正意义上的位，只是一帧数据开始和结束必须满足的最小时间间隔。

2）设备地址是 1～247 中的数据，占 1B。

3）不同功能代码代表不同的功能，占 1B。

4）数据字段包括 Modbus 地址和寻址字数、Modbus 地址范围，以及对应的从站输入映象寄存器和保持寄存器，参照表 5.2.4。

5）循环冗余校验（cyclic redundancy check，CRC）校验。从接收第一字节开始到最后一字节，收到的所有数据，采用 16 位循环冗余码校验，当校验结果为“0”时，一帧数据接收正确，可以处理，否则会报错。

2．Modbus RTU 请求帧和响应帧的结构

Modbus RTU 协议完成一次通信任务，即完成一次主站发送数据请求帧从站回复数据帧的过程。

1）主站请求帧的结构如表 5.2.2 所示。

表 5.2.2 主站请求帧的结构

请求帧	从站地址	功能代码	Modbus 地址		字数（2B）		CRC16 校验	
数量	1B	1B	2B		2B		2B	
位置			高位	低位	高位	低位	低位	高位
实例 16#	02	03	01	F0	00	02	C5	F7

2）从站响应帧的结构如表 5.2.3 所示。

表 5.2.3 从站响应帧的结构

应答帧	从站地址	功能代码	字节数（小于 252）	首字地址值		首字地址+1 值		CRC 校验	
数量	1B	1B	1B	1 字		1 字		2B	
位置				高位	低位	高位	低位	低位	高位
实例 16#	02	03	04	00	F0	02	80	C9	C0

从上面的实例来理解协议，数据都是以十六进制来表示的。

主站寻址从站地址为 02，功能代码 03（参照表 5.2.4 对应的功能是读取保持寄存器），保持寄存器地址是 01F0，读取数据个数 0002（也就是 2 个字），C5F7 为 CRC 校验码。

从站响应信息包括：从站地址 02，功能代码 03，返回 4B 数据（对应前面 2 个字），下一个数据是 00F0、0280（分别代表十进制数 240 和 640），最后是 CRC 校验码。

上述 Modbus 地址是实际地址，在西门子 Modbus RTU 指令寻址时，需要参照表 5.2.4，转换成相应的地址。

3．西门子 Modbus RTU 协议库支持的常用的功能代码及相应地址

西门子 Modbus RTU 协议库支持的常用的功能代码及相应地址如表 5.2.4 所示。

表 5.2.4　西门子 Modbus RTU 协议库支持的常用的功能代码及相应地址

功能代码	功能	Modbus 地址	数据块地址	CPU 地址
01	读开关量输出状态	1～8192		Q0.0～Q1023.7
02	读开关量输入状态	10001～18192		I0.0～I1023.7
03	读取保持寄存器	40001～49999	DW0～DW19998	
		400001～465535	DW0～DW131068	
04	读输入寄存器	30001～30512		IW0～IW1022
05	写单个线圈	1～8192		Q0.0～Q1023.7
06	写单个寄存器	40001～49999	DW0～DW19998	
		400001～465535	DW0～DW131068	
15	写单个或多个线圈	1～8192		Q0.0～Q1023.7
16	写入多个寄存器	40001～49999	DW0～DW19998	
		400001～465535	DW0～DW131068	

5.2.2 任务实施：用 Modbus RTU 协议通信实现环境温度和湿度数据的读取

利用 Modbus RTU 协议通信，实现 S7-1214C 与温控仪表 CA720X 智能数字温湿度控制器的 RS485 串行连接，读取环境温度和湿度数据。步骤如下：

1．系统硬件配置

系统硬件配置如表 5.2.5 所示。

表 5.2.5　系统硬件配置

硬件	订货号和硬件参数
CPU S7-1214C	6ES7 214 -1BE40 -0XB0
模块 CM 1241 RS485	6ES7 241 -1CH30 -0XB0
温控仪	CA720X 温湿度变送器； 支持 Modbus RTU 协议； 硬件接口 RS485

对参数进行读取和写入操作。

1）温度测量值地址是 16#00，参照表 5.2.4，转换成 Modbus 的地址就是 16#40001。

2）湿度测量值地址是 16#01，参照表 5.2.4，转换成 Modbus 的地址就是 16#40002。

CA720X 温湿度变送器的内部报文说明如表 5.2.6 所示。

表 5.2.6　CA720X 温湿度变送器的内部报文说明

功能代码	数据起始地址	数据个数	内容说明
03H	00H	1	温度值
	01H	1	湿度值
	02H	1	温度启动值
	03H	1	温度停止值
	04H	1	湿度启动值
	05H	1	湿度停止值
	06H	1	工作状态

注意：

1）每一个数据用 2B 整数表示，高位在前，低位在后。

2）带符号整数 Int 型，范围-32868～+32767。

3）湿度上传 16#0311，对应 785，表示 78.5%。

4）温度上传 16#00FF，对应 255，表示 25.5℃。

5）温度上传 16#FF9B，对应十进制-100，表示-10℃，与博途软件整数表示方式一致。

2．组态

1）建立 Modbus RTU 工程，插入 CPU 1214C，添加 CM 1241 RS422/RS485 模块，并更改组态参数，如图 5.2.1 所示。

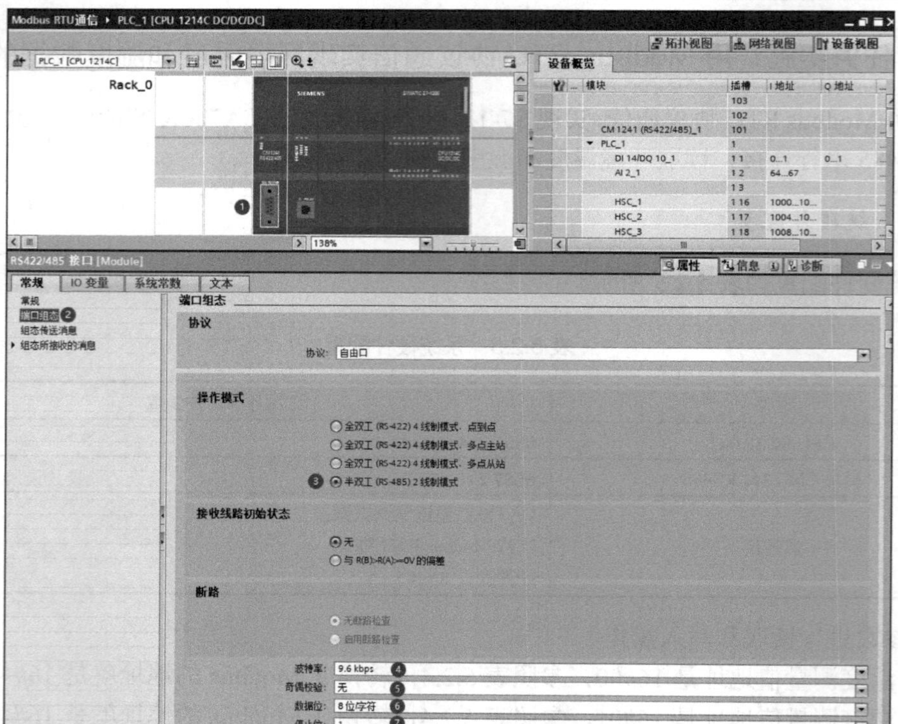

图 5.2.1　CM 1241 RS422/RS485 模块组态

2）记录 RS485 模块的硬件标识符。继续单击系统常数，查看模块的硬件标识符并记录，后续编程将会用到，如图 5.2.2 所示。

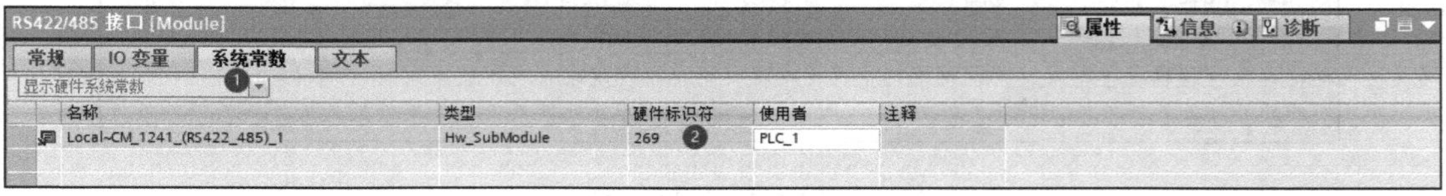

图 5.2.2　CM1241 RS422/RS485 模块硬件标识符

3）编写程序。PLC_1 作为 Modbus 主站，在 OB1 中插入 MB_COMM_LOAD 指令和 MB_MASTER 指令，调用指令后系统会自动生成背景数据块 MB_COMM_LOAD_DB、MB_MASTER_DB，如图 5.2.3 所示。

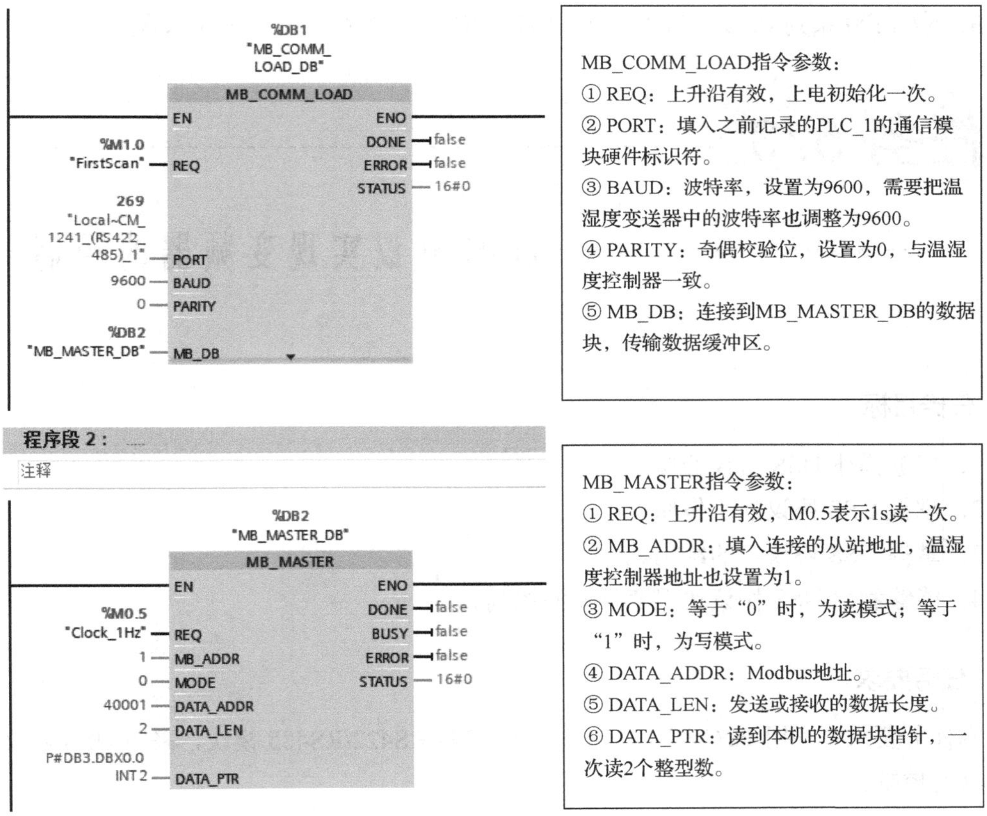

图 5.2.3　程序及说明

4）调试程序。添加新监控表，在监控表中添加温度和湿度变量，单击“全部监视”按钮，观察温度值和湿度值的变化，210 代表温度 21℃，690 代表湿度 69%，如图 5.2.4 所示。

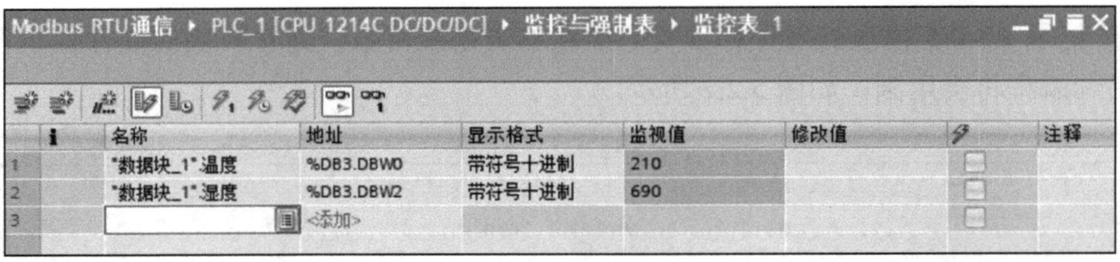

图 5.2.4　调试测试

思考与练习

1．简述 Modbus RTU 协议帧的结构。

2．什么是 Modbus 地址？

3．S7-1200 系列 PLC 支持 Modbus 的功能码有哪些？分别具有什么含义？

任务 5.3　USS 协议实现变频器的控制

任务目标

1．能够描述 USS 协议的概念。

2．掌握 USS 协议的工作原理。

3．掌握 USS 协议帧的结构。

4．能够利用 USS 协议实现变频器的控制。

任务要求

本任务要求：利用 PLC S7-1214C 与 CM 1241 RS422/RS485 模块，采用 USS 协议实现变频器的控制。

5.3.1　知识准备：USS 协议通信

1．USS 协议简介

USS 协议是西门子专为驱动装置开发的通信协议，物理连接采用 RS485 方式。USS 协议的基本特点如下：

1）支持多点通信。

2）采用单主站的“主-从”访问机制。

3）简单可靠的报文格式，使数据传输灵活高效。

4）容易实现，成本较低。

5）每个S7-1200 CPU最多可带3个通信模块，而每个CM 1241 RS485通信模块最多支持16个变频器。因此，用户在一个S7-1200 CPU中最多可建立3个USS网络，而每个USS网络最多支持16个变频器，总共最多支持48个USS变频器。

USS协议通信的工作机制是，通信总是由主站发起，USS主站不断循环轮询各个从站，从站根据收到的指令决定如何响应。从站永远不会主动发送数据，只在以下条件满足时应答：接收到的主站报文没有错误，并且本从站在接收到的主站报文中被寻址。

若上述条件不满足，或者主站发出的是广播报文，则从站不会做出任何响应。对于主站来说，从站必须在接收到主站报文之后的一定时间内发回响应，否则主站将视为出错。

USS协议通信的字符传输格式符合通用异步收发器（universal asynchronous receiver/transmitter，UART）规范，即使用串行异步传输方式。USS协议通信在串行数据总线上的字符传输帧为11位长度，如表5.3.1所示。

表5.3.1 USS 字符帧

起始位	数据位（8位）								校验位	停止位
1位	0 LSB	1	2	3	4	5	6	7 MSB	偶校验1位	1位

注：LSB（least significant bit）表示最低有效位，MSB（most significant bit）表示最高有效位。

USS通信的报文简洁可靠、高效灵活。报文由一连串的字符组成，如表5.3.2所示，协议中定义了它们的特定功能。

表5.3.2 USS 报文结构

STX	LGE	ADR	USS净数据区					BCC
			1	2	3	…	*n*	

在USS报文结构中，每小格代表一个字符（字节），其中：

STX：起始字符，总是16#02。

LGE：报文长度。

ADR：从站地址及报文类型。

BCC：BCC校验符。

净数据区：由PKW区和PZD区组成，如表5.3.3所示。

表5.3.3 USS净数据区

PKW区						PZD区			
PKE	IND	PWE1	PWE2	…	PWE*m*	PZD1	PZD2	…	PZD*n*

1）PKW 区：此区域用于读写参数值、参数定义或参数描述文本，并可修改和报告参数的改变。其中：

① PKE：参数 ID。包括代表主站指令和从站响应的信息，以及参数号等。

② IND：参数索引，主要用于与 PKE 配合定位参数。

③ PWEm：参数值数据。

2）PZD 区：此区域用于在主站和从站之间传递控制和过程数据。控制参数按设定好的固定格式在主、从站之间对应往返。例如：

① PZD1：主站发给从站的控制字/从站返回主站的状态字。

② PZD2：主站发给从站的给定/从站返回主站的实际反馈。

根据传输的数据类型和驱动装置的不同，PKW 区和 PZD 区的数据长度都不是固定的，它们可以灵活改变以适应具体的需要。但是，在用于与控制器通信的自动控制任务时，网络上的所有节点都要按相同的设定工作，并且在整个工作过程中不能随意改变。

2．S7-1200 PLC 与 G120 通过 USS 协议通信的基本原理

S7-1200 PLC 提供了专用的 USS 库进行 USS 协议通信，如图 5.3.1 所示。

图 5.3.1　S7-1200 PLC 专用的 USS 库

USS_DRV 功能块是 S7-1200 USS 通信的主体功能块，接收变频器的信息和控制变频器的指令都是通过这个功能块来完成的。必须在主 OB 中调用，不能在循环中断 OB 中调用。

USS_PORT 功能块是 S7-1200 与变频器 USS 协议通信的接口，主要设置通信的接口参数。可在 OB1 或中断 OB 中调用。

USS_RPM 功能块通过 USS 协议通信读取变频器的参数。必须在主 OB 中调用，不能在循环中断 OB 中调用。

USS_WPM 功能块通过 USS 协议通信设置变频器的参数。必须在主 OB 中调用，不能在循环中断 OB 中调用。

这些专用功能块与变频器之间的控制关系如图 5.3.2 所示。

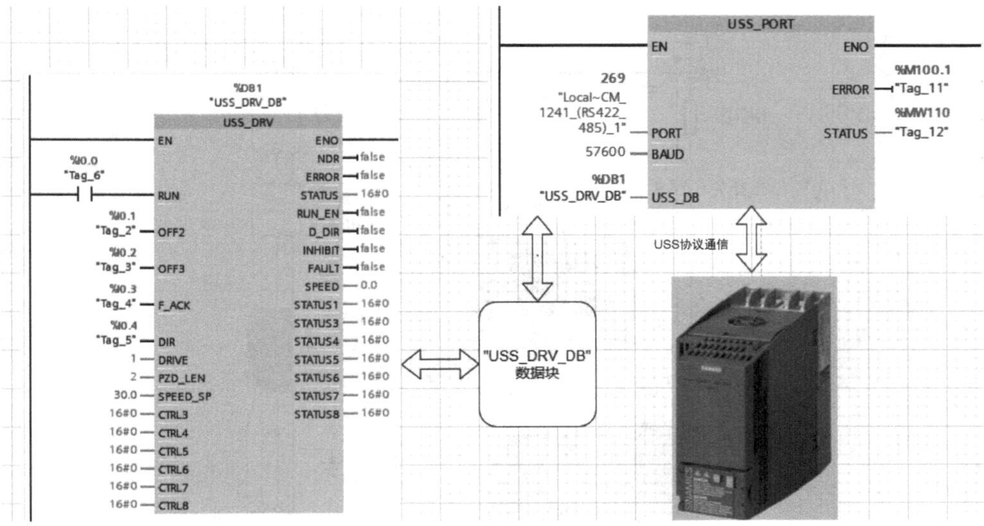

图 5.3.2　USS 协议通信专用功能块与变频器之间的控制关系

USS_DRV 功能块通过 USS_DRV_DB 数据块实现与 USS_PORT 功能块的数据接收与传送，而 USS_PORT 功能块是 S7-1200 PLC CM 1241 RS485 模块与变频器之间的通信接口。USS_RPM 功能块和 USS_WPM 功能块与变频器的通信与 USS_DRV 功能块的通信方式是相同的。

5.3.2　任务实施：用 USS 协议实现变频器的控制

利用 USS 协议实现 S7-1200 与 G120 变频器的通信控制。步骤如下：

1. 配置系统硬件

系统主要硬件配置如表 5.3.4 所示。

表 5.3.4　系统主要硬件配置

硬件	订货号与硬件参数
CPU S7-1214C	6ES7 214-1BE40-0XB0
模块 CM 1241 RS485	6ES7 241-1CH30-0XB0
触摸屏 TP700 Comfort	6AV2 124-0GC01-0AX0
SINAMICS G120 PM240	6SL3244-0BA20-1BA0
交换机	确认型号：XB005
电动机	额定电压：380V 额定电流：0.35A 额定功率：120W

2. 绘制系统控制接线图

系统控制接线图如图 5.3.3 所示。

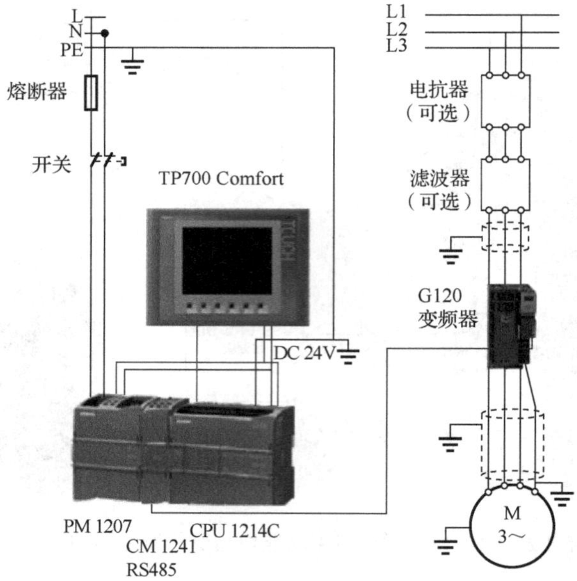

图 5.3.3　系统控制接线图

3．设置 G120 参数

变频器需要设置的参数如表 5.3.5 所示。

表 5.3.5　G120 变频器的参数设置

功能	参数	设定值
工厂设置复位	P0010	30
工厂设置复位	P970	1
快速启动设置	P0010	1
电动机额定电压	P0304	380V
电动机额定功率	P0307	5.5kW
电动机额定频率	P0310	50Hz
电动机额定转速	P0311	1350r/min
USS 命令源	P0700	5
频率设定源	P01000	5
最小电动机频率	P1080	0.0Hz
最大电动机频率	P1081	50.0Hz
启动斜坡时间	P1120	10.0s
延迟斜坡时间	P1121	10.0s
结束快速启动设置	P3900	1
激活专家模式	P0003	3
参考频率	P2000	50.0Hz

续表

功能	参数	设定值
USS 数据传输速度	P2010	9
USS 从站地址	P2011	1
USS PZD 长度	P2012	2
USS PKW 长度	P2013	4
通信监控	P2014	0
在 EEPROM 保存数据	P0971	1
激活专家模式	P0003	3
激活参数模式	P0010	30
从 G120 中传输参数到 BOP	P0802	1

注：BOP（basic operator panel）表示基本操作面板。

注意：表 5.3.5 中的 17、18、19、20 这 4 个参数值的设置必须使 PLC 的参数值与变频器的参数值相一致，而 19、20 这 2 个参数值必须设置成表 5.3.5 中的值，否则变频器与 S7-1200 通信有可能出现问题——不能读出从变频器反馈回来的参数值。

4．PLC 硬件组态

首先在博途软件中建立一个项目 USS G120，在硬件配置中添加 CPU 1214C，在 CPU 的属性中设置以太网的 IP 地址，建立计算机与 PLC 的连接，用于编程和监控调试，如图 5.3.4 所示。

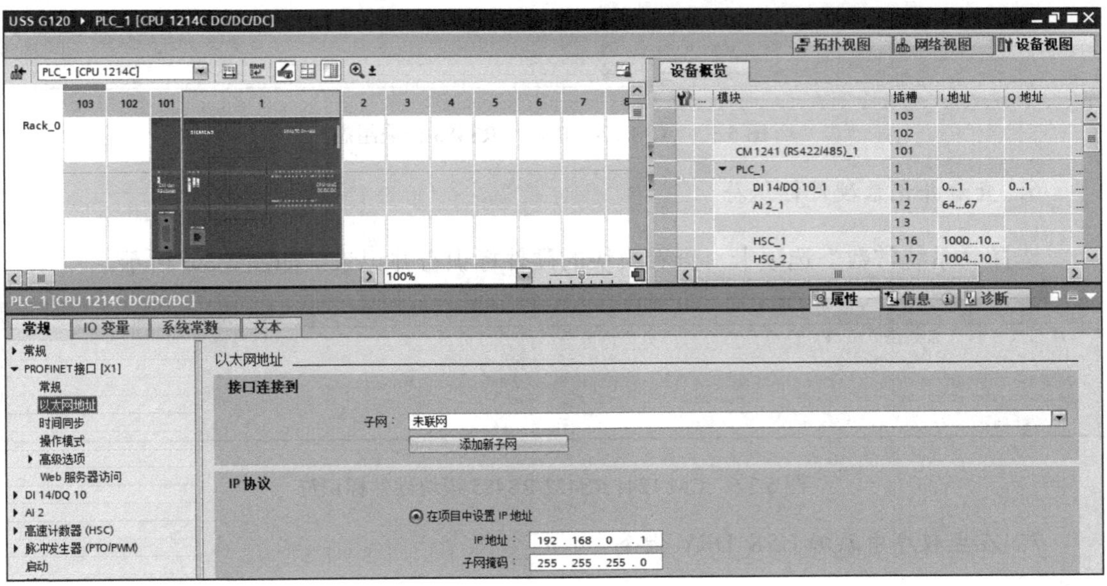

图 5.3.4　S7-1200 IP 地址的设置

5．添加通信模块并更改组态参数

添加通信模块 CM 1241 RS422/RS485，并更改组态参数，如图 5.3.5 所示。

图 5.3.5　CM 1241 RS422/RS485 模块组态

6. 查看并记录硬件标识符

选择“系统常数”选项卡，查看模块的硬件标识符并记录，如图 5.3.6 所示。

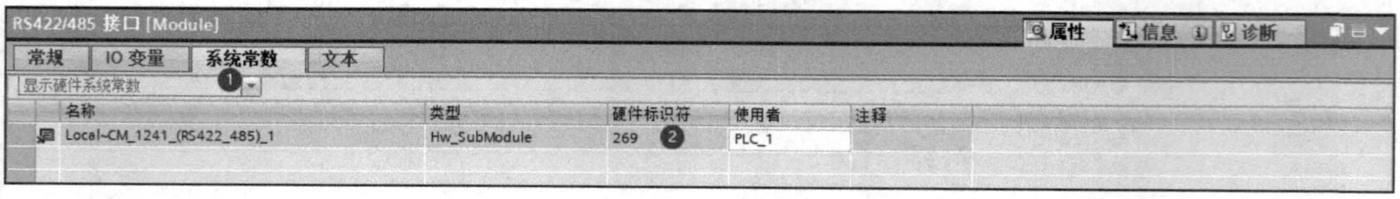

图 5.3.6　CM 1241 RS422/RS485 模块硬件标识符

7. 在主程序中添加 USS_DRV 指令

在主程序中添加 USS_DRV 指令，在调用时，会自动生成背景数据块 USS_DRV_DB，如图 5.3.7 所示。

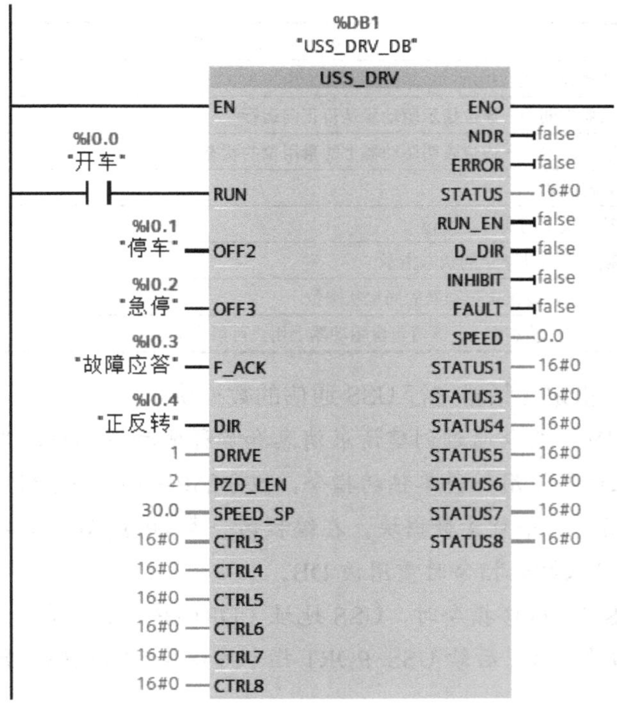

图 5.3.7　USS_DRV 功能块的编程

USS_DRV 功能块用来与变频器进行数据交换，以读取变频器的状态及控制变频器的运行，其端口功能如表 5.3.6 所示。每个变频器使用唯一的 USS_DRV 功能块，但是同一个 CM 1241 RS422/RS485 模块的 USS 网络的所有变频器（最多 16 个）都使用同一个 USS_DRV_DB。

表 5.3.6　USS_DRV 功能块端口的功能

指令端口	功能
RUN	变频器启动指令，该位为“1”时，按指定速度运行
OFF2	电气停止位，自由停车，该位为“0”时停车
OFF3	紧急停车位，带制动停车，该位为“0”时停车
F_ACK	变频器故障应答位，该位将复位驱动器上的故障位。故障清除后该位置位，以通知驱动器不必再指示上一个故障
DIR	变频器控制电动机的转向，为“1”时，正转
DRIVE	变频器的 USS 站地址，有效范围为驱动器 1～16，由参数 P2011 设置
PZD_LEN	字长，是 PZD 数据字的数目。有效值为 2、4、6 或 8 个字，默认值为 2。由参数 P2012 设置
SPEED_SP	变频器的速度设定值，表示为组态频率的百分比，正值表示正向（当 DIR 的值为 TRUE 时）
CTRL3～CTRL8	控制字 3～控制字 8，写入驱动器上用户组态的参数中的值。用户必须在驱动器上组态这个值，是可选参数
NDR	新数据就绪——如果该参数的值为 TRUE，则该位表明输出中包含来自新通信请求的数据
ERROR	程序输出错误
STATUS	请求的状态值。它指示循环结果。这不是从驱动器返回的状态字

续表

指令端口	功能
RUN_EN	变频器运行状态指示
D_DIR	变频器方向——该位指示驱动器是否正向运行
INHIBIT	禁用驱动器——该位表明驱动器上的禁用位的状态
FAULT	变频器故障
SPEED	变频器反馈的实际速度值
INHIBIT	变频器是否被禁止的状态指示
STATUS1	状态字 1，值包含驱动器的固定状态位
STATUS2～STATUS8	状态字 2～状态字 8，该值包含驱动器上用户可组态的状态字

USS_DRV_DB：指定变频器进行 USS 通信的数据块。

注意：USS_DRIVE 指令通过创建请求消息和解释驱动器响应消息来与驱动器交换数据。必须针对每个驱动器使用一条单独的指令，但分配给一个 USS 程序段通信模块的所有 USS 指令都必须使用同一个背景数据块。在编程第一条 USS_DRIVE 指令时，必须先创建 DB 名称，然后，在插入初始指令时重用该 DB。

在首次执行 USS_DRIVE 指令时，USS 地址（DRIVE 参数）表示的驱动器在背景 DB 中初始化。在这次初始化后，后续 USS_PORT 指令可以启动与该驱动器编号所对应的驱动器的通信。

更改驱动器编号要求 PLC 从 STOP 切换到 RUN 模式，这会初始化该背景 DB。输入参数组态到 USS 发送缓冲区中，输出从上一个有效的响应缓冲区（如果存在）中读取。执行 USS_DRIVE 指令期间，没有数据传输。执行 USS_PORT 指令与驱动装置进行数据通信，USS_DRIVE 将只组态待发送的消息并评估上一个请求中所接收的数据。

可以使用 DIR（Bool）输入或使用 SPEED_SP（REAL）输入的符号（正号或负号）来控制驱动器的旋转方向。表 5.3.7 解释了这些输入如何协同确定驱动器的方向（假设电动机按正向接线）。

表 5.3.7　通过运行参数判断电动机的旋转方向

SPEED_SP	DIR	电动机旋转方向
值>0	0	反向
值>0	1	正向
值<0	0	正向
值<0	1	反向

8．添加循环中断程序

添加循环中断程序，每次中断，进行一次 USS 和变频器之间的数据传输，如图 5.3.8 所示。

图 5.3.8　循环中断 OB 的扫描时间的设置

9．添加 USS_PORT 指令并进行相应组态

在循环中断 OB 中添加 USS_PORT 指令并进行相应组态，如图 5.3.9 所示。

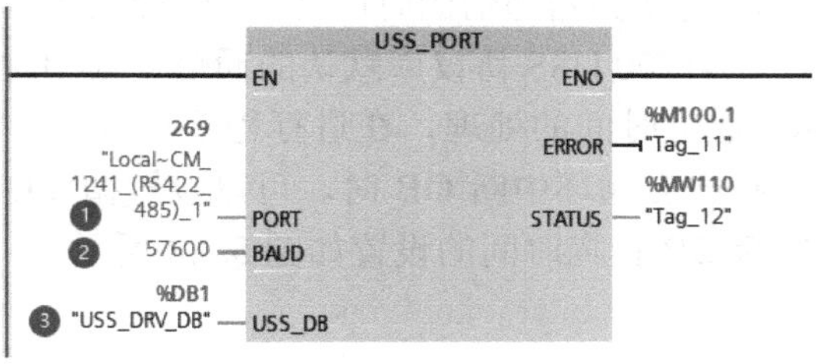

图 5.3.9　USS 通信接口参数功能块的编程

USS_PORT 功能块用来处理 USS 网络上的通信，它是 S7-1200 CPU 与变频器的通信接口，每个 CM 1241 RS422/RS485 模块有且必须有一个 USS_PORT 功能块，其端口功能如表 5.3.8 所示。

表 5.3.8　USS_PORT 功能块端口功能

指令端口	功能
PORT	CM 1241 模块的硬件标识符
BAUD	PLC 与变频器之间的通信速率，在 G120C 变频器中，用参数 P2010 设置该通信速率
USS_DB	图 5.3.7 已经明确了变频器 USS_DRV 的通信原理，需要通过 USS_PORT 指令读写 USS_DRV 的数据块，所以这里应该填写 USS_DRV_DB
ERROR	输出错误标志位
STATUS	循环或初始化的结果

每个通信模块最多可以有 16 个 USS 数据块，每个 CPU 最多可以有 48 个 USS 数据块，具体的通信情况要与现场实际情况相联系，每个变频器与 S7-1200 进行通信的数据块是唯一的。

S7-1200 PLC 与变频器的通信与它本身的扫描周期不同步，在完成一次与变频器的通信事件之前，S7-1200 PLC 通常完成了多次扫描。USS_PORT 通信的时间间隔是 S7-1200 PLC 与变频器通信所需要的时间，不同的通信波特率对应不同的 USS_PORT 通信间隔时间。表 5.3.9 列出了不同波特率对应的 USS_PORT 最小通信时间间隔。

表 5.3.9　不同的波特率对应的 USS_PORT 最小通信时间间隔

波特率/(bit/s)	USS_PORT 最小通信时间间隔 T_{min}/ms	USS_PORT 通信超时的时间间隔 T_{max}/ms
1200	790	2370
2400	405	1215
4800	212.5	638
9600	116.3	349
19200	68.2	205
38400	44.1	133
57600	36.1	109
115200	28.1	85

USS_PORT 在发生通信错误时，通常进行 3 次尝试来完成通信事件，那么 S7-1200 与变频器通信的时间就是 USS_PORT 发生通信超时的时间间隔。例如，如果通信波特率是 57600bit/s，那么 USS_PORT 与变频器通信的时间间隔应当大于最小的调用时间间隔，即大于 36.1ms 而小于 109ms。S7-1200 USS 协议库默认的通信错误超时尝试次数是 2 次。

基于以上 USS_PORT 通信时间的处理，在进行程序设计时，在循环中断 OB 中调用 USS_PORT 通信功能块，在建立循环中断 OB 时，可以设置循环中断 OB 的扫描时间，以满足通信的要求。循环中断 OB 扫描时间的设置如图 5.3.8 所示。

10．添加新块

新建读写变频器参数函数块，如图 5.3.10 所示。

图 5.3.10　新建读写变频器参数函数块

在读写变频器参数函数块中添加读变频器参数指令 USS_RPM 和更改变频器参数指令 USS_WPM，并对其组态，如图 5.3.11 所示。

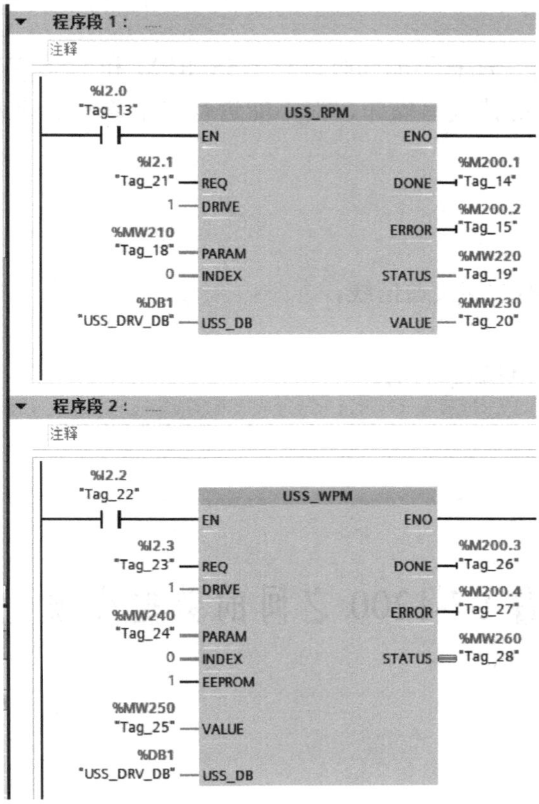

REQ：读取参数请求。
DRIVE：变频器的USS站地址。
PARAM：变频器的参数代码。
INDEX：变频器的参数索引代码。
USS_DB：指定变频器进行USS通信的数据块。
DONE：读取参数完成。
ERROR：读取参数错误。
STATUS：读取参数状态代码。
VALUE：所读取参数的值。

REQ：读取参数请求。
DRIVE：变频器的USS站地址。
PARAM：变频器的参数代码。
INDEX：变频器的参数索引代码。
EEPROM：把参数存储到变频器的EEPROM中。
VALUE：设置参数的值。
USS_DB：指定变频器进行USS通信的数据块。
DONE：读取参数完成。
ERROR：读取参数错误状态。
STATUS：读取参数状态代码。

图 5.3.11　USS 读写变频器程序

USS_RPM 功能块用于通过 USS 通信从变频器读取参数。进行读取参数功能块编程时，各个数据的数据类型一定要正确对应。

对写入参数功能块编程时，各个数据的数据类型一定要正确对应。如果需要设置变量进行写入参数值，注意该参数变量的初始值不能为“0”，否则容易产生通信错误。

11．调用读写变频器参数函数块

在主程序中调用读写变频器参数函数块。

12．USS 协议通信的调试

S7-1200 PLC 通过 CM 1241 RS485 模块与变频器进行 USS 协议通信时，需要注意以下几点：

1）当同一个 CM 1241 RS485 模块带有多个（最多 16 个）USS 变频器时，参与通信的 USS_DB 是同一个，USS_DRV 功能块调用多次，每个 USS_DRV 功能块调用时，相对应的 USS 站地址与实际的变频器要一致，而其他的控制参数也要一致。

2）当同一个 S7-1200 PLC 带有多个 CM 1241 RS485 模块（最多 3 个）时，参与通信的 USS_DB 是 3 个，每个 CM 1241 RS485 模块的 USS 网络使用相同的 USS_DB，不同的 USS 网络使用不同的 USS_DB。

3）当对变频器的参数进行读写操作时，注意不能同时进行 USS_RPM 和 USS_WPM 的操作，并且同一时间只能进行一个参数的读或写操作，而不能进行多个参数的读或写操作。

思考与练习

1. 画出 USS 协议通信中 PLC 与变频器的连接通信线。
2. 阐述 USS 协议通信的原理。
3. 完成任务：利用 USS 协议实现 3 台变频器通信。

任务 5.4 S7 协议通信实现两台 S7-1200 之间的数据交换

任务目标

1. 能够描述 S7 协议通信的概念。
2. 掌握 S7 协议通信的指令。
3. 能够利用 S7 协议通信实现两台 S7-1200 之间的数据交换。

任务要求

本任务要求：利用 PLC S7-1214C 的 PROFINET 网络接口，采用 S7 协议通信实现两台 S7-1200 的数据交换。

5.4.1 知识准备：S7 协议通信

微课：S7 协议通信

S7 协议是西门子为实现本公司控制设备的互联互通而制定的通信协议，适用于西门子各型号 PLC 间的通信，不能用于与其他品牌 PLC 通信。S7 协议通信有 8 个资源，既可作客户端，也可作服务器。

S7-1200 进行 S7 协议通信时，需要在客户端调用 PUT/GET 指令，服务器端不需要调用任何指令。PUT 指令用于写数据，GET 指令用于读数据。不管服务器端 CPU 处于运行模式还是停止模式，S7 协议通信都可以正常进行。

GET 指令：从远程 CPU（服务器端）读取数据，其配置如图 5.4.1 所示。

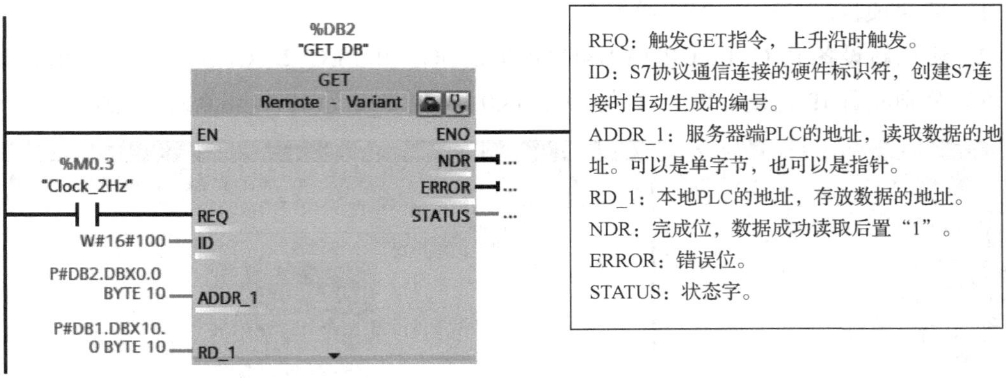

图 5.4.1　GET 指令配置

PUT 指令：发送数据给远程（服务器端）CPU，其配置如图 5.4.2 所示。

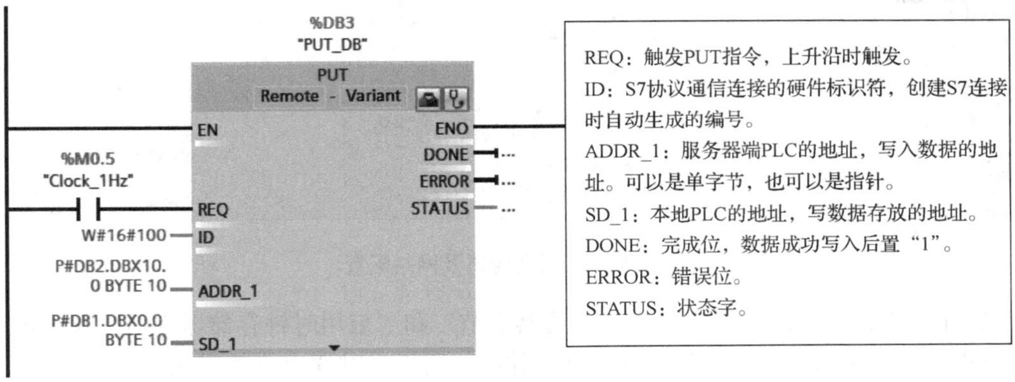

图 5.4.2　PUT 指令配置

注意：

1）REQ 端子都是边沿触发，保持接通或断开都不能触发 1 次发送或读取数据，1 次上升沿触发 1 次。

2）硬件标识符在执行 S7 网络连接时会自然生成。

3）ADDR_1：对方的数据地址，以指针形式填写时，数据块必须是非优化的，否则会出错。例如，P#DB2.DBX10.0 BYTE 10 是对方的非优化数据块 DB2，从偏移量 10.0 开始操作 10B 数据。

4）SD_1：本地 PLC 的数据地址。以指针形式填写时，数据块必须是非优化的，否则会出错。例如，P#DB1.DBX0.0 BYTE 10 是本地非优化数据块 DB1，从偏移量 0.0 开始操作 10B 数据。

5.4.2　任务实施：用 S7 协议通信实现客户机与服务器之间的数据交换

本任务中，PLC1 作为客户机，PLC2 作为服务器，PLC1 周期性地读取 PLC2 数据块的 10B 数据，并向 PLC2 写入 10B 数据。步骤如下：

1）新建项目，名称为“S7 通信”。

2）添加新设备 PLC_1（CPU 1214C DC/DC/DC）和 PLC_2（CPU 1214C DC/DC/DC）。

3）分别配置 IP 地址：PLC_1 为 192.168.0.1，PLC_2 为 192.168.0.2，如图 5.4.3 所示。

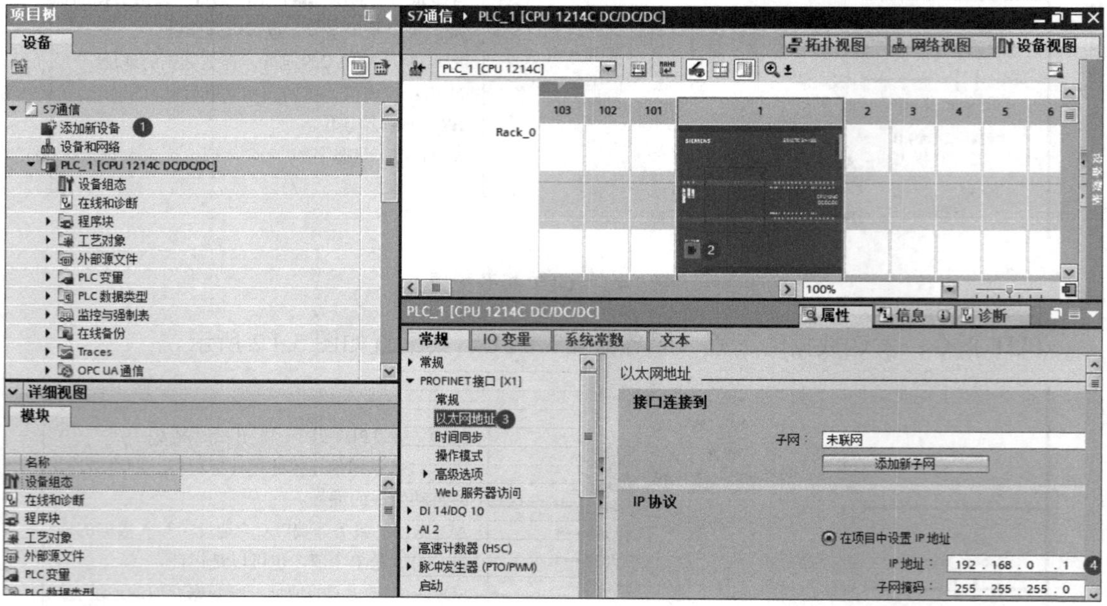

图 5.4.3 设备组态及网络配置

4）在 PLC_1 中选中“启用系统存储器字节”和“启用时钟存储器字节”复选框，如图 5.4.4 所示。因为下面会用到周期性触发脉冲，所以定时读出或者写入 PLC_2 数据。

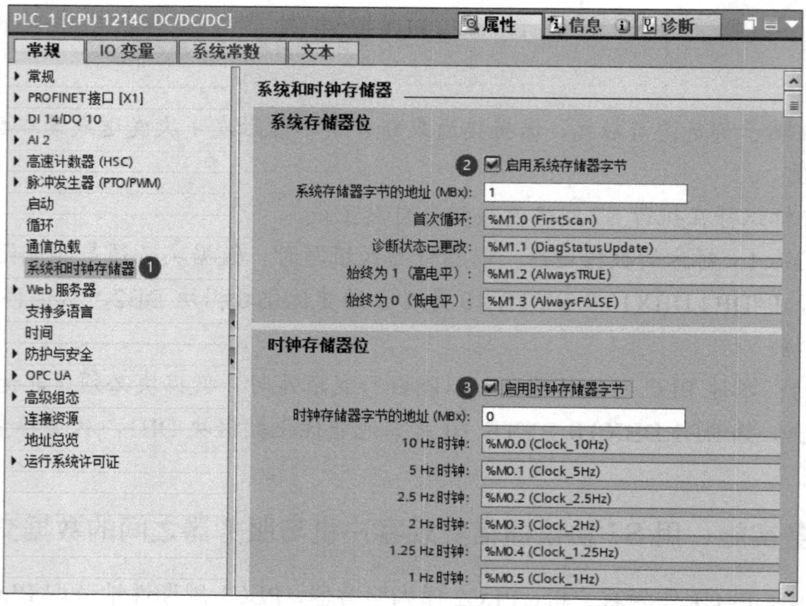

图 5.4.4 系统和时钟存储器设置

5）在硬件组态中，选择“属性”→“常规”→“防护与安全”→“连接机制”选项，选中“允许来自远程对象的 PUT/GET 通信访问”复选框（要执行 PUT、GET 指令，必须选中），PLC_1、PLC_2 都要选中，否则使用指令会出错，如图 5.4.5 所示。

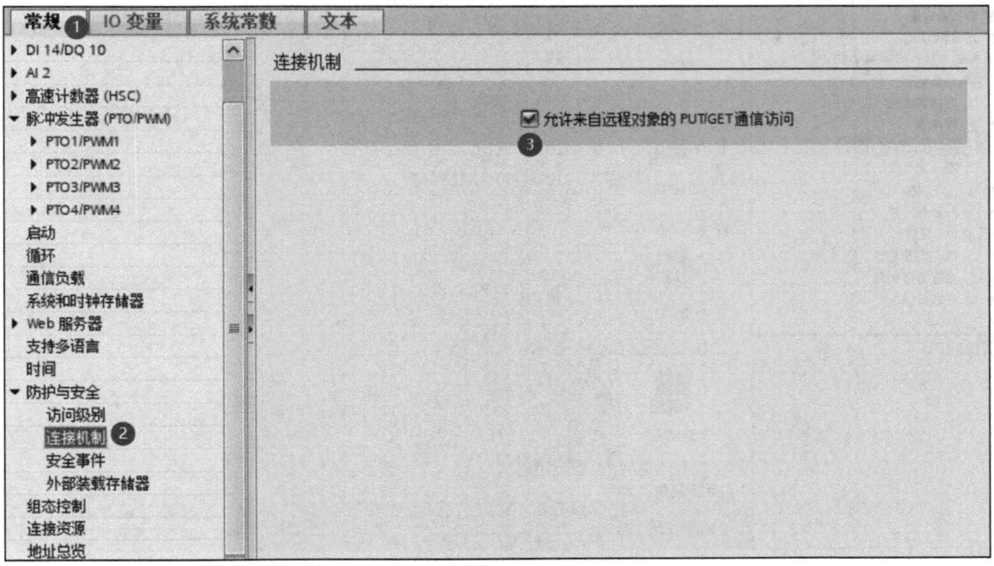

图 5.4.5　允许 PUT/GET 指令

6）设置 S7 连接：选择“设备组态”→“网络视图”选项卡，如图 5.4.6 所示。

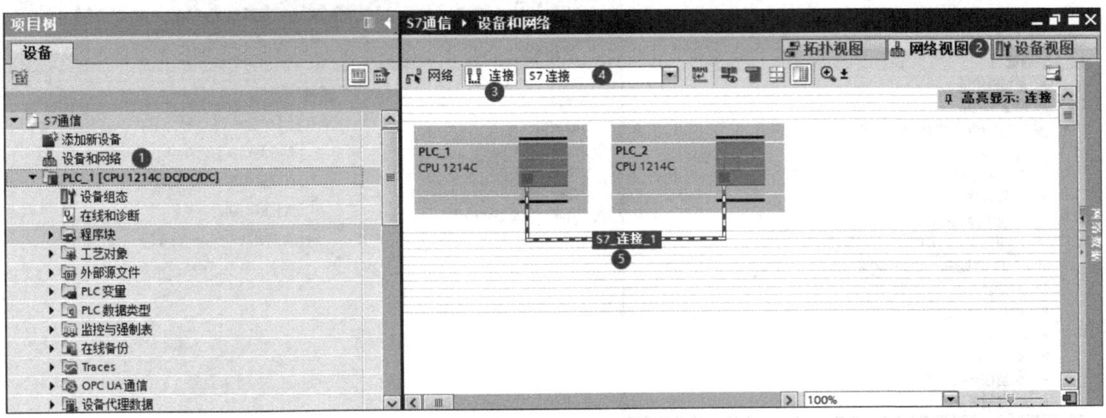

图 5.4.6　设置 S7 连接

7）在设备中添加全局数据块（PLC_1 表示 PLC1 数据块，PLC_2 表示 PLC2 数据块），如图 5.4.7 所示。由于在 PUT/GET 指令中要使用指针进行数据访问，因此还需要取消选中数据块中“优化的块访问”复选框，如图 5.4.8 所示。

图 5.4.7 添加数据块

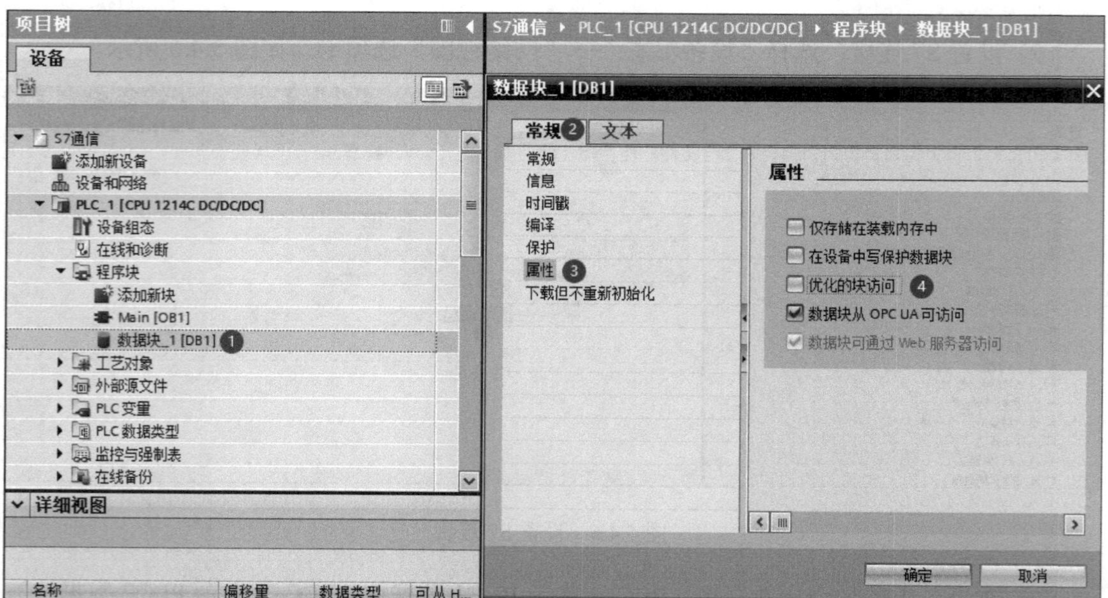

图 5.4.8 取消优化块访问

8）在数据块中分别定义数组。

PLC_1 的数据块_1[DB1]：发送 10B 数组，接收 10B 数组。

PLC_2 的数据块_1[DB2]：发送 10B 数组，接收 10B 数组，如图 5.4.9 所示。

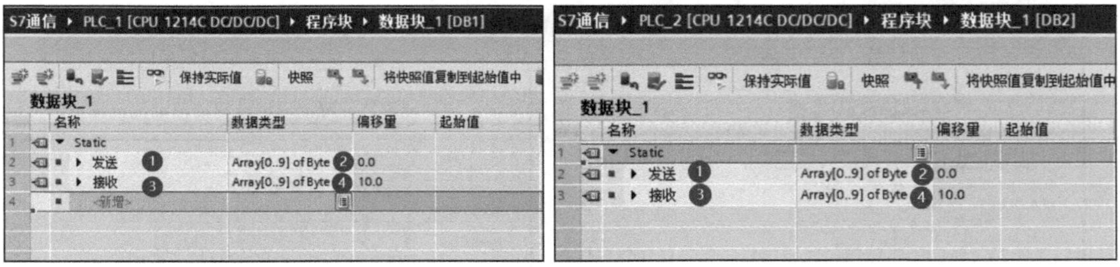

图 5.4.9　在数据块中定义数组

9）在 PLC_1 中编写程序，添加 PUT、GET 指令，读写 PLC_2 中数据，如图 5.4.10 所示。

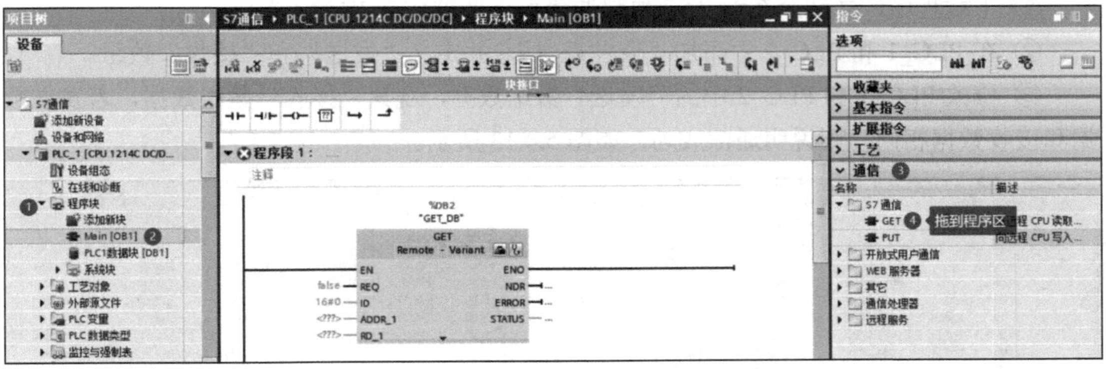

图 5.4.10　PLC_1 主程序

10）组态 GET 指令，如图 5.4.11 所示。

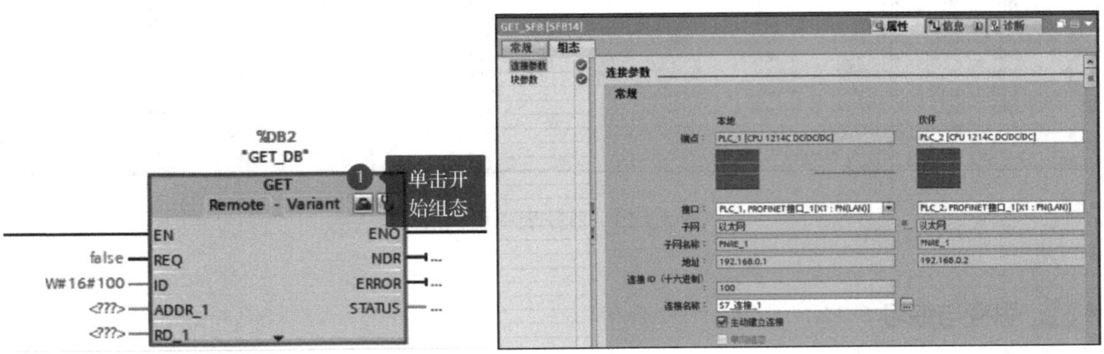

图 5.4.11　组态 GET 指令

同理，组态 PUT 指令。

11）配置程序，如图 5.4.12 所示。

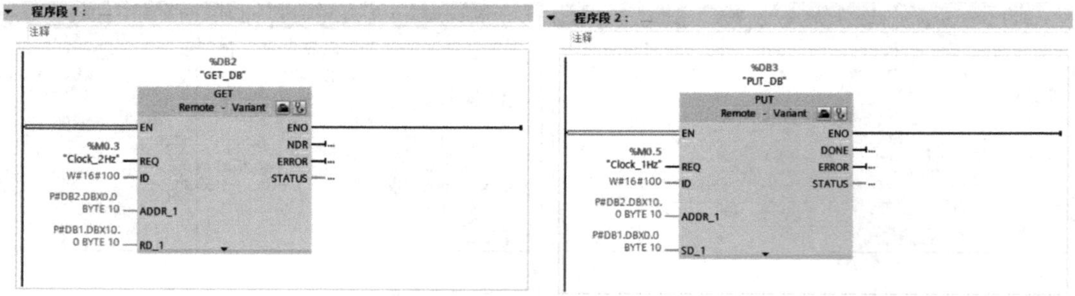

图 5.4.12　程序配置

12）调试程序。

① 下载程序，并转至在线（S7 协议通信可以通过仿真方式调试）。

② 在 PLC_1 和 PLC_2 中添加“监控表_1”，并定义“发送”和“接收”数组。

③ 修改 PLC_1 和 PLC_2 中的“发送”数组数据，观察“接收”数组数据，若发送数据和接收数据相同，则说明通信成功，如图 5.4.13 所示。

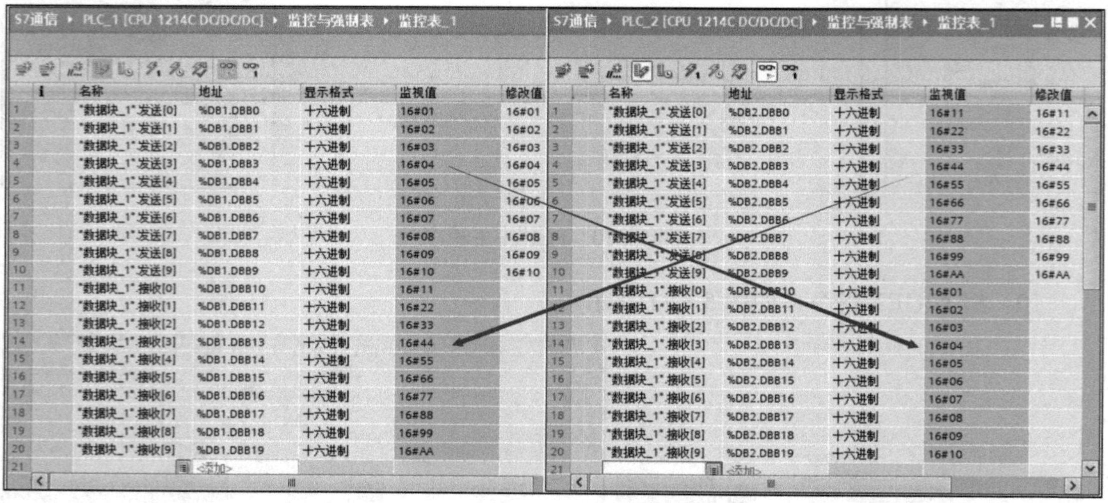

图 5.4.13　监控表中调试数据

思考与练习

1．S7 协议通信网线连接需要区分是直连还是交叉线吗？

2．在 S7 协议通信中，发起访问端称为客户端，被访问端称为服务器端，那么服务器端需要编程吗？

3．完成任务：两台 PLC，利用 S7 协议通信，实现 PLC_1 输入 I1.0 接通，控制 PLC_2 输出 Q1.0 接通。

任务 5.5

开放式用户通信协议（TCP 协议）实现两台 S7-1200 之间的数据交换

任务目标

1. 能够描述 TCP 协议通信的概念。
2. 掌握 TCP 协议通信指令的使用方法。
3. 能够利用 TCP 协议通信实现两台 S7-1200 之间的数据交换。

任务要求

本任务要求：利用 PLC S7-1214C 的 PROFINET 网络接口，采用开放式用户通信协议（TCP 协议），实现两台 S7-1200 之间的数据交换。

5.5.1　知识准备：TCP 协议通信

S7 协议是西门子为实现本公司控制设备的互联互通而制定的通信协议，单边编程就可以实现数据交换，但是控制系统有第三方设备时，就不能再使用 S7 协议了，因此西门子也发布了针对第三方的通信协议——开放式用户通信协议（以下简称 TCP 协议），使用建立连接和发送数据指令 TSEND_C、建立连接和接收数据指令 TRCV_C 进行通信，当然也可以通过早期的指令 TCON（建立连接）、TSEND（发送数据）、TRCV（接收数据）和 TDISCON（断开连接指令）来实现通信。下面介绍使用 TSEND_C 和 TRCV_C 指令进行通信的方法。

1）TSEND_C 指令：发送数据指令，其配置如图 5.5.1 所示。

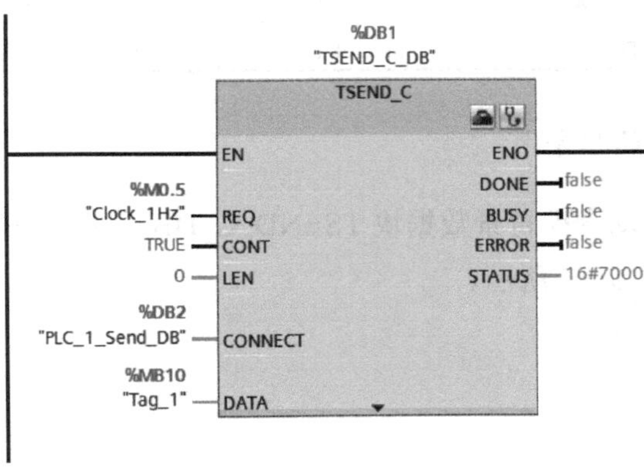

REQ：触发TSEND_C指令，上升沿时触发。
CONT：等于“1”时，建立连接；等于“0”时，断开连接。
LEN：需要发送的最大字节长度，如果这个值设为“0”，发送端DATA指定发送的所有数据。
CONNECT：连接数据交换的背景数据块。
DATA：发送的数据，可以是单个数据，也可以是以指针方式来表示的多个数据。
DONE：状态参数，为“1”时表示作业已执行。
BUSY：状态参数，为“1”时表示作业执行中。
ERROR：错误位。
STATUS：状态字。

图 5.5.1　TSEND_C 指令配置

注意：DATA——当要发送多个数据时，要用到指针，如 P#DB2.DBX10.0 WORD 5，表示发送数据块 DB2 偏移量 10.0 开始的 5 个字。DB2 是非优化的，参照图 5.4.8 设置。

2）TRCV_C 指令：接收数据指令，其配置如图 5.5.2 所示。

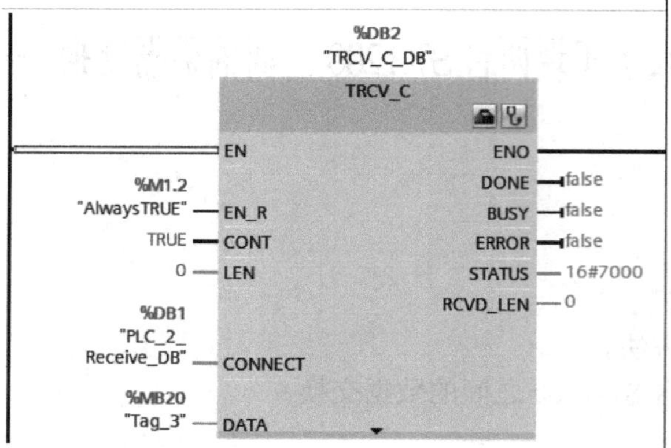

EN_R：使能接收，等于“1”时，允许接收。
CONT：等于“1”时，建立连接；等于“0”时，断开连接。
LEN：需要接收的最大字节长度，如果这个值设为“0”就会发送DATA端指定的所有数据。
CONNECT：连接数据交换的背景数据块。
DATA：接收的数据，可以是单个，也可以是以指针方式来表示的多个数据。
DONE：状态参数，为“1”时表示作业已执行。
BUSY：状态参数，为“1”时表示作业执行中。
ERROR：错误位。
STATUS：状态字。
RCVD_LEN：接收数据的个数。

图 5.5.2　TRCV_C 指令配置

5.5.2　任务实施：用 TCP 协议通信实现两台 S7-1200 之间的数据交换

本任务中，两台 S7-1214C（CPU 1214C DC/DC/DC）利用 TCP 协议通信实现 1B 的数据传输。步骤如下：

1．组态 TCP 协议通信项目

添加两台 PLC：PLC_1 和 PLC_2（CPU 1214C DC/DC/DC），配置每台设备的 IP 地址，并在网络视图下实现组网连接，如表 5.5.1 所示。

表 5.5.1　两台 PLC 的网络配置

设备名称	功能	CPU 型号	IP 地址	子网掩码
PLC_1	发送数据	CPU 1214C DC/DC/DC	192.168.0.1	255.255.255.0
PLC_2	接收数据	CPU 1214C DC/DC/DC	192.168.0.2	255.255.255.0

2．编写 PLC_1 程序——组态 TSEND_C 指令

把指令块指令拖拽到程序区，系统会自动分配背景数据块 TSEND_C_DB，用于存储指令的运行参数，此时会弹出组态窗口，如图 5.5.3 所示。

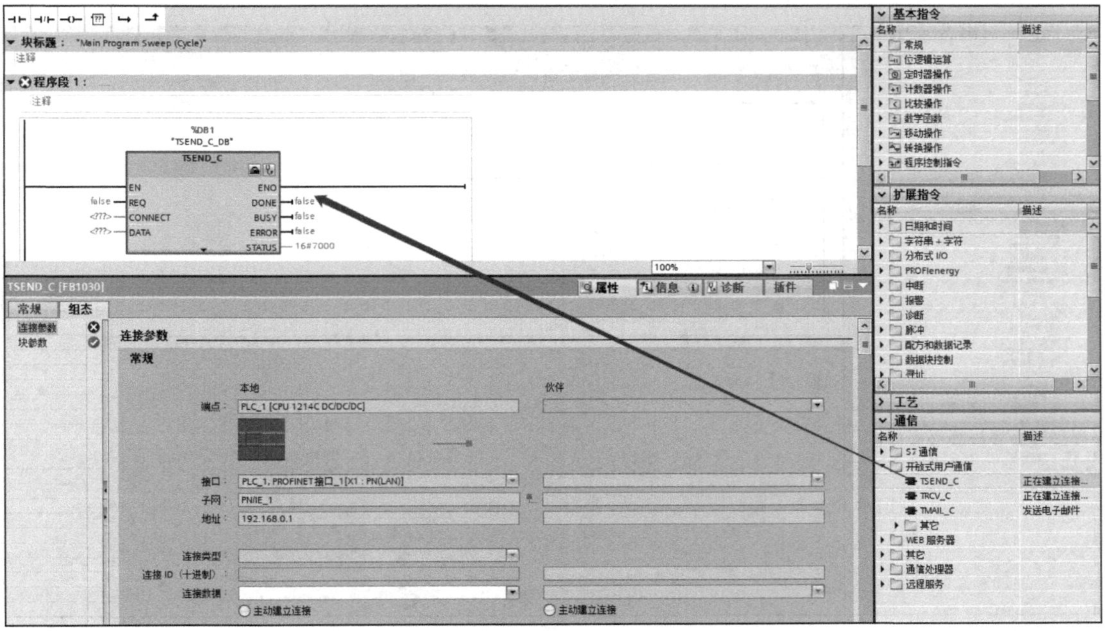

图 5.5.3　发送端 PLC_1 的 TCP 协议通信编程

然后依次组态伙伴端点→本地连接类型→本地连接数据→伙伴连接数据，如图 5.5.4 所示。

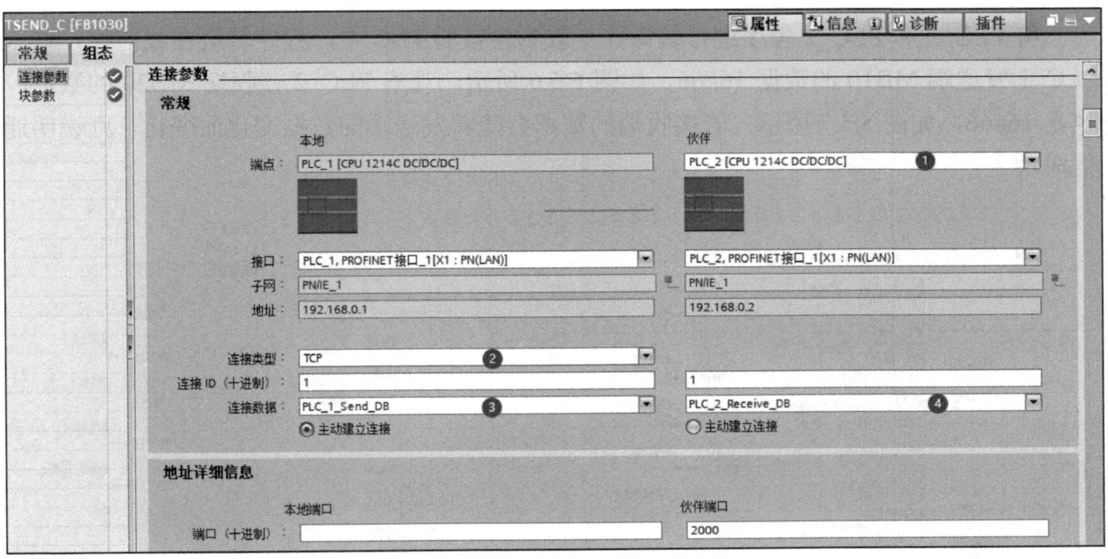

图 5.5.4　TSEND_C 指令组态

3．编写 PLC_2 程序——组态 TRCV_C 指令

把 TRCV_C 指令拖拽到程序区，系统会自动分配背景数据块 TRCV_C_DB，用于存储指令的运行参数，此时会弹出组态窗口，如图 5.5.5 所示。

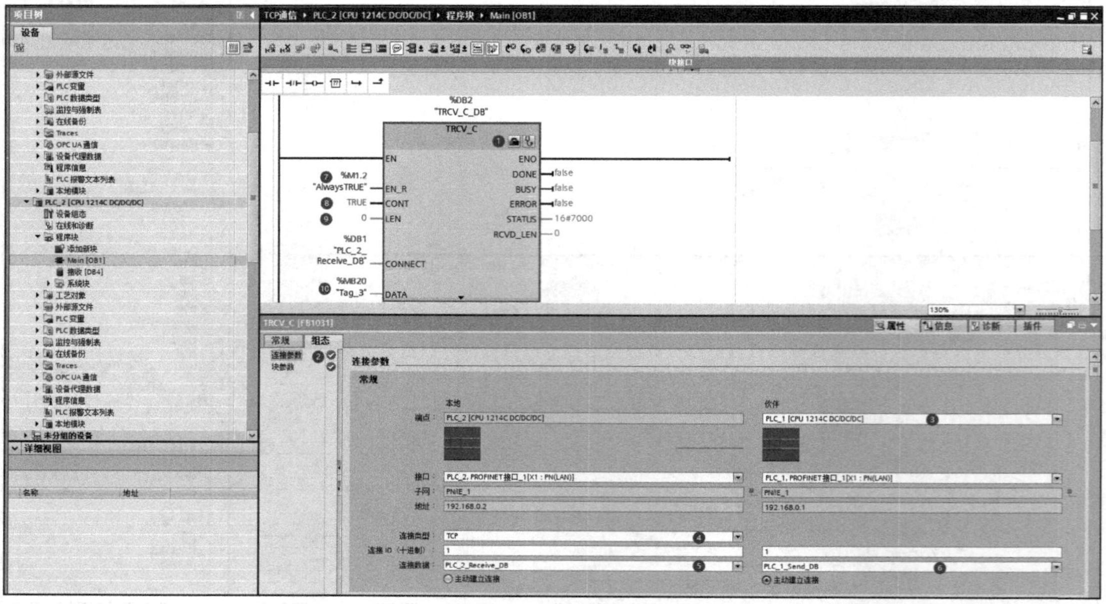

图 5.5.5　接收端 PLC_2 指令编程——TRCV_C 指令组态

组态完成后，CONNECT 指令端口会自动添加连接数据 PLC_1_Send_DB。

4．调试程序

将 PLC_1 和 PLC_2 程序进行编译并下载到各自的 PLC 中，程序转至在线监控，修改 PLC_1 发送端 MB10 的数据 16#66，如图 5.5.6 所示，观察 PLC_2 接收端 MB20 的数据，也是 16#66，如图 5.5.7 所示。若接收端的数据会随着发送端的数据变化而变化，则说明通信成功。

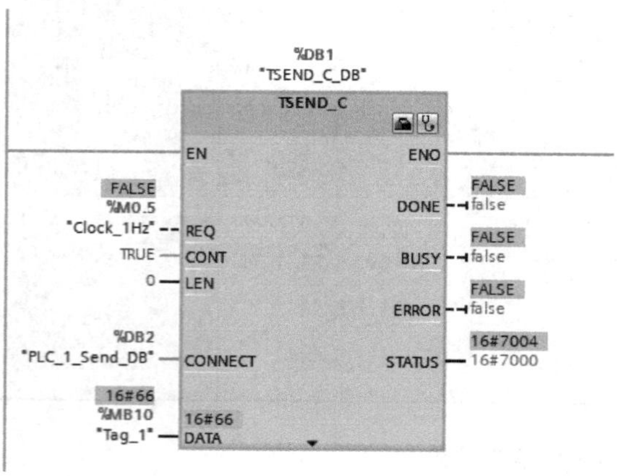

图 5.5.6　PLC_1 发送数据程序

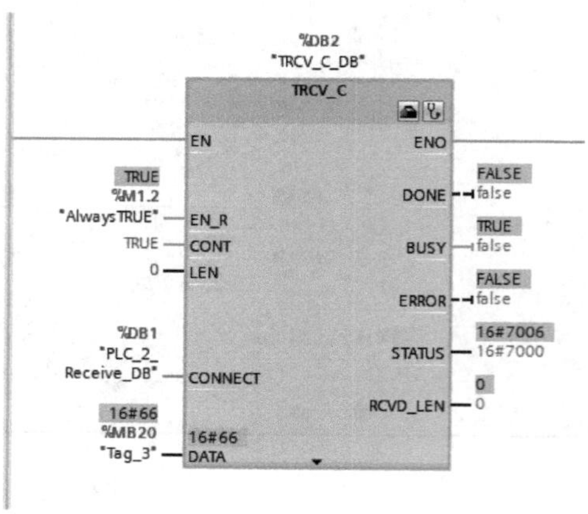

图 5.5.7　PLC_2 接收单个数据

思考与练习

1．开放式用户通信有什么特点？

2．TSEND_C 和 TRCV_C 指令怎么组态？

3．假如要实现多个数据的通信，应该怎么组态 TSEND_C 和 TRCV_C 指令？

任务 5.6 智能设备通信（PROFINET 通信）实现两台 S7-1200 之间的数据交换

任务目标

1．能够描述 PROFINET 通信的概念。

2．掌握 PROFINET 通信的指令。

3．能够利用 PROFINET 通信实现两台 S7-1200 之间的数据交换。

任务要求

本任务要求：利用 PLC S7-1214C 的 PROFINET 网络接口，采用智能设备通信（PROFINET 通信），实现两台 S7-1200 之间的数据交换。

5.6.1 知识准备：智能 I/O 设备通信

前面介绍的以太网通信——S7 协议通信和 TCP 协议通信都是通过编程才能实现数据传输，西门子还有一种实现数据传输的特殊方式，就是通过把一台 PLC 当成另一台 PLC 的智能 I/O 设备，通过简单的 I/O 设置实现双边数据交换，而不用编写程序，这种方式就是智能设备通信。这种方式的最大特点是不用编程、实时性高，是真正的实时工业控制网络。

智能 I/O 设备有两种方式：一种是专有的分布式 I/O 模块，如 ET200SP；另一种是把 PLC 当作智能 I/O 设备。S7-1200 V4.0 及以上版本支持智能 I/O 设备功能，其拓扑结构如图 5.6.1 所示。

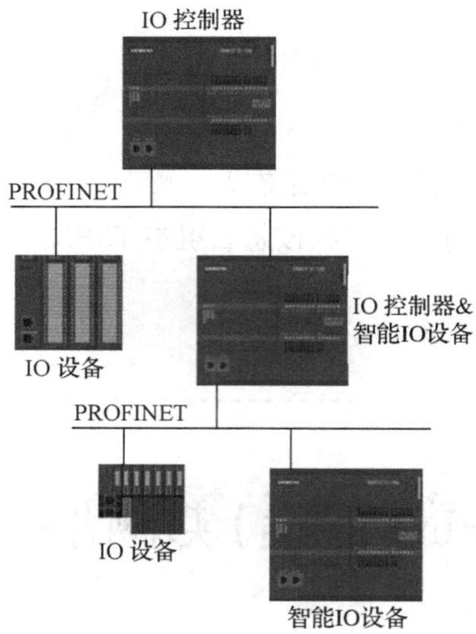

微课：PROFINET I/O
系统组态

图 5.6.1　智能 I/O 设备的拓扑结构

注：软件截图中的“IO”即正文中的“I/O”。

智能 I/O 设备通信的优势如下：

1）简单连接 I/O 控制器即可。

2）可实现 I/O 控制器之间的实时通信。

3）通过将计算容量分发到智能设备可减轻 I/O 控制器的负荷。

4）由于在局部处理过程数据，因此可以降低通信负载。

5.6.2　任务实施：用智能 I/O 设备实现两台 S7-1214C 之间数据的交换

本任务中，实现两台 S7-1214C（CPU 1214C DC/DC/DC）之间 5B 的数据交换。步骤如下：

1．组态 TCP 协议通信项目

添加两台 PLC：PLC_1 和 PLC_2（CPU 1214C DC/DC/DC），并配置每台设备的 IP 地址，在网络视图下实现网络连接，设备角色及 IP 地址参照表 5.6.1，网络连接如图 5.6.2 所示，IP 地址配置和 PROFINET 设备名称设置如图 5.6.3 所示。

表 5.6.1　设备角色及 IP 地址

模块	设备类型	设备名称	IP 地址	子网掩码
S7-1214C	I/O 控制器	PLC1	192.168.0.1	255.255.255.0
S7-1214C	智能 I/O 设备	PLC2	192.168.0.2	255.255.255.0

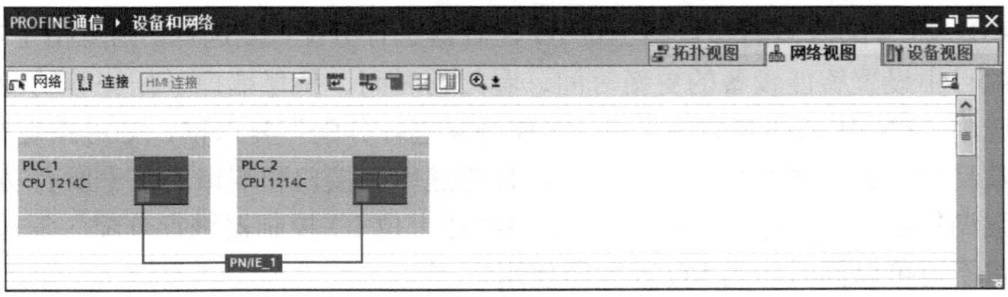

图 5.6.2　两台设备实现网络连接

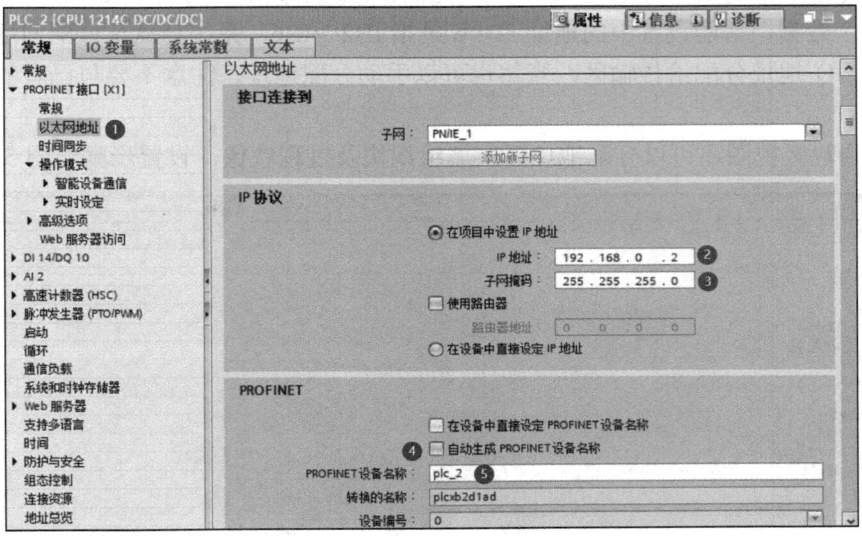

图 5.6.3　IP 地址配置和 PROFINET 设备名称设置

2．配置操作模式

本例 PLC_2 作为智能 I/O 设备，需要将其操作模式改为 I/O 设备，并且分配给对应的 I/O 控制器，配置所需的传输区，其操作模式及传输区设置如图 5.6.4 所示。

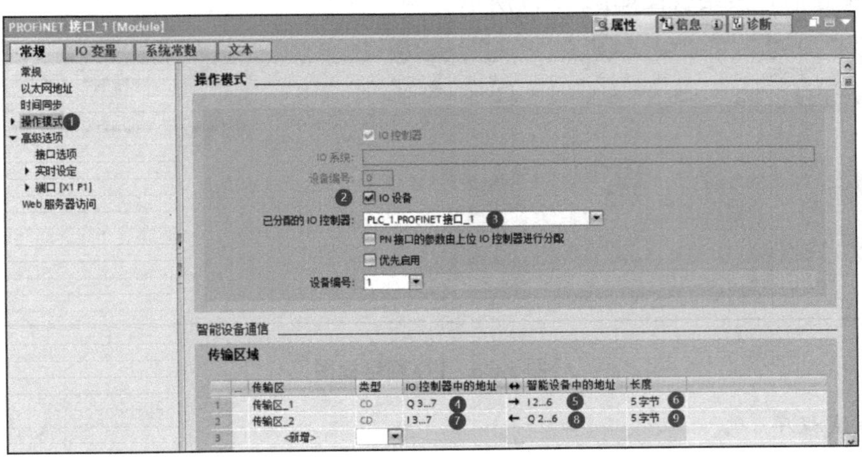

图 5.6.4　操作模式及传输区设置

如果不选中“PN 接口的参数由上位 IO 控制器进行分配”复选框，则可指定在上位 I/O 控制器的项目中设置智能设备的更新时间、看门狗时间、伙伴端口、拓扑等功能。

如果选中“PN 接口的参数由上位 IO 控制器进行分配”复选框，则可指定在上位 I/O 控制器的项目中设置介质冗余、优先启动、传输速率等接口和端口的几乎所有功能。

需要强调的是，一旦选中“PN 接口的参数由上位 IO 控制器进行分配”复选框，则该智能设备将不再可以同时作为 I/O 控制器使用。

智能 I/O 设备还支持优先启用，选中“优先启用”复选框后会加快 I/O 设备的启动速度。

这里传输数据的表示方法是以 B 为单位的，I/O 控制器中的地址 Q3…7 代表 QB3～QB7 这 5 个数据，智能设备中的地址 I2…6 是指 IB2～IB6，系统会默认分配地址，把空闲的 I 地址、Q 地址分配给传输区，当然也可以手动分配地址，注意不要与已有的硬件地址相同。

进入传输区视图还可以分配地址区所属组织块及过程映像，设置步骤如图 5.6.5 所示。

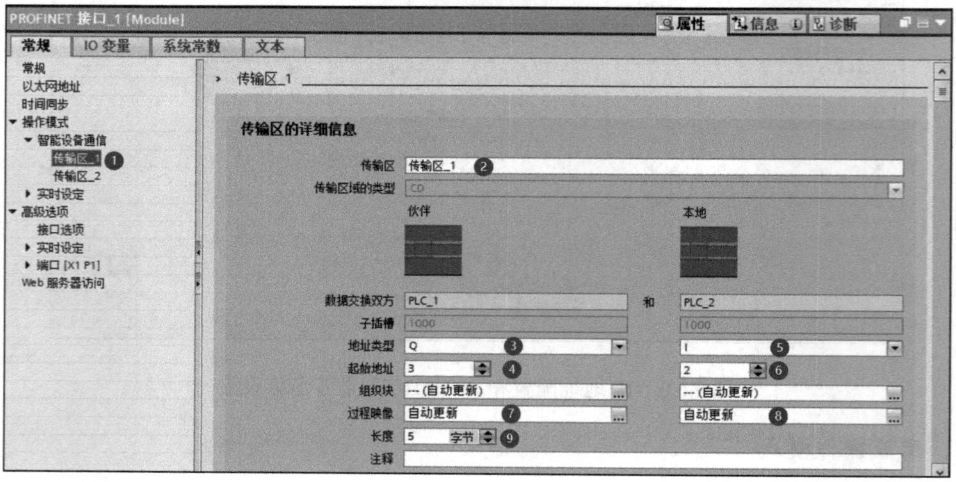

图 5.6.5　传输区设置

经过配置后，网络视图如图 5.6.6 所示。

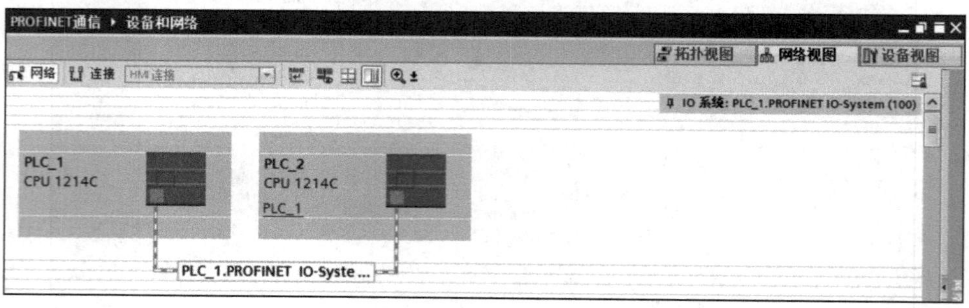

图 5.6.6　I/O 网络视图

3．调试程序

分别编译、下载两个 PLC 的配置程序并转至在线。

1）在 PLC_1 和 PLC_2 中添加“监控表_1”，并定义“发送”和“接收”数组。

2）修改 PLC_1 和 PLC_2 中的“发送”数组数据，观察“接收”数组数据，若发送数据和接收数据相同，则说明通信成功，如图 5.6.7 所示。

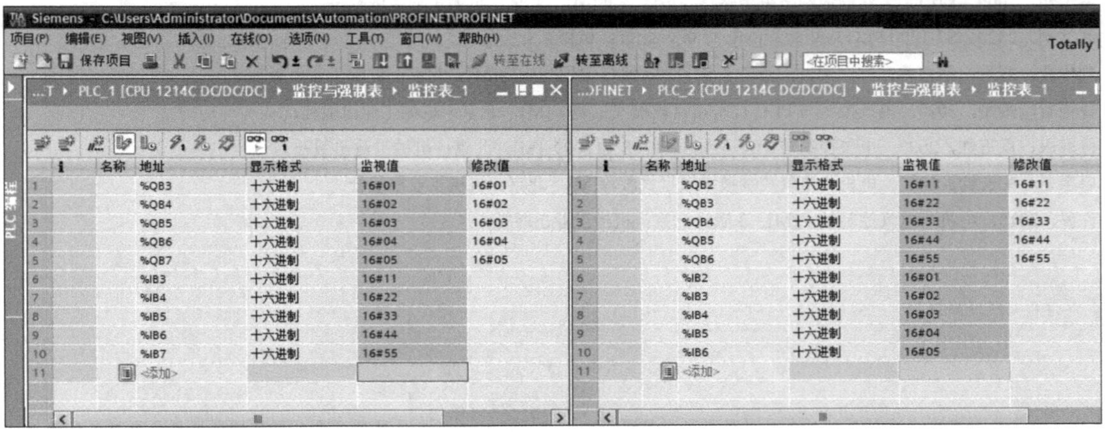

图 5.6.7　监控表中调试数据

注意：

1）智能设备 I/O 通信，除 IP 地址需要设置外，设备名称也需要设置，否则编译会出错。

2）要达到真正的实时性通信，两台设备必须直接网线连接，而不能通过交换机。

3）智能设备 I/O 通信不能仿真，调试需要硬件支持。

思考与练习

1．PROFINET 通信最重要的两个要素是什么？

2．完成任务：两台 PLC 利用 PROFINET 通信，实现 PLC_1 输入 I1.0 接通，控制 PLC_2 输出 Q1.0 接通。

参 考 文 献

蒋丽，2017．电气控制与 PLC 应用技术[M]．北京：机械工业出版社．

廖常初，2009．西门子工业通信网络组态编程与故障诊断[M]．北京：机械工业出版社．

廖常初，2020．S7-1200 PLC 应用教程[M]．2 版．北京：机械工业出版社．

刘华波，刘丹，赵岩岭，等，2011．西门子 S7-1200 PLC 编程与应用[M]．北京：机械工业出版社．

任艳君，张娅，2020．电气控制与 PLC 技术项目教程（三菱）[M]．北京：机械工业出版社．

侍寿永，夏玉红，2022．电气控制与 PLC 应用技术（S7-1200）[M]．北京：机械工业出版社．

唐惠龙，牟宏钧，2012．电机与电气控制技术项目式教程[M]．北京：机械工业出版社．

许翏，2015．电机与电气控制技术[M]．3 版．北京：机械工业出版社．